化妆品科学与技术丛书

化妆品配方设计与制备工艺

李丽　董银卯　郑立波　编著

化学工业出版社

·北京·

本书在介绍化妆品市场研发趋势的基础上，从化妆品的乳化体系、增稠体系、防腐体系、抗氧化体系、功效体系、感官修饰体系、安全保障体系等不同维度，诠释化妆品配方设计的基本原则和具体措施。并按照化妆品的不同剂型（固态、半固态、液态、气雾剂等剂性）和生产工艺，解析化妆品的配方、生产工艺、生产设备及质量控制。

本书既可作为化妆品配方师的配方设计指导书，也可作为高等院校化妆品专业的教材，同时可供化妆品相关专业人员阅读参考。

图书在版编目（CIP）数据

化妆品配方设计与制备工艺 / 李丽，董银卯，郑立波编著. —北京：化学工业出版社，2018.3（2024.2 重印）

（化妆品科学与技术丛书）

ISBN 978-7-122-31464-2

Ⅰ.①化… Ⅱ.①李… ②董… ③郑… Ⅲ.①化妆品-配方-设计②化妆品-生产工艺 Ⅳ.①TQ658

中国版本图书馆 CIP 数据核字（2018）第 018226 号

责任编辑：傅聪智　　装帧设计：王晓宇
责任校对：宋　玮

出版发行：化学工业出版社（北京市东城区青年湖南街 13 号　邮政编码 100011）
印　　装：北京印刷集团有限责任公司
710mm×1000mm　1/16　印张 16　字数 309 千字　2024 年 2 月北京第 1 版第 7 次印刷

购书咨询：010-64518888　　售后服务：010-64518899
网　　址：http://www.cip.com.cn
凡购买本书，如有缺损质量问题，本社销售中心负责调换。

定　　价：58.00 元

《化妆品科学与技术丛书》编委会

丛书序

健康是人类永恒的追求，中国的大健康产业刚刚兴起。化妆品是最具有代表性的皮肤健康美丽相关产品，中国化妆品产业的发展速度始终超过GDP增长，中国化妆品市场已经排名世界第二。中国的人口红利、消费人群结构、消费习惯的形成、人民生活水平提高、民族企业的振兴以及中国经济、政策向好等因素，决定了中国的皮肤健康美丽产业一定会蒸蒸日上、轰轰烈烈。改革开放40年，中国的化妆品产业完成了初级阶段的任务：消费者基本理性、市场基本成熟、产品极大丰富、产品质量基本过关、生产环境基本良好、生产流程基本规范、国家政策基本建立、国家监管基本常态化等。但70%左右的化妆品市场价值依然是外资品牌和合资品牌所贡献，中国品牌企业原创产品少，模仿、炒概念现象依然存在。然而，在“创新驱动”国策的引领下，化妆品行业又到了一个历史变革的年代，即“渠道为王的时代即将过去，产品为王的时代马上到来”，有内涵、有品质的原创产品将逐渐成为主流。“创新驱动”国策的号角唤起了化妆品行业人的思考：如何研发原创化妆品？如何研发适合中国人用的化妆品？

在几十年的快速发展过程中，化妆品著作也层出不穷，归纳起来主要涉及化妆品配方工艺、分析检测、原料、功效评价、美容美发、政策法规等方面，满足了行业科技人员基本研发、生产管理等需求，但也存在同质化严重问题。为了更好地给读者以启迪和参考，北京工商大学组织化妆品领域的专家、学者和企业家，精心策划了《化妆品科学与技术丛书》，充分考虑消费者利益，从研究人体皮肤本态以及皮肤表观生理现象开始，充分发挥中国传统文化的优势，以皮肤养生的思想指导研究植物组方功效原料和原创化妆品的设计，结合化妆品配方结构从不同剂型、不同功效总结配方设计原则及注册申报规范，为振兴化妆品行业的快速高质发展提供一些创新思想和科学方法。

北京工商大学于2012年经教育部批准建立了“化妆品科学与技术”二级学科，并先后建立了中国化妆品协同创新中心、中国化妆品研究中心、中国轻工业化妆品重点实验室、北京市植物资源重点实验室等科研平台，专家们通过多学科交叉研究，将“整体观念、辨证论治、三因制宜、治未病、标本兼治、七情配伍、君臣佐使组方原则”等中医思想很好地应用到化妆品原料及配方的研发过程中，凝练出了“症、理、法、方、药、效”的研发流程，创立了“皮肤养生说、体质养颜说、头皮护理说、谷豆萌芽说、四季养生说、五行能量说”等学术思想，形成了“思想引领科学、科学引领技术、技术引领产品”的思维模式，为化妆品品牌企业研发产品提供了理论和技术支撑。

《化妆品科学与技术丛书》就是在总结北京工商大学专家们科研成果的基础上，凝结行业智慧、结合行业创新驱动需求设计的开放性丛书，从三条脉络布局：一是皮肤健康美丽的化妆品解决方案，阐述皮肤科学及其对化妆品开发的指导，强调科学性；二是针对化妆品与中医思想及天然原料的结合，总结创新的研发成果及化妆品新原料、新产品的开发思路，突出引领性；三是针对化妆品配方设计、生产技术、产品评价、注册申报等，介绍实用的方法和经验，注重可操作性。

丛书首批推出五个分册：《皮肤本态研究与应用》、《皮肤表观生理学》、《皮肤养生与护肤品开发》、《化妆品植物原料开发与应用》、《化妆品配方设计与制备工艺》。“皮肤本态”是将不同年龄、不同皮肤类型人群的皮肤本底值（包括皮肤水含量、经皮失水量、弹性、色度、纹理度等）进行测试，并通过大数据处理归纳分析出皮肤本态，以此为依据开发的化妆品才是“以人为本”的化妆品。同时通过对“皮肤表观生理学”的梳理，探索皮肤表观症状（如干燥、敏感、痤疮等）的生理因素，以便“对症下药”，做好有效科学的配方，真正为化妆品科技工作者提供“皮肤科学”的参考书。而“皮肤养生”旨在引导行业创新思维，皮肤是人体最大的器官，要以“治未病”的思想养护皮肤，实现健康美丽的效果，并以“化妆品植物原料开发与应用”总结归纳不同功效、不同类型的单方化妆品植物原料，启发工程师充分运用“中国智慧”——“君臣佐使”组方原则科学配伍。“化妆品配方设计与制备工艺”则是通过对配方剂型和配方体系的诠释，提出配方设计新视角。

总之，《化妆品科学与技术丛书》核心思想是以创新驱动引领行业发展，为化妆品行业提供更多的科技支撑。编委会的专家们将会不断总结自己的科研实践成果，结合学术前沿和市场发展趋势，陆续编纂化妆品领域的技术和科普著作，助力行业发展。希望行业同仁多提宝贵意见，也希望更多的行业专家、企业家能参与其中，将自己的成果、心得分享给行业，为中国健康美丽事业的蓬勃发展贡献力量。

董银卯

2018年2月

前言

中国美容文化源远流长，中国古代素有胭脂水粉，诗文中有关于女子涂抹红妆的记载。中国的化妆品工业始于19世纪初期一些专门生产雪花膏的小化妆品厂，从创业初期到现在，化妆品行业历经了几个不同的发展阶段，随着科学技术的日新月异，我国化妆品行业发展进入新的历史时期。根据《2015～2020年中国化妆品行业市场需求预测与投资战略规划分析报告》分析，被称为“美丽经济”的中国护肤品市场，经过20多年的迅猛发展，现今已经取得了前所未有的成就。据统计，2015年我国化妆品市场规模为3156亿元，成为仅次于美国的全球第二大化妆品消费市场。

化妆品配方是产品的灵魂，其承载特定历史时期的文化创意背景、人群喜好，同时配方设计水平及制备工艺对于化妆品产品质量具有重要的影响。随着化妆品行业的快速发展，化妆品相关专业的人才培养近年来迅速在我国多地区、多家高等学校引起重视。本书主要针对化妆品配方师、行业从业人员、化妆品专业的在校学生而设计，收集了近年来国内外大量科技文献资料、最新发布的行业标准、行业的最新动态及趋势，结合作者多年来的教学和科研实践经验，凝练化妆品配方设计精髓，让化妆品从业人员在化妆品配方设计及制备工艺方面接受科学、系统、全面的知识学习。未来的化妆品配方设计，将会更加系统化、科学化，更加注重医学、生物学、化妆品学以及美学等多学科的交叉和综合作用。

北京工商大学中国化妆品协同创新中心的专家们长期从事化妆品学科基础研究，在化妆品配方设计方面，先后出版《化妆品配方设计6步》、《化妆品配方设计7步》等化妆品配方设计与制备工艺方面的专著。本书从介绍化妆品市场研发趋势开始，分别从化妆品的乳化体系、增稠体系、防腐体系、抗氧化体系、功效体系、感官修饰体系、安全保障体系等不同维度诠释化妆品配方设计的基本原则和具体措施，并按照化妆品的不同剂型（固态、半固态、液态、气雾剂等剂型）和生产工艺，解析化妆品的配方、生产工艺、生产设备及质量控制；同时根据最新的《化妆品安全技术规范》（2015 年版）对化妆品配方设计涉及到的技术要求进行系统阐述，为从事化妆品生产、研发的技术人员以及在校学生提供化妆品配方及制备工艺方面系统科学的学习体系。

本书由李丽、董银卯、郑立波编著，在编写过程中杜一杰、朱文驿等参加了资料收集和整理工作，在此表示衷心的感谢。

由于编者水平及时间的限制，书中难免有不妥和疏漏之处，敬请读者批评指正。

编　者

2018 年 2 月

目录

第一章

化妆品市场现状及发展趋势

001

第二章 化妆品开发流程与配方设计原则

第三章 化妆品配方体系设计

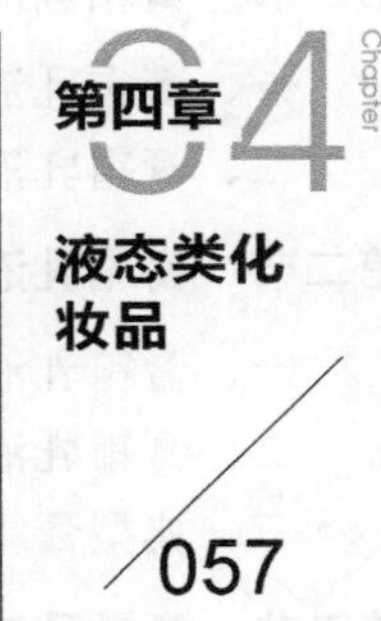

液态类化妆品

半固态化妆品

膏霜乳液类化妆品

第七章 07 Chapter 固态及蜡基化妆品 112

第八章 08 Chapter 气雾剂及有机溶剂类化妆品 134

第九章 09 Chapter 面膜类化妆品 154

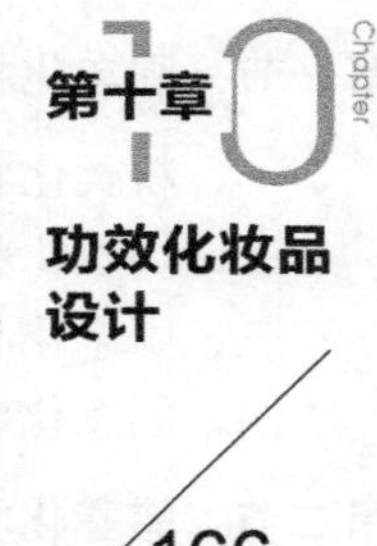
第十章
Chapter
功效化妆品设计
166

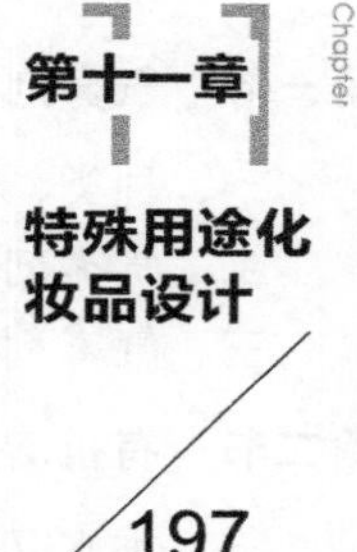
第十一章
Chapter
特殊用途化妆品设计
197

第一章　化妆品市场现状及发展趋势

化妆品的使用最早可以追溯到几千年前，中国古代就有胭脂水粉，诗文中有关于女子涂抹红妆的记载。古希腊、古埃及、古罗马、欧洲中世纪、文艺复兴时期等都有不同的化妆品出现。15世纪欧洲进入文艺复兴时期，文化空前繁荣，人类的精神文明与物质文明都有很大提高。化妆品也开始从医药系统中分离出来，形成单独行业。中国的化妆品工业始于19世纪初期一些专门生产雪花膏的小化妆品厂，从创业初期到现在，化妆品行业历经几个不同发展阶段，随着科学技术的日新月异，我国化妆品行业发展进入新的历史时期。掌握化妆品的市场现状及发展趋势、了解化妆品的研发热点，对于化妆品从业人员设计开发新的化妆品配方、不断开拓创新具有重要意义。本章从化妆品市场现状分析、化妆品市场发展趋势、市场热点分析、消费者消费特点分析四个方面阐述化妆品行业的发展现状和趋势。

第一节　化妆品市场现状分析

2010～2016年，全球化妆市场呈现一种坚韧而稳定的增长，未有一年出现过停滞或负增长情形，销售规模增长率基本保持在4%左右，前景乐观，详见图1-1（数据来源：欧莱雅，The world of beauty in 2016）。2014～2016年，全球化妆品消费市场中，亚太市场占比最大，西欧、北美、拉美地区分列其后，其中亚太市场为增长最快的市场。此外，就世界化妆品品种结构而言，护肤品、护发品、彩妆类是需求量最大的品类，2016 年，全球化妆品品类中护肤品占比 36.3%、护发品占比 22.9%、彩妆类占比 18.2%、香水类占比 12.0%，卫生用品占比 10.6%。其中，彩妆市场同比增长 8.4%，已连续四年成为推动整个美妆市场发展的中坚力量。口红类产品同比增长 13.6%，增幅惊人（数据来源：欧莱雅，The world of beauty in 2016）。总的来说，亚太地区依然是化妆品市场消费的领先者，得益于该地区人口众多、消费者可支配收入日益增加以及完善的零售和分销网络。在化妆品品类中，彩妆以及口红市场消费增长迅速，成为最受消费者喜爱的化妆品品类。

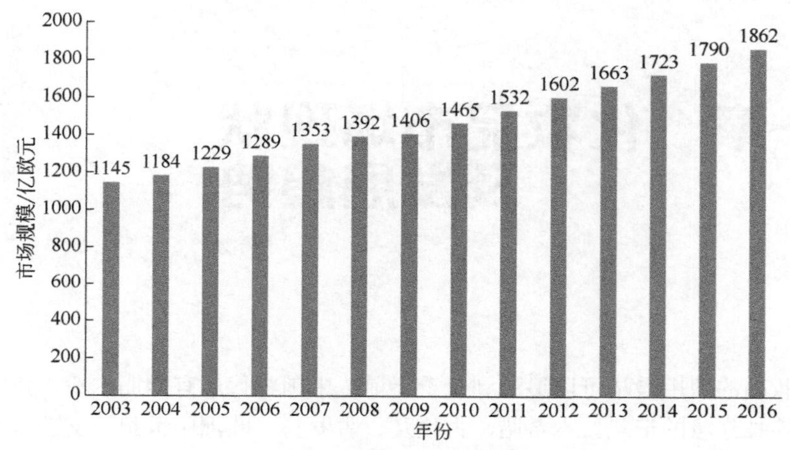

图 1-1　2003～2016 年全球化妆品市场规模

一、亚太国家

化妆品市场过去向来由西方主导，近年亚洲已成为市场重心及创意来源。亚洲化妆品占全球市场 50%左右，其中占化妆品最大比重的护肤品类，更有 80%营收来自亚洲。亚洲女性对于美容保养关切度高而且要求严格，比西方女性的化妆保养步骤繁复且细腻。许多国际性大品牌的产品策略愈来愈受到亚洲女性护肤习惯以及对于配方、质地、触感等喜好的影响，亚洲女性的美容潮流，例如对于面膜的热爱，甚至影响了西方美容护肤市场。

在亚洲化妆品市场中，天然化妆品市场正以年增长率 15%的速度进行扩张，越来越多的消费者开始关注健康问题，这推动了全球有机天然产品的发展。消费者更倾向于购买利用天然原料生产的化妆品，而不是一些化学合成类产品。虽然这些天然产品的价格较高，但消费者仍愿意购买，所以植物提取物、酶制剂和氨基酸等有机化妆品原料的需求量仍在继续增加。

1．中国

根据《2015～2020年中国化妆品行业市场需求预测与投资战略规划分析报告》分析，被称为“美丽经济”的中国护肤品市场，经过20多年的迅猛发展，现今已经取得了前所未有的成就。2003～2014年，中国化妆品市场规模呈现稳定增长，到2014年，已达到1604亿元（数据来源：中国产业信息网）。国家统计局统计资料表明，仅2017年上半年，化妆品零售总额就达1203亿元，同比增长11.3%（数据来源：国家统计局）。行业内品牌化竞争格局逐渐形成，这种良性竞争也推动着护肤品生产向高科技经营理念、高科技生产研发和高资本集约化聚焦，促使护肤品市场日益成为集产业化、市场化、国际化为一体的综合性产业。近几年来，我国护肤品行业以年均高于10%的速度递增，全行业正处在消费结构升级、消费层次多元化的阶段，国家对于护肤品生产和销售方面也已出台相对完善的法律法规。

同时，随着社会经济的不断进步和物质生活的极大丰富，护肤品不再是过去只有富人才拥有的东西，它已走入了平常百姓家。但中国的人均护肤品消费水平与发达国家比还有一定的差距，表明我国护肤品销售有很大的潜在市场，因此，中国化妆品市场在今后数年内依然会保持快速发展的趋势。

近年，消费者崇尚绿色、追求天然的热潮促使国内外化妆品企业越来越重视化妆品植物原料的研发工作。据调查，世界范围内含有植物概念的产品一直颇受欢迎，亚太市场是含植物概念宣称的产品最大的用户地区，虽然近年含植物宣称的产品占比有略微下降，但竞争仍然激烈；欧洲、美国等区域植物概念的产品一直占据总市场份额的1/3左右，比例十分稳定。而中国市场植物概念的产品势头强劲，在个人护理用品和化妆品中含有植物宣称的产品占比达到60%，且仍然呈现上升趋势，整体水平要明显高于世界其他地区（数据来源：英敏特）。

在化妆品领域，中医文化得到民族企业的重视和认可，国内，佰草集、百雀羚、相宜本草、美肤宝等著名化妆品品牌相继推出中医文化特色的系列化妆品，市场销量不断攀升。中医作为中华民族原创的医学科学，能够从宏观、系统、整体角度揭示人的健康和疾病的发生发展规律，体现了中华民族的认知方式，并且已经深深地融入民众的生产生活实践中，形成了独具特色的健康文化和实践。

2．日本

在整个亚太地区，日本的化妆品产业占据着重要的地位。现阶段，日本的化妆品市场已处于饱和状态，2012年日本化妆品销售额为14048.03亿日元，2013年同比增长1.1%（数据来源：日本调查公司富士经济）。日本化妆品在海外十分畅销，比如花王株式会生产的洗面奶等产品，资生堂更是收购美国著名高档化妆品品牌推动海外业绩。日本较早的化妆品企业主要有狮王、资生堂、花王等，较大型的化妆品生产企业有100多家。如今，日本进入了老龄化阶段，对化妆品行业的发展产生了极大的冲击。

资生堂（shiseido）是日本最大的化妆品企业。2016 年前 9 个月，资生堂营收同比增长 5.4%达到 6227 亿日元，净利润大涨 135%，达到 372 亿日元，营业利润同比增长 17.1%，达到 387 亿日元。2016 年前 9 个月，花王集团（kao）的净利润总额为 863.6 亿日元，营业收入同比增加 12.7%，至 1312 亿日元（数据来源：东方化妆品网）。

药用化妆品在日本为主流产品，据《日本经济新闻》报道，2016 年日本国内药用化妆品市场达到 917 亿日元，同比增长 2%。2013 年，日本药用化妆品呈现缓慢增长态势，2014 年好转，原因在于药用化妆品加强了改善皮肤问题、预防皮肤老化及美白功能的产品线。日系化妆品及药用化妆品更新换代快，产品阵容的“扩容”成为拉动市场的一大要素。

3．韩国

随着“韩流”的盛行，韩国的文化、影视、旅游业逐渐受到人们的关注，其中韩国人对于美容的需求也吸引了爱美人士的眼球。韩国化妆品起始于 20 世纪 50 年代，经过 60 多年的发展，韩国化妆品在全球化妆品市场中占据了重要地位，尤其在亚太地区韩国化妆品受到人们的喜爱，这主要归功于韩国人最早提出了亚洲人皮肤与欧美等西方国家的差异，从而对亚洲人皮肤做深入研究，迎合了广大亚洲人群的需求。韩国化妆品的研发投入高，安全性好，政策法规、监管体系完善，创新意识很强，重视产品品质，包装美观。众多的优势、特点得到了大量亚洲人的青睐，同时促进了旅游业、代购、网络的迅猛发展。韩国本土企业全面开花，不仅具有高贵的奢侈品牌，还有全面重视大众的中低端品牌。2009 年是韩国化妆品销售额同比增长最快的一年，其同比增长率高达 11.3%，其次为 2010 年，同比增长 10.8%，之后的几年韩国化妆品市场一直保持 7%左右的增长速度。韩国本土化妆品市场份额多被爱茉莉太平洋集团、LG 生活健康有限公司所占据。

韩国第一大化妆品企业爱茉莉太平洋集团 2016 年前三季度（1～9 月）共计实现营收 51333 亿韩元，同比增长 22.1%；营业利润为 9485 亿韩元，同比增长 26%。LG 生活健康第三季度财务报告销售业绩达到 15635 亿韩元，营业利润 2442 亿韩元，与去年同期相比各增长了 12.7%和 28.4%，销售额和营业利润在季度业绩上均达到史上最高值。其中，化妆品部门的总销售额达到 7415 亿韩元，营业利润为 1314 亿韩元，与去年同比增长分别为 26.5%和 60%（数据来源：东方化妆品网）。

韩国化妆品在国外发展态势较好，销售额不断增长。数据显示，中国内地是韩国化妆品最大的出口目的地，2016 年韩国对华化妆品出口额达 15.7 亿美元，其在化妆品出口总额中的占比达 37.5%。另外，中国香港在韩国化妆品出口总额中占比达 29.8%，继中国内地后位居第二，其后依次为美国（8.3%）、日本（4.4%）、中国台湾（3.3%）、新加坡（2.2%）、越南（1.7%）、马来西亚（1.5%）和俄罗斯（1.1%）（数据来源：环球资讯）。

二、欧美地区

总体来看，世界化妆品的生产主要集中在欧洲、美国、日本等发达国家和地区，其化妆品企业凭借强大的研发能力、品牌影响力及营销能力，占据着化妆品产业的领先地位，引领全球美容理念和产业发展方向。

美国作为全球第一大化妆品市场，其化妆品生产和销售额较为可观，化妆品工业产值在2010年即达到360亿美元，全美有500余家化妆品生产企业，生产的化妆品有25000多种，这些产品除供应本土市场外，大量出口到世界各地。世界知名的化妆品品牌中美国占据2/3以上。欧洲化妆品工业历史悠久，化妆品市场较为成熟，人均化妆品消费水平较高；整体化妆品市场对绿色天然产品的推崇度较高，2010年欧洲地区天然化妆品的市场规模已突破10亿欧元。

就化妆品的工艺技术而言，不断引入新技术是各国化妆品工业普遍追求和采用的做法。如在新型乳化技术应用于膏霜和乳液类制品的研制和开发方面：20世纪90年代后相继出现了低能乳化、电磁波振荡连续乳化和高剪切连续乳化技术等的应用，这些技术既缩短了乳化时间，又节约了能源，还提高了产品质量；通过机械乳化代替人工乳化的技术，可在体系中少用或不用表面活性剂，避免带来的不良影响；多相乳化技术可制得兼具O/W和W/O型的膏体，既实现对皮肤的良好渗透，又易于被皮肤吸收。再如活性成分的皮肤传输技术（如微胶囊化；制成脂质体、纳米微球等）应用于产品的研制和开发，有效保留了化妆品组分的活性，实现了对皮肤的功效，并延长了作用时间，增强了制品的实际功效。

在化妆品法规方面，欧盟消费者安全科学委员会（SCCS）以及美国食品药品监督管理局（FDA）对欧美地区的化妆品在化妆品安全性评价、化妆品原料成分的安全管理方面起着决定性作用。2013年，欧盟全面禁止在动物身上进行化妆品成分测试，并禁止销售含动物测试成分的新化妆品。美国、巴西和新西兰也在该活动的推动下考虑采取禁令。

在欧美地区，抗衰老产品和天然产品是化妆品新的发展趋势。对抗衰老类高档个人护理品的需求将逐步增加。欧美地区，尤其是发达地区的消费者，更崇尚天然、有机、环保、无动物试验的产品。

三、化妆品法规发展现状

随着化妆品消费市场的扩增，广大消费者对化妆品安全问题日益关注，化妆品法规也在不断完善。为了加强化妆品的监督管理，规范化妆品市场，保证化妆品的安全使用，各国对化妆品纷纷立法。欧盟、美国、日本等工业发达国家和地区的化妆品立法时间较长，相对系统，管理体系比较健全，被世界各国广泛借鉴和采用。

总的来说，防晒剂、防腐剂、香精是最受法规关注、也是频出安全问题的三种品类。对于防晒剂，2014 年韩国调整了防晒霜中的 4-甲基苯亚甲基樟脑限量标准，删除了两种防晒剂成分——甘油对氨基苯甲酸酯和对氨基苯甲酸。我国《化妆品安全技术规范》（2015 年版）中共有 27 种准用的防晒剂，新删除了对氨基苯甲酸。欧盟于 2016 年 7 月更新了准用防晒剂清单，将二氧化钛（纳米）列入准用清单当中。对于防腐剂，2014 年，欧盟降低了对羟基苯甲酸丙酯（propylparaben）和对羟基苯甲酸丁酯（butylparaben）两种防腐剂的最大浓度限值，颁布了化妆品禁止使用的防腐剂：对羟基苯甲酸异丙酯（isopropylparaben）、对羟基苯甲酸异丁酯（isobutylparaben）、对羟基苯甲酸苯酯（phenylparaben）、对羟基苯甲酸苄酯（benzylparaben）和对羟基苯甲酸戊酯（pentylparaben）。但这些防腐剂在我国化妆品中的应用仍非常广泛，尤其是中低端的产品。2015 年，东盟也禁用了尼泊金酯类物质对羟基苯甲酸异丙酯、对羟基苯甲酸异丁酯、对羟基苯甲酸苯酯、对羟基苯甲酸苄酯和对羟基苯甲酸戊酯在化妆品中的使用。2016 年，欧盟针对甲基异噻唑啉酮（MIT）的限制要求做出调整，要求 MIT 不得用于驻留类产品中，同时限值由 0.01%降低到 0.0015%，我国《化妆品安全技术规范》（2015 年版）中规定 MIT 的限量为 0.01%。

2006 年前，国际香精协会（IFRA）对于限用日用香料只规定两大类最终产品中的使用限制，2006 年后，RIFM 和 IFRA 正式同意通过定量风险评估方法，此方法的引入，使 IFRA 将使用日用香料的最终产品分为 11 类，而各种香料在这 11 类最终产品中的含量限制都可在 IFRA 官网上查到。相对于以往的两大类，新的分类更加细致，限制也更为明确。2009 年，对于化妆品中禁用的香料，欧盟几乎全部接收 IFRA 提出的禁用名单。2015 年，国家食品药品监督管理总局颁布了《化妆品安全技术规范》（2015 年版），该规范中禁用的日用香料名单与欧盟化妆品指令中的禁用名单完全相同。

第二节　化妆品市场发展趋势

皮肤护理仍然是最大的化妆品消费市场，全球化妆品销售额的 1/3 来自美容护肤，从化妆品各品类占比和增长率可以得出结论：护肤品在化妆品中占据主导地位；彩妆市场异常活跃，发展空间大，其发展趋势值得专注；化妆品安全性备受关注，随着“崇尚绿色、回归自然”消费理念成为主流，天然有机产品将是未来全球化妆品的发展趋势。

一、中国彩妆市场发展趋势及展望

1．高端化是彩妆市场成长引擎

随着颜值时代的来临，彩妆成为中国消费者日常生活的一部分。凯度消费者指数的数据显示，在2016年，32.1%的家庭购买过彩妆，较2年前增长2.7%，近一年则基本持平。有趣的是，一线城市在彩妆品类的渗透率仅为24.5%，且销售增长也慢于市场整体，原因是一线城市的消费者在护肤、个人护理等其他品类上通常更发达、更成熟。但同时一线城市也更容易接受到最新的潮流资讯，彩妆市场的潜力仍然很大。

消费升级是驱动彩妆品类成长的关键，具体表现为消费者在彩妆品支出的增加以及彩妆消费水平的提高。消费者更愿意消费高端品牌以及尝试新兴品类。

目前来看，高端、奢侈品牌销量增长远高于市场整体，一部分消费者消费水平从中端、大众品牌升级至高端、奢侈品牌。

2．细分类、新概念推动彩妆市场发展

在市场不断高端化的同时，新概念、新产品、新趋势也层出不穷。如气垫BB霜的流行，使用海绵气垫粉芯承载BB霜。另外，唇部产品贡献了市场15%的销售份额，增长速度达22%，在各个品类中居于榜首，唇部产品的增长主要由于消费者对液体口红新概念的尝试，使用体验得到升级，深受消费者的欢迎。

3．本土品牌份额崛起

2016年，本土彩妆品牌第一次在市场份额上超越外资品牌，贡献了52%的市场销售额，且增长速度达21%，较外资品牌更具增长潜力。概括来说，本土品牌的三大特点帮助了其在市场上的成功。①对本土品牌的认同感上升。2014～2016年，只购买本土品牌消费者比例有所上升，消费者对本土品牌的认同增加。②本土品牌升级速度快。本土品牌现有的产品单价上升，单价增长率为17%。③另外，本土品牌渠道向四五线城市渗入，四五线城市贡献了市场超过60%的销售额。本土品牌所有城市都保持超过15%的销售增长，三线以下城市是本土品牌的主战场，同时也给三线以上城市的外资品牌带来了不少竞争和冲击。

随着三线以下城市的加速发展，线上、线下、海外购买等渠道格局的变化，品牌在空间、地域、渠道上的限制减小，本土和外资品牌的竞争将越来越从渠道、铺货往品牌形象、产品品质、使用体验等方向转移。从产品上说，本土品牌的销售相对更偏重脸部妆容，BB/CC（包含普通BB/CC及气垫产品）单一品类贡献了本土品牌近一半（48%）的销售额。同时，本土BB/CC产品拥有38%的销售增长率，销售贡献大，增长速度快，是本土品牌当之无愧的明星品类。一方面，本土品牌把握了诸如BB/CC、眉妆的市场潮流；而另一方面，眼影和唇妆类产品则是本土品牌相对弱势的子品类，本土品牌的增长速度缓于市场整体，值得进一步加强。凯度消费者指数通过“消费者触及数（CRP）”这一指标测量购买某一品牌的家庭户数和购买频次，真实地反映消费者的品牌选择。数据显示，美宝莲仍是中国消费者选择最多的彩妆品牌，彩妆霸主地位难以撼动。而国产彩妆品牌中，消费者首选卡姿兰。玩转眼部妆容，不断推陈出新，通过合作款/限量款产品、包装抓人眼球的玛丽黛佳也成为极具发展潜力的彩妆品牌。

二、护肤品发展趋势及展望

2016 年，护肤品仍然为化妆品品类中的主导者。目前护肤品的发展趋势主要包括：第一，对抗环境污染的化妆品销售额增加，如清洁类、防护类；同时，环境污染衍生出新的功效——抗污；第二，消费者对化妆品中化合物的安全性的关注度增加，天然有机概念被大众认可，国际化妆品有机认证机构的发展也表明有机产品将占据更高的市场份额；第三，未来随着可支配收入的增加以及大众追求轻奢化妆品的消费观念，使得人们消费趋于高端。

1．环境问题相关护肤品兴起

随着城镇化和工业化的快速发展，很多新兴地区污染程度急剧升高。空气污染会引起干燥、皮疹和其他或大或小的皮肤和头发问题。因此，防护性化妆产品的需求不断扩大，用于防止污染对身体的种种不利影响。据 360 营销研究院发布的数据显示：2014～2015 年，男士护肤品销售量提升 95%，隔离乳/霜提升 34.9%，清洁产品提升 16.7%。有数据显示：每年都有 840 万人因为环境问题而丧生，而且在选择化妆品的时候，约 40%的消费者愿意多花钱购买能够抗污染的产品。

在不同地域由于环境问题的差异，对洁肤产品的需求比例会有所不同。Ailsa GU 举例，英国当地女性有 22%的人愿意购买洁肤类化妆品，但在中国这一比例几乎翻了一倍，达到了 41%。由此可见，环境问题的好坏对于消费者是否选择购买具有清洁功能的化妆品有一定的影响。

2．消费者青睐安全天然宣称的产品

2014～2015 年在化妆品领域的流行词语有“植物”“矿物/温泉”“药妆”“纯天然”“精油”“珍珠”“有机”“无添加”“食品级”“香薰/芳疗”，具有这些宣称的产品受到了消费者的青睐。ReportsnReports2014 年的分析表明全球 72%的女性消费者坚信“美由内而生”并购买天然/有机美容产品。2009～2014 年间，中国天然化妆品的比例由 7%上升至 44%。

3．高端护肤品牌消费额上升

随着我国经济的突飞猛进，人均消费水平大幅提高。国内化妆品消费的高端化趋势由此可见一斑。随着消费水平的进一步提高和消费理念的提升，会有越来越多的国人享受到世界级高端化妆品，中国高消费人群的消费与国际真正同步的时代很快就会到来。

第三节　市场热点分析

一、头皮护理产品

头皮是皮肤的一部分，也是秀发的生命源泉，作为头发赖以生存的土壤，其生态环境的健康和平衡是头发健康生长的根本。头皮和面部皮肤的基本结构相同，但有几个不同特点：头皮是人体最厚的皮肤之一，含有丰富的血管；其衰老速度是脸部肌肤的6倍，是身体肌肤的12倍；头皮大小约为650～700cm^2，平均毛囊密度为200～250个/cm^2；皮脂腺密度大约是144～192个/cm^2；头皮表面分泌的皮脂量在12h里达到了288μg/cm^2，而额头的皮脂量只有144μg/cm^2，这也就是说，即使是跟面部最容易出油的额头相比，头皮的皮脂分泌差不多有它的2倍之多。

健康头皮的角质层细胞紧密排列形成天然保护屏障，好像一堵“砖”和“泥”砌成的墙，能够有效调节头皮内部的水分、抵御外来的物理和化学物质的刺激与侵袭。问题头皮的天然屏障被破坏，角质层细胞呈无序排列，无法有效锁水和抵御外界刺激，从而引发、加剧头皮干燥、瘙痒、油腻和头屑等头皮问题。头皮的皮脂分泌旺盛并且出汗较多，但又不容易清洗，容易引起微生物迅速繁殖，且皮脂受紫外线照射及环境污染等因素影响容易发生过氧化反应，导致头皮的轻微炎症反应；某些美发产品所带来的物理、化学性刺激等易引发头皮的炎症；而且头皮的自我调节能力随着年龄的增长渐趋衰退，这些因素造成头皮保护屏障降低，毛发休止期延长，头皮毛囊变小，毛囊毛细血管减少，黑色素形成降低，头皮受损变薄等变化，引起头皮油腻、敏感、干燥、瘙痒、脱发、白发、头屑等症状。花王公司调查结果显示，70%以上的健康男女在夏季和冬季都有头皮问题（红斑和炎症占70%、头屑占30%、头皮疙瘩占20%），有头屑问题的头皮，其含水量也减少、呈干燥状态。资生堂对20～59岁的日本101位女性进行的头皮健康状态调查也显示，有头皮发红、干燥、起疙瘩及头屑等问题的人占到66%。所以，头皮护理也是非常值得重视的。

根据英敏特对最近5年在中国新上市的香波产品的分析，护理头皮的去屑香波占整个新产品的比例将近一半，从2010年的53%到2014年的42%。去屑香波可以通过减少以下几个症状来改善头皮健康：脂溢性皮炎——其本质上是一种更强烈或极端形式的头皮屑；头皮瘙痒——由于细菌分解头皮上的油脂，而产生带有刺激性的油酸；油性头皮/头发——深度清理多余油脂，同时减少达到94%的产生头屑的刺激性物质；头皮干燥——由于头屑造成的头皮保湿功能受损。

1．头皮护理市场

根据英敏特对全球市场新上市头皮护理产品的分析，从2010年到2015年平均每年的增长率为20%～25%。亚太地区所占比例最大，为36%，欧洲为34%，拉丁美洲为 18%，北美为 9%，中东和非洲为 4%。亚太地区中所占比例最高的前 3 名分别为印度 31%、日本 20%和中国 13%。

如果排除去屑香波（1%），在中国市场最近 5 年上市的头皮护理产品中洗去型产品（洗发水）占 62%，留存型产品（发质修复用品）占 23%，护发素占 9%，染发剂占 5%。使用的天然有效成分排名如表 1-1 所示，大部分为传统中药中宣称有养发、固发、生发、乌发功效的天然提取物。其中使用前 5 位成分（何首乌提取物，人参提取物，生姜精华，当归提取物，白花春黄菊花提取物）的产品占所有产品的 73%。日本市场与中国市场不同，最近 5 年上市的头皮护理产品中留存型产品（发质修复用品）占 61%，洗去型产品（洗发水）占 22%，护发素占 11%，染发剂占 5%，发用造型产品占 1%。使用天然有效成分前 5 位（日本獐牙菜提取物，胡萝卜果提取物，甘草酸二钾，姜根精华，牡丹根提取物）的产品占所有产品的 61%。

表 1-1 中国和日本市场上头皮护理产品中的天然有效成分排名

排名	中国市场		日本市场	
	天然有效成分	产品数量	天然有效成分	产品数量
1	何首乌提取物	28	日本獐牙菜提取物	38
2	人参提取物	25	胡萝卜果提取物	29
3	生姜精华	20	甘草酸二钾	26
4	当归提取物	18	姜根精华	17
5	白花春黄菊花提取物	7	牡丹根提取物	12
6	何首乌根提取物	6	迷迭香提取物	11
7	天麻根提取物	5	枇杷叶提取物	10
8	红花	5	甘草亭酸	9
9	葡萄籽提取物	4	烟酰胺	9
10	红芒柄花根提取物	4	毛叶香茶菜提取物	8
11	啤酒花提取物	4	小米椒果提取物	7
12	紫苏叶提取物	4		
13	芝麻籽提取物	4		

从以上市场分析的数据可以看出，亚洲市场对头皮护理产品非常重视。而相比印度和日本，中国在这个领域有极大的发展潜力。如果比较各种产品的使用方便程度，洗去型产品肯定比留存型产品使用方便，特别是对于头发较长的女性。但由于洗去型产品的首要功能是清洗头发，增加头发的调理性，其中含有大量的表面活性剂来去除头发和头皮上的污垢，因此洗去型产品最重要的是如何增加天然提取物在头皮上的有效沉积。水溶性天然提取物在水中的溶解度较高，更难以在头皮上沉积，很多情况下添加仅仅是用于产品的宣称。油溶性天然提取物可以和硅油及硅油替代物配合，通过香波中的阳离子聚合物在冲洗稀释过程中形成絮胶包裹，来达到在头

皮上更加有效的沉积。同时，由于皮肤表面本身也分泌皮脂，有一定的疏水性，相对于水溶性天然提取物，油溶性天然提取物更加容易在头皮上吸附。但大多数天然有效成分都是水溶性的，得到油溶性成分有一定的难度和局限性。所以日本市场新上市的头皮护理产品中留存型产品（发质修复用品）占大多数。与洗去型产品相比，留存型产品可以同时有效沉积水溶性和油溶性活性物，但使用上没有洗去型产品方便，广泛推广需要对消费者进行教育和引导。

2．头皮护理产品趋势

最近几年，洗去型产品对头皮的影响也越来越多地引起人们的注意。例如，即使没有任何科学证据证明，但越来越多的中国消费者认为香波和护发素中的硅油在头皮上沉积，堵塞毛囊，阻碍头发生长，甚至导致脱发，无硅油香波成为中国洗护市场发展的新趋势；香波中含硫酸盐的表面活性剂及石油衍生物，防腐剂会对头皮产生刺激，因此很多新上市的产品宣称无硅油、无硫酸盐，含有天然原料和温和表面活性剂，如APG、氨基酸类表面活性剂等；市场上也有一些香波具有头皮护理的功能性宣称，如控油、保湿、去屑、生发、乌发，等等。高端的头皮护理产品越来越多地以套装的形式出现，其中包括：第一步，无硅无刺激的舒缓滋润洗发香波，来温和地清理头发和头皮；第二步，含有活性物的头皮舒缓调理按摩霜，通过按摩头皮达到活性物在头皮上深层滋养；第三步，含有活性物的头皮密集舒缓精华液/喷雾，对头皮起到清凉、舒缓作用，同时对发丝有一定的定型作用。日本的丝凯露D、欧莱雅的卡诗品牌等均有类似的产品。

二、油剂型

油剂型产品在护肤领域的应用可以追溯到几千年前化妆品的萌芽阶段，随着2004年百洛油的出现，各大化妆品品牌近些年不断推出油剂产品。从肌肤的组成来讲，无论是补油还是补水都是符合肌肤生理需要的，因为肌肤既含水也含油，而水和油又是相辅相成的。油剂型产品由于和皮脂膜、角质层有很好的亲和性，通过相似相溶原理可以更快速地渗透过角质层发挥功效。同时由于皮脂层和角质化表皮层是亲脂的，油脂可以很快渗透，而活性表皮层是水性的，油脂的渗透速率就会相对较慢，从而油脂成分就会储存在角质化表皮层和活性表皮层之间形成储油库的效果，这样精华油就可以持续在肌肤中发挥功效。这也就是为什么油剂产品比水剂产品滋润效果更持久的原因。油剂型的优势主要体现在如下几个方面。

1．市场需求

众所周知，近年来护肤品市场最热门的是面膜品类产品，面膜品类也有了一定的市场基础。但是随着面膜品类的竞争加大，面膜炒作概念的过失，消费者对于面膜的关注度下降，面膜品类市场增长空间不足，需要有后续的产品能够持续地吸引消费者，精华油品类就是个潜力点。因此，有一些品牌试探性地推出了精华油品类。

此后，又有更多的品牌推出了精华油产品，说明精华油经受住了市场考验，既是市场需要的，也是消费者需要的。

2．剂型优势

在以往的护肤品市场上，人们关注的其实是水。肌肤需要补水、保湿，人们倾向于轻薄、水润的产品，所以更多的产品是水剂型的。而油因为油腻、厚重，即便一些需要油的产品也会做成乳、霜这样的剂型，其中含有较大比重的水，为的是让产品更加轻薄。油腻厚重感导致精华油这种纯油剂型的产品往往被人忽视。随着化妆品用原料的发展，油脂的肤感得到了很大的提升，这也就使护肤油的肤感更容易让消费者接受，消费者逐渐愿意去使用油剂型产品，同时认识到油剂型产品对皮肤的有益作用。

首先，油和水的体验感是不同的。消费者在使用了长时间水剂产品后，油剂产品给消费者带来的肤感差异可以给消费者更加新鲜的体验。其次，由于油剂型的原因，不会蒸发，会长时间存留在肌肤上，给肌肤带来更好、更持久的滋润效果。第三，由于油剂不含水，微生物很难在油中生存，不添加防腐剂、百分百纯天然产品等这些在水剂中很难做到的宣称在油剂中较易实现。第四，由于没有水，一些容易氧化失去活性的物质可以更好地承载在油剂中，从而起到更好的效果。最后，当消费者体验了精华油不一样的肤感后，会更惊喜地发现精华油的护肤效果更明显、更快速。这是因为精华油中的油脂成分相比水溶性成分可以更好地渗透肌肤，被肌肤吸收，发挥功效。

三、健康美白

随着科技进步，越来越多的人渴望拥有白皙、洁润的肌肤。“白、富、美”已然变成现代女性追求奋斗的目标，而“白”恰恰摆在了首位。因此，化妆品企业针对消费者对美白的强烈需求，开发了琳琅满目的美白类化妆品。在这快速发展过程中，人们深刻地意识到黑色素对肤色的影响。于是，针对黑素细胞产生黑色素这一代谢过程，各式各样的美白剂应运而生，如氢醌（已禁用）、维生素 C 及其衍生物、水杨酸、曲酸、熊果苷、烟酰胺等。然而，一味地抑制黑色素会导致化妆品安全问题的出现。2013 年，日本“杜鹃醇致白斑”事件，将美白产品的安全问题再一次推上了风口浪尖。“杜鹃醇致白斑”是否是因杜鹃醇抑制黑素细胞合成黑色素能力所致，在业内引起了广泛讨论。因此，在保证肌肤健康的基础上，寻找新型的健康美白产品，成为化妆品行业关注的焦点。

如何更科学、更健康地美白，已成为一个严峻的科学问题。本节从清除炎症介质的角度阐述健康达到美白的新思路。

1．炎症介质对黑素细胞合成黑色素的影响

皮肤炎症导致色素沉着或炎症后色素减退是皮肤医学临床上很常见的现象。类花生酸被证实能直接影响黑素细胞色素的产生。类花生酸是膜介导的炎症介质，是花生四烯酸的代谢产物。有报道证实，晒伤、过敏性皮炎、接触性皮炎、银屑病、荨麻疹等炎症反应过程中会产生大量类花生酸，能直接影响黑色素合成。类花生酸中研究比较多的为前列腺素 D_2（PGE_2）、白三烯 C_4（LTC_4）和 LTB_4、白细胞介素 1（IL-1）和 IL-6，肿瘤坏死因子（TNF-α），这些炎症因子在 UVR 辐射时和一些炎症疾病例如过敏性皮炎、接触性皮炎发生时大量释放。IL-1、IL-6、TNF-α 这三种因子在对黑色素合成影响上与类花生酸的作用完全相反，这三种因子能抑制黑素细胞合成黑色素进而抑制色素沉着。

2．炎症介质对黑素细胞增殖的影响

炎症介质不仅能影响黑素合成也能影响黑素细胞的增殖。LTC_4 被证实具有促进黑素细胞分裂的炎症介质，同时，LTD_4 作为 LTC_4 的代谢产物也具有促进黑素细胞增殖的作用。白三烯促进黑素细胞增殖的机理尚未明确，但 LTC_4 可能是通过激活 PKA 途径发挥促黑素细胞增殖活性，因为 LTC_4 的促黑素细胞增殖活性能被 PKA 抑制剂 H8 抑制。此外，IL-6 和 TNF-α 能抑制黑素细胞增殖。

3．炎症介质对黑素细胞分化的影响

炎症介质除了能影响黑素细胞黑色素合成及增殖外，还能影响黑素细胞的分化程度。这些炎症介质包括 INF-γ、TNF-α、LTC_4。正常黑素细胞分化成具高水平黑色素生成活性及黑色素转运活性的细胞时则恶性分化成黑素瘤细胞或痣细胞。INF-γ 则能通过介导 MHCII 类抗原的表达来调控黑素细胞的分化水平。IFN-γ 也能显著地改变正常黑素细胞的形态。TFN-γ 能导致黑素细胞细胞质的扩张和黑素细胞的扁平化，使其与体外培养的黑素瘤细胞的形态类似。体外培养黑素细胞时，在培养基中添加肿瘤坏死因子-α（TNF-α）也能改变黑素细胞的形态。LTC_4 能延长体外培养的黑素细胞存活时间，并改变黑素细胞分化状态，而且 LTC_4 能使黑素细胞失去接触抑制活性，使黑素细胞聚集成痣一样的小群体。

综上所述，炎症介质在影响黑素合成、黑素细胞增殖、黑素细胞分化上都发挥着直接或间接的作用。清除炎症因子为美白产品开发的思路之一。此外，人体的固有肤色还受到黑素产生与代谢平衡、皮肤水分含量、胶原蛋白结构、皮肤微循环等多种因素影响，在开发美白产品时应该全方位综合考虑。

四、皮肤微生态

1．皮肤微生态的作用

皮肤作为物理屏障可以发挥很多功能，如体液平衡、温度调节、免疫应答、知觉作用、代谢功能及传染病的防护。人类皮肤表面定居着大量的微生物，这些微生物和皮肤表面不同的生态位，形成了复杂的生态系统，我们称之为皮肤微生态。皮肤微生态是指由细菌、真菌、病毒、螨虫、节肢动物等各种微生物与皮肤表面的组织、细胞及各种分泌物、微环境等共同组成的生态系统。皮肤表面微生物分两类：常驻菌和暂住菌。常驻菌包括葡萄球菌、棒状杆菌、丙酸杆菌、不动杆菌、马拉色菌等。其中表皮葡萄球菌、痤疮丙酸杆菌是皮肤主要的常驻优势菌。暂住菌包括金黄色葡萄球菌、假单胞菌、肠杆菌等。皮肤表面微生物对于人体的作用主要包括以下几个方面：

（1）生物屏障作用　皮肤微生态是皮肤天然的生物保护层，对外它防止有害因素的“入侵”，对内它维护着皮肤的营养、代谢、呼吸等正常生理功能。

（2）自然保湿作用　微生物参与皮肤细胞代谢，协助皮肤生理功能发挥，代谢脂质在皮肤上形成一层乳化脂质膜——酸罩，与角质层一起，具有防止水分过分蒸发的作用，有利于保持皮肤水分，起到协调皮肤生理功能发挥的作用。“皮肤微生态”是皮肤最天然、最理想的保湿膜。同时，皮肤的角质层中存在着天然的保湿因子（NMF），它融于“皮肤微生态”并被其充分包围，才能充分发挥保湿的作用。

（3）自我净化作用　“皮肤微生态”中的益生菌，可以将皮肤代谢过程中角质化、脱落的细胞和汗腺、皮脂腺的分泌物，以及其他废弃物等，分解、转化为乳酸、谷氨酸、天门冬氨酸等氨基酸、蛋白质和各种游离脂肪酸，维护皮肤正常的 pH 值，以抵抗致病菌的侵入，起到自我净化、自我清洁的作用。

（4）调整皮肤微生态平衡　“皮肤微生态”能够保持皮肤、皮肤微生物以及环境之间的协调，保持动态的微生态平衡，保证皮肤营养、代谢、体温调节、呼吸、知觉等生理功能的发挥，以保持肌肤自然健康美。在一般情况下，不仅正常菌群与人体保持着动态平衡，而且菌群之间也是相互制约的，不但不会致病，反而对皮肤和机体的健康有重要作用。但是当皮肤屏障受损和菌群失调时，某些正常寄居于人体皮肤上的菌群，就可引起皮肤疾病甚至引起系统疾病，如痤疮、皮炎、色斑，甚至加速皮肤老化等。

2．皮肤微生态临床研究

黄褐斑发病与局部微生态失衡有密切关系。在微生态专家熊德想教授的指导下，在 1997 年各个不同的季节应用定量、定位和定性的方法对 106 例面部黄褐斑病人进行微生态研究，并与 55 例健康人面部菌群进行比较，研究的结果显示黄褐斑皮损区产色素微球菌及革兰氏阴性杆菌数量增加而且分离率高。

金徽集团广州金羿（微生态）噬菌体生物技术有限公司发现了一种缓症链球菌（*Streptococcus mitior*）可用于调节哺乳动物皮肤的寄居菌群，并可预防、治疗、缓解、减轻和治愈痤疮丙酸杆菌（*Propionibacterium acnes*）的感染症状，包括矫形外科的痤疮丙酸杆菌感染。该链球菌的多肽成分与痤疮丙酸杆菌噬菌体可协同作用于痤疮丙酸杆菌。相关的制剂可用于皮肤美容、皮肤感染、外科感染等领域。

3．益生菌在护肤品中的应用

目前，有科学家通过实验证明益生菌技术能消除高达50%的皮肤损伤，并激活细胞再生至70%。除此之外，益生菌还能刺激皮肤的免疫系统并恢复其天然防御，起到滋润、防止胶原蛋白的破坏及减缓衰老的效果。那么，益生菌如何应用在护肤品中呢？

（1）将益生菌营养素加入护肤品中　保护皮肤的益生菌群对于维持皮肤结构和功能的完整性是非常必要的。增强皮肤表面的益生菌群最有效的方法是提供益生菌的营养素，即通过为益生菌补充食物及营养，促使益生菌生长和保持平衡。强化益生菌群，既能够帮助益生菌迅速恢复，使益生菌相对于有害菌更具优势，从而间接抑制有害菌，又能形成皮肤保护屏障，阻止有害菌的侵入。

（2）使用益生菌生物制剂代替抗生素治疗皮肤疾病　近年来对益生菌的研究发现，以乳酸菌与双歧杆菌为代表的益生菌不仅具有抵抗抑制病原菌生长繁殖的能力，同时还具备提高宿主自身免疫力、增强宿主对致病菌侵袭的抗感染能力。乳酸菌可以产生大量的有机酸降低环境pH值，抑制致病菌的生长繁殖，改善皮肤微生态环境失衡的状态，同时可提高机体免疫功能、激活巨噬细胞、维持局部抗感染能力。

（3）利用益生菌进行微生物发酵加入护肤品中　实验表明，微生物发酵产生的生物活性物质种类多样且分子更小，更易被皮肤所吸收，这为微生物发酵在化妆品中的应用提供了主要依据。日本的养乐多公司化妆品部门应用益生菌发酵物，使用乳酸菌发酵技术开发了具有生物活性的化妆品。

为了将大豆异黄酮生物活性物应用到化妆品中，宋敏郎等研究者开发利用双歧杆菌发酵的豆奶（FSM）和其酒精提取物（BE），由于其包含了高水平的大豆异黄酮苷，故能渗透到皮肤内部，从而实现由内而外的皮肤保护。研究者通过实验得出结论，豆奶经过双歧杆菌发酵，产生了能够促进皮肤改善的效果。

五、防污染护肤品的兴起

Berkeley Earth的研究表明中国每年因空气污染而死亡的人数为160万，92%的中国人口至少经历了120h的空气污染。不绝于耳的空气质量指数（AQI）爆超标，越来越多的路人戴口罩，开始使用空气净化器，消费者对于健康的生活习惯和抗污染的产品越来越关注。个人护理和头发护理品牌也因此研发了相关的化妆品，帮助消费者应对污染问题。

根据科玛的报告，毛孔护理和排毒等功效的产品在消费者中的喜好度在增加。市场调查显示，除了缺乏睡眠，空气中的化学污染和粉尘已经成为引起人们皮肤和头发问题的第二大原因。空气中的颗粒物（PM）加速了非固有的皮肤衰老，造成了色斑等问题。除PM之外，环境污染中还有自由基、光老化、粉尘污染也会对皮肤造成影响。

结合当前的“恶劣”环境，爱美的消费者自然希望寻找能够抵抗污染的产品。英敏特数据显示，约40%的消费者愿意多花钱购买能够抗污染的产品，且由于中国的环境问题较为显著，中国女性中愿意购买洁肤类化妆品的比例，是英国女性的两倍，达到了41%。

欧莱雅旗下理肤泉、碧欧泉、专业抗氧化品牌修丽可等都有针对空气污染推出的系列产品，雅诗兰黛、娇韵诗等也已经推出了此类产品。据科玛方面介绍，该公司防雾霾的护肤品研发已经结束，目前正在进行临床试验。可以预见，今后几年，亚洲市场会出现更多以抗雾霾为概念的产品。

1．空气污染导致皮肤问题的研究

早在2014年，玉兰油（Olay）护肤品牌与北京空军总医院皮肤科合作，针对住在北京当地的两组年龄在30～45岁的女性做了一项研究。一组女性住在市中心至少有10年，皮肤持续暴露在严重的空气污染中；另一组则是在10多年中居住在北京的郊区，空气质量相对好得多。研究发现，居住在市中心的女性皮肤更干燥，皮肤的防御能力更弱——这是导致皮肤老化的重要因素。这项研究考察了被污染的空气中的颗粒物$PM_{2.5}$对皮肤的影响。$PM_{2.5}$本身由于体积太大而无法渗透到皮肤中，但是$PM_{2.5}$颗粒上吸附了从农药和重金属的环芳烃、碳氧化合物中汇集的200多种化学物质，这些化学物质足够小，可以渗透到皮肤的细胞中。这反过来会推动自由基的爆发——携带一个或多个不成对电子的分子会破坏健康细胞，并不断繁殖。这对皮肤的胶原蛋白、弹性蛋白和DNA都有负面影响，导致细纹、发皱、下垂和干燥的肤质，还会产生黑斑。

2．防污染的护肤品案例

愈来愈多的消费者意识到颗粒粉尘、交通烟雾等对于皮肤的影响，侵入皮肤产生皱纹，这也带动了对抗污染护肤成分的研究，这种趋势将持续下去并且不断增长，原料厂商IBR、Lopotec、亚什兰、道康宁、Sedrma、Symrise等厂家领先推出了抗污染成分。化妆品市场也涌现一系列专门应对环境污染的乳液、面膜、膏霜等。

香奈儿的抗污染产品是它的十号乳液。这款产品的关键在于富含抗氧化剂的银针茶提取物。当香奈儿公司在北京的72名女性身上测试时，79%的人说在使用这种乳液一个月以后，她们的皮肤受空气污染影响明显少了。Decléor的“花样香瓣”香薰保湿眼膜唇膜（hydra floral anti-pollution）含有橙花油和辣木油，能抵御污染和自由基，滋生甘油来消除炎症。

法国药妆品牌理肤泉使用视黄醇来阻止污染物质粘在皮肤上，Redermic R系列的修护防晒霜（Redermic R Corrective UV SPF30）对皮肤表面的损伤有修复功能。角质层软化会刺激细胞再生，这能够提升皮肤光泽和美白。

六、生物发酵

发酵是微生物在一定条件下进行的生理活动，借助于酶的作用对有机物进行分解、转化取得C、N、维生素等各种营养以生长菌体，同时产生各种次级代谢产物，如多糖、氨基酸等的过程。微生物在自身生长代谢过程中产生丰富的胞内胞外酶，如纤维素酶、蛋白酶、果胶酶、淀粉酶等，能够进行水解、氧化、甲基化、酯化反应等多种反应，分解转化底物而生成新的活性成分，同时产生丰富的次级代谢产物。

1. 生物发酵的优势

大量的研究结果显示，发酵技术在化妆品植物功效原料的开发方面具有良好的应用前景。首先，绿色天然的植物资源本身含有丰富的生物物质资源，为发酵技术的应用提供了无限可能。其次，发酵技术在增强植物原料功效、降低不良反应等方面具有得天独厚的优势。

（1）富集植物功效成分、提高功效 植物活性成分，例如维生素、氨基酸、矿物质、多糖、黄酮、多酚等通常具有良好的保湿、美白、舒敏及延缓衰老等功效。但是，通过传统工艺制备的植物提取物，由于提取溶剂、工艺及制备方法等方面的局限，获取的功效成分有时难以达到预期。大量的文献调研结果显示，优质的植物资源采取适当的发酵方式，可以有效地富集功效成分，对解决化妆品植物原料开发过程中功效不足的问题具有重要的意义。

红景天，作为一种优质植物资源，在化妆品植物功效原料上具有广泛的应用。其主要活性物为红景天苷。李颖等人比较了红景天提取物和红景天发酵液中红景天苷的含量，结果显示红景天发酵液中红景天苷的含量为2.39%，红景天提取物中为1.61%，通过微生物发酵使得红景天中活性成分红景天苷含量增加了约48.45%。

大豆异黄酮，是黄酮类化合物，是大豆生长过程中形成的一类次级代谢产物。它是一种生物活性物质，主要有游离型和糖苷型两类。在发酵豆乳中，大豆异黄酮主要以游离形式存在，而在未发酵豆乳中，以糖苷型异黄酮为主。研究表明，游离型异黄酮比糖苷型异黄酮具有更强的生物活性，因此发酵豆乳的生物利用率较之未发酵豆乳高很多。

红参，是中药的一种，属伞形目、五加科植物。一些研究者已经在红参里发现了在白参里没有被发现的新的人参皂苷。人参皂苷可诱导抗氧化酶，如超氧化物歧化酶和过氧化氢酶，对维持细胞活力很重要。Hyun-Sun Lee等人研究发现，和红参相比，发酵红参的糖醛酸、多酚和黄酮含量更高，抗氧化能力更强；其人参皂苷的代谢产物含量增加。因此，发酵红参的抗皱功效和美白功效得以提高。

姬松茸为具有美白功效的化妆品植物原料，对姬松茸进行固态发酵研究表明，随着发酵时间的延长，发酵产物中营养成分含量显著提高。

中药红花具有活血化瘀功效，其为常用的具有抗氧化功效的化妆品植物原料，冯志华等通过微生物转化技术，使中药红花中酚羟基的数目大幅度提高，提高了红花的抗氧性和生物利用率。

（2）可降低不良反应　植物资源大都营养成分丰富，活性物质成分复杂，不少植物成分可以引起一定的不良反应，严重影响了植物资源的有效利用。通过微生物转化技术，以植物中含有的某一单一有毒物质为微生物作用的底物，通过酶的参与，进行生物转化，得到经过特定部位修饰的转化产物，这种产物较原来植物中的有毒物质的毒性低，确保使用的安全性。

众所周知，免疫反应在宿主防御机制中发挥重要作用，但也可能引起中毒，皮肤过敏。Hyun-Sun Lee 等人研究发现，发酵红参对酪氨酸酶活性和弹性蛋白酶活性的抑制比未发酵的红参更有效。在皮肤致敏试验中，发酵红参的刺激致敏率明显低于未发酵红参。同时，高剂量的未发酵的红参（10%）显示出毒性，而发酵红参显示出较低的毒性。

固体发酵法培养的灵芝固体菌质含有丰富的生物活性成分（灵芝菌质多糖、灵芝酸三萜及蛋白质等），重金属含量低，不良反应小。马钱子为马钱科植物的干燥成熟种子，具有一定的药用价值，但是具有一定的毒性，限制了其作为优质植物资源的应用。潘扬等利用槐耳、灵芝、猴头菇等 20 种真菌固体发酵马钱子，在一定的生物技术控制条件下，有毒物质的含量均明显下降，而且有效成分都得到了不同程度的提高。

2．运用生物发酵的护肤品案例

从国际市场现状来看，韩国和日本的护肤品界十分流行发酵化妆品，其中最早出名的就是日本的 SK-Ⅱ，含有 80%的 pitera 成分，pitera 其实是一种制作清酒的特殊酵母在发酵过程中产生的滤液。随后市面上又出现了自然发酵护肤品——熊津化妆品“酵之美”。

韩国的发酵品牌 Sum37 发展迅速，只用了五六年的时间，在 2014 年就把发酵概念强化为一种品牌。其品牌功效原料以植物发酵产物为核心，在恒温 37℃的杉木桶中发酵获得发酵液。其他大部分的发酵护肤品（尤其是韩国护肤品）常用绿豆、大米等谷物，葡萄、蓝莓等水果作为主原料。

与韩国护肤品多用食品发酵相反，欧美化妆品品牌中发酵护肤品使用的原料更加多样化。比如雅诗兰黛使用发酵技术研发了“MICRO ESSENCE”，碧欧泉则将用浮游生物发酵得到的物质添加到新产品中，推出了“PLANKTON ESSENCE”。

第四节 消费者消费特点分析

随着人们健康意识和保持年轻意识的提高，全球化妆品市场迅猛发展，化妆品市场的变化从未停止。近年来，又因电商行业的普及，全球化妆品的市场不断扩大，消费者的消费特点也呈现出新的发展趋势。

综合欧睿信息咨询公司 2016 年、美国 Cosmetics Design 公司 2015 年、欧睿信息咨询公司 2014 年的全球消费趋势研究报告，消费者消费行为概括为以下九点。

一、消费者越来越理性

消费者对于品牌忠诚度降低，重视品牌创新，更精打细算。消费者对产品性价比的要求越来越高，这对于本土企业来说是挑战更是机会。

① 品牌忠诚度降低　时下有各种渠道商品可供消费者选择和比较，因此他们会经常更换购物地点和品牌，乐于尝试新的产品。

② 重视品牌创新　现代消费者更多具有个人主义，更愿意尝试新的产品与科技。他们崇尚自我风格，敢于接受挑战。

③ 更精打细算　消费者越来越重视购物成本，即更偏向于在打折促销时购物。并时刻关注价格波动，会主动通过“拒绝购买全价商品”等方式，间接地与厂商进行“谈判”，以追求自己觉得更加合理的价格。

二、时间价值越来越重要

消费者对于时间价值的重视程度也正在不断增加。他们会选择通过“花钱”的方式来节约时间。同时非常乐意通过购买其他人的服务来满足生活需求。一份调查显示，中国 18～35 岁的人群中，有 58%认为一个人生活的奢侈程度，取决于他们享受的自由时间的多少。消费者对于即时互动服务的要求也不断提高。富含多重功效的护肤品和一项多用的彩妆产品会成为趋势。消费者对于服务的要求越来越高，所以无论是线上客服还是线下导购，对其专业度的培养和效率的提高都迫在眉睫。

三、老龄化带来的新市场

到 2050 年，全球将有 20 亿人口年龄超过 60 岁，许多国家都面临老龄化的问题。2015 年 Cosmetics Design 报告就预测 2016 年将会有更多的中老年人的化妆品产品出现，中高龄层化妆品市场潜力还是相当巨大的。但 2016 年，55～65 岁之间的老年人群消费者却变得更有活力。在老年消费者线上购物的种类中，美容和个人护理用品排在第三位。

四、更看重品牌的社会责任感

越来越多的消费者，尤其是千禧一代，希望能够在消费的同时也能够对社会有积极影响。作为应对，各个品牌开始更加注重创造一种可分享的“生活方式”，而不单单是推出一件商品。

Cosmetics Design 认为可持续性发展依然是化妆品行业需要注意的问题。比如包装方面，许多企业已经在使用环境友好型及可回收的材料。水资源也将是美容行业重视的问题，许多企业表示会在美容用品的生产过程中节约用水。且据英敏特介绍，未来的美容产品必须有明确的环保立场，向消费者表明品牌解决水资源短缺的方案，帮助他们控制个人用水。塑料微珠也会逐渐淡出视野。2015 年 12 月初，美国众议院通过一项提案：从 2017 年 7 月 1 日起，禁止在肥皂、牙膏及其他身体护理用品中添加塑料微珠。2015 年年底，奥巴马签署该法案，规定将逐步淘汰含有塑料微珠洗护产品在美国的生产与销售。

五、更加关注健康

在美妆方面，越来越多的消费者开始重视皮肤的健康护理，淡化了对护肤及时性效果追求，同时，消费者越来越注重成分配方及厂商资质，选购产品趋于科学理性。

近年来天然有机护理产品市场持续升温，据美国网站 fashionmag.com 报道，2005 年以来，天然美妆产品成为美妆和个人护理行业的头号增长点，年平均增幅为 20%，其中代表性品牌包括：The Body Shop（美体小铺），Kiehl's（科颜氏）和 Burt's Bees。而美国市场研究公司 Grand View Research 预测，到 2020 年，有机天然护理产品市场规模将扩大一倍。

六、对互联网的过度依赖

移动端已经成为主流的销售渠道之一，在中国，拥有智能手机的人的比例已占 90%左右。如今，大部分品牌都在增加新媒体投放比例，但宝洁目前反而减少这一部分的投入，这种逆势行为也在提醒品牌，别太依赖线上销售。

七、花钱买安全感

2006～2016 年，随着消费者防紫外线意识增强，全球防晒用品零售值逐年递增。此外，随着部分地区的环境污染问题日渐凸显，防辐射防污染化妆品销量也在逐渐上升。

八、重视产品体验感

现代消费者工作、生活压力倍增，因此充沛的精力成为创造美好生活的先决条件。Cosmetics Design 认为，美容行业由内而外护肤为发展趋势，前沿产品应顺应趋势，满足消费者神经医学美容、结合调理身体健康以及更多感官方面的需求。

1．个性化定制美容

法国创意美妆公司Romy Paris去年推出的创新美容机可以根据用户的个性化需求确定配方，通过在精华液或面霜中添加高浓度活性成分胶囊，即时生产最适合用户的新鲜护肤品。意大利美妆初创 Hekatè 也推出了一款自定义面霜，用户可在 Hekatè 线上平台自行挑选适合自己皮肤的活性成分和香味制作面霜。

2．科技提升消费体验

Chanel 和 Burberry 在伦敦 Covent Garden 的零售店以及 L'Oréal Paris 在马德里的首个独立专卖店开业时全都用了科技提升消费者体验，科技在这其中扮演了非常重要的角色。L'Oréal 推出的 makeup genius（千妆魔镜）超真实彩妆模拟程序，运用增强现实技术帮助模拟面部妆容的变化过程，为消费者的彩妆购买做出适当指导。Chanel 的照片展台能够让消费者拍照并且给自己涂上虚拟唇膏，这就是最好的一个例子。此外，为给消费者打造完美体验，各大品牌也开始涉足数字化领域，比如 Sephora 近期提出的受 Pinterest 启发的社会化购物理念，Mary Kay 的美容手机应用，巴黎欧莱雅纽约地铁站的虚拟系统（让消费者能够从美容品贩卖机里买到与他们的装扮相搭配的彩妆品），等等。

九、高端产品购买欲上升

人们购买更多可负担得起的奢侈品的愿望越来越强烈，生产商们也希望在不降低品牌形象的情况下扩大生产。时尚奢华品牌由此进入美容品市场。Tory Burch 和 Michael Kors 都通过雅诗兰黛以香水和彩妆产品进入美容品行业。Marc Jacobs 和 Tom Ford 都扩大了规模，前者扩大的是彩妆产品，后者则扩大了男士护肤产品。此外，大热的时尚品牌如 YSL、Christian Dior 和 Chanel 增加了护肤品投资。

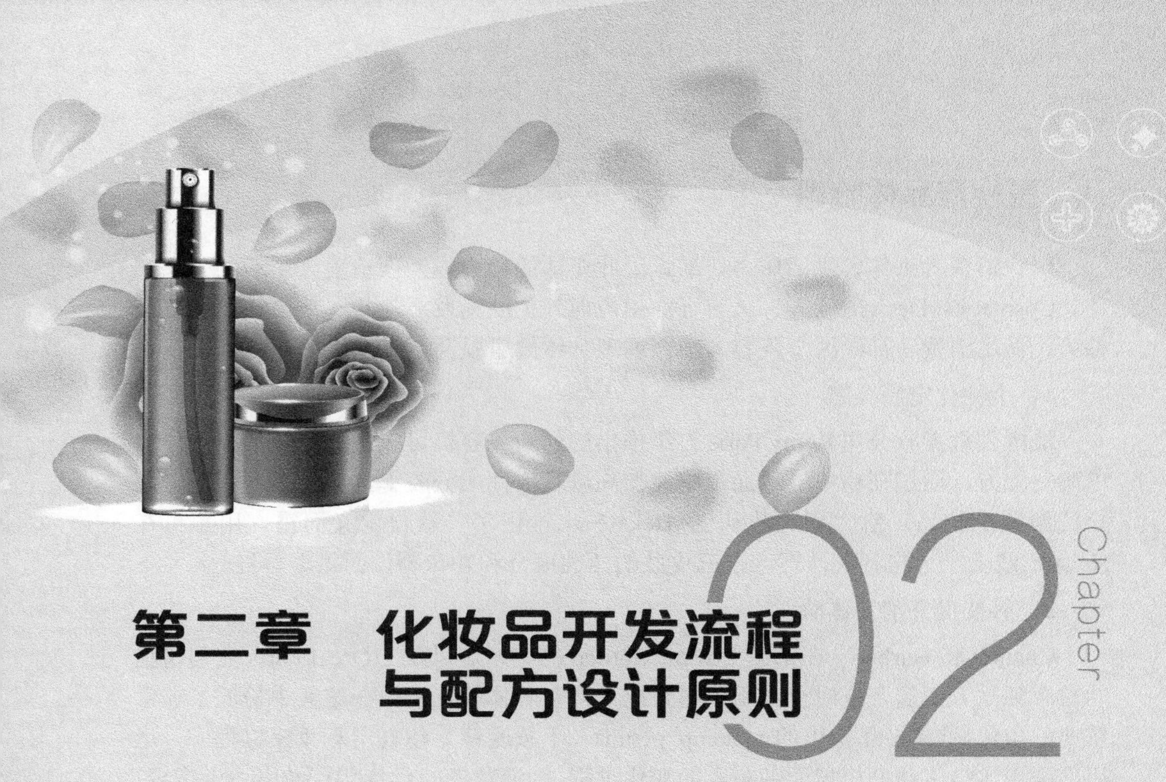

第二章　化妆品开发流程与配方设计原则

第一节　化妆品的开发流程

化妆品研发是一个复杂而有趣的过程，它的成功不仅取决于掌握相关科学技术的程度，更涉及对化妆品本身的感悟，对相关市场的了解和消费受众需求的关注，需要灵感的迸发和逻辑的推理与归纳。

要想研发出一个或一系列被市场认可的产品不仅仅是设计一个可用配方，而是需要从产品创意、产品研发到市场导入，对各个环节进行细致的规划与设计，最终才能形成一个或一系列好产品。而作为化妆品行业的科研工作者，化妆品科研开发流程也需要多方面、全方位的考虑，才能形成有效、有应用价值的科研成果。

一、化妆品企业开发流程

1．创想与目标聚焦

在开发一个产品之前首先要明确开发方向、开发目标。目前的化妆品企业开发方向/开发目标一般是由企业市场部经过广泛的市场调查，了解目前国内化妆品消费需求后向产品研发部门提出建议。同时产品研发部门也要对国内外化妆品领域的前沿进展进行调研。最后由市场部、产品研发部共同对初步锁定的开发方向进行无边界的头脑风暴与创想，具体内容如表 2-1 所示。从而明确开发目标，共同确立企业近期要开发的新产品，并进一步制订出企业的中、长期研发计划，即生产一代、研发一代、储备一代。

表 2-1　产品开发目标信息表

目标产品名称			
要求分类	信息要求明细	摘要	备注
市场目标信息要求	产品卖点（概念点）		
	产品价格定位		
	产品销售区域		
	产品目标人群		
	产品市场其他要求		
信息目标	产品剂型		
	产品外观色泽要求		
	产品其他技术标准		
	产品原料成品		
	产品包装容器		
	产品功效要求		
	产品技术的其他要求		

2．产品研发

在产品研发的全过程必须时刻围绕产品开发要求来展开。要求包括：开发目标、国家法律法规、国家标准、行业标准等。

产品研发过程可分为配方研发、稳定性测试、安全性测试、功效性测试、感官评价几大步骤。配方研发可参照化妆品配方体系设计。除此之外，化妆品配方设计还要考虑配方在实际生产过程中的可行性，尽量使生产操作便捷。也要控制配方的成本，目前常以产品的成分价格与性能的比值大小作为评估化妆品产品配方水平的指标，成分价格与性能的比值越小，即该产品的成本越低，而产品的性能越优，表明该产品的配方设计水平越高。因此，在设计化妆品配方时，必须根据配方中各组分的价格对该配方的成分进行核算，通过对配方的进一步修正改进，以求得用低价位的成本，配制出高性能的产品。

当配方样品做好后，需通过一系列的评价，来检验设计的产品是否达到要求，需进行稳定性测试、安全性测试、功效性测试、感官评价，评价的要求一般要严于国家相关标准，评价内容如表 2-2 所示。

3．产品市场导入

产品研发完成后还需要对其做一系列的包装使其导入市场，导入市场后还要持续跟踪消费者对该款产品的评价，了解是否存在不良反应、是否符合消费者需求、如何更好地升级改造等问题，使产品在其生命周期内能够稳定运转。

表 2-2 化妆品样品评价表

序号	评价名称	评价内容	评价方法
1	感官评价	1．外观 2．香气 3．色泽 4．涂展性	可参见化妆品标准中的方法
2	理化指标评价	1．耐寒 2．耐热 3．pH 值 4．黏度 5．离心试验 6．微观结构照片	可参见化妆品标准中的方法
3	稳定性评价	1．冷热循环 7 周次试验 2．外观稳定性（外观、色泽、香气） 3．理化指标稳定性（pH 值、离心试验、黏度） 4．活性成分的稳定性 5．微观结构的稳定性	1．48℃、−15℃ 2．参见感官评价 3．参见理化指标评价 4．活性成分分析 5．微观结构照片对比
4	卫生指标评价	1．防腐挑战试验 2．汞、砷、铅含量测试	参见《化妆品安全技术规范》（2015 版）
5	安全性评价	1．毒理学评价 2．人体斑贴试验	参见《化妆品安全技术规范》（2015 版）
6	功效评价	根据前期功效特点设计进行相应的生化水平、细胞水平、人体功效评价	

二、化妆品科研开发流程

化妆品科研开发流程主要针对皮肤类型、皮肤症状以及不同部位皮肤的健康需求进行机理分析，从而提出对应肌肤问题和需求的健康护理方案，根据健康护肤方案，寻找合适的功效成分，进行科学配伍，同时进行安全功效评价，以保证产品质量。将化妆品科研开发流程归纳为 “症、理、法、方、药、效”，既是很好的研发流程，更是一个优秀的科研思维。

下面以预防皮肤干燥化妆品研发流程为例进行详细说明。

1．症

在化妆品研发过程中，第一步需要明确的是：需要解决的问题是什么？该研发项目需要解决的皮肤症状是什么？这样才能够使整个研发过程都围绕着解决“症”来进行，从而不会偏离轨道，造成最后产品的“药不对症”。预防皮肤干燥化妆品研发流程中，皮肤干燥为该研发项目要解决的“症”，那么如何来解决该“症”呢，就要分析皮肤干燥的机理。

2．理

明确症状以后，要对产生症状的机理进行彻底分析，才能够保证标本兼治、药到病除。

对于预防皮肤干燥化妆品的研发，要分析的就是造成皮肤干燥的原因、皮肤干燥的机理。从生物学的观点看，皮肤干燥的机理与皮肤屏障功能、皮肤内炎症因子浸润、内源性水分的缺乏息息相关，而不仅仅是由于皮肤表面缺乏脂类物质。角质层由5～15层细胞核和细胞器消失的薄饼样角质细胞和薄层脂质组成，将其形象地比喻为用砖砌成的墙，角质形成细胞构成砖块，间隔堆砌于连续的由特定脂质组成的基质中，形成特殊的“砖墙结构”。当砖墙结构遭到破坏时，皮肤水分散失量增加、皮肤保湿能力下降。由于UV、污染、生理压力等因素的影响，造成皮肤内炎症因子的释放，炎症因子能够进一步破坏皮肤角蛋白，影响皮肤屏障功能，从而影响皮肤保湿能力。皮肤中的水分及营养物质主要在真皮层毛细血管的血液循环过程中产生，然后向真皮组织间隙转运，进而运输到表皮层，研究表明，表皮中含有超过70%的水分，而随着角质形成细胞的向上代谢过程，水分在皮肤角质层屏障中迅速减少到15%～30%。当新陈代谢缓慢、微循环不顺畅时，会造成内源性水分的缺失，从而影响皮肤保湿能力。

3．法

通过对皮肤干燥的机理进行分析，从而锁定预防皮肤干燥的“法”——固护皮肤屏障、减少炎症因子浸润、增加内源性水分。

4．方

对皮肤干燥机理进行分析后，形成预防皮肤干燥的“法”，从而根据预防皮肤干燥的指导方法，形成预防皮肤干燥的具体方案：固护屏障——增加皮肤必需脂肪酸、促进皮肤屏障关键蛋白表达；减少炎症因子浸润——使用清热解毒类抗炎功效植物原料；增加内源性水分——使用活血化瘀类功效植物原料，通过促进微循环进而促进内源性水分的生成。

5．药

经过以上剖析，根据预防皮肤干燥的具体方案，通过各种途径寻找符合“方”的具体原料。解决皮肤干燥问题的植物原料如表2-3所示。确定原料后需要根据植物原料中功效成分的不同对其提取工艺进行探索，从而确定最佳提取工艺。

6．效

是否真正有效还需要经过科学的试验对其功效进行验证。常用的检测方法是测定皮肤角质层水分含量和水分经皮肤散失。皮肤角质层水分含量越高皮肤水分散失量越低，表明皮肤水分保护层越完好。在这里需要强调的是，对于化妆品功效体系的设计是依据最初设计化妆品所针对的“症”出发，来验证产品在导入市场后，是否可以针对性地解决皮肤问题，如果想继续深入研究其功效作用机理，可以在基础科研方向继续深入。

表 2-3 解决皮肤干燥问题的植物原料一览

症	理	法	方	药
皮肤干燥	皮肤屏障功能破坏	固护屏障	增加皮肤必需脂肪酸、促进皮肤屏障关键蛋白表达	麦冬：能够加速紧密连接蛋白及 ZO-1 的合成；增加 NMF 的含量 石斛：紧密连接蛋白和丝聚合蛋白的表达 马蓝：上调紧密连接蛋白的表达及恢复角质形成细胞紧密连接 仙人掌：上调人角质形成细胞的兜甲蛋白的表达 鱼腥草：鱼腥草提取物可以上调丝聚合蛋白的表达 牛肝菌：牛肝菌提取物可以促进丝聚合蛋白的表达
	皮肤炎症因子浸润	减少炎症因子浸润	使用清热解毒类抗炎功效原料	茯苓、枸杞、生地：治疗燥症中清热药用药频率较高 竹荪：有较好的保湿抗炎功效
	皮肤内源性水分不足	增加内源性水分	使用促进微循环类功效原料	红曲：红曲“活血和血”，为药食同源中药，李时珍评价红曲“此乃人窥造化之巧者也” 红花：红花在《神农本草经》中被列为上品，《本草纲目》记载红花：“活血、润燥、止痛、散肿、通经”，有祛瘀止痛、活血通经之效，现代药理研究也已表明其活血功效

第二节 化妆品配方设计原则

所谓化妆品配方设计，就是根据产品的性能要求和工艺条件，通过试验、优化、评价、合理地选用原料，并确定各种原料的用量配比关系。

化妆品的配方设计应满足以下基本原则：①符合法规，配方符合国家对于化妆品的相关法规规定；②安全性高，保证化妆品的安全、无刺激；③稳定性好，保证化妆品在货架期的稳定性；④功效相符，保证产品有相应的宣称功效；⑤易于使用，产品方便消费者的使用；⑥外观时尚，产品的气味、外观、状态满足消费者的需求（时尚）；⑦工艺简单，配方生产工艺要尽可能地简单；⑧成本最低，满足对产品成本的要求，并尽可能成本最低。

为了便于配方师进行配方设计，笔者从化妆品整体结构体系出发，将化妆品配方结构分为七个模块，包括乳化体系、增稠体系、抗氧化体系、防腐体系、感官修饰体系、功效体系和安全保障体系。不同剂型的化妆品配方由七个模块中的部分或全部组成，这样在配方设计时能更简洁。通过模块设计找原料，而不是像以前由多种原料组合配方，在调整配方出现问题时，也可通过模块来分析，这样能更快发现问题和解决问题。

对于不同剂型和特点的产品，要求的模块有所不同。膏霜和乳液要求七个模块皆要考虑，而水剂体系要求考虑其中五个模块即可。化妆品产品与模块及原料对应表见表 2-4。现对化妆品配方设计原则进行简要介绍，详细介绍见第三章。

表 2-4　化妆品产品与模块及原料对应表

体系＼产品类型	洗护类产品（洗发水）	保湿类产品（保湿霜）	美白类产品（美白护肤水）	原料举例
功效体系	洗涤清洁体系	保湿体系	美白体系	HA、熊果苷
乳化体系		√		SS、SSE、A6、A25
增稠体系	√	√		Carbopol 940、HEC
抗氧化体系	√	√	√	BHT
防腐体系	√	√	√	尼泊金甲酯、2-苯氧乙醇
感官修饰体系	√	√	√	香精、色素
安全保障体系	√	√	√	抗敏止痒剂

一、乳化体系

乳化体系是以乳化剂、油脂原料和基础水相原料为主体，构成乳化型产品的基本框架，其设计是否合理，直接影响产品的稳定性。这一模块构成膏霜和乳液的基质主体。膏霜和乳液的外观及稳定性均由这个模块决定，该模块也是化妆品科学研究的主要内容。

二、增稠体系

增稠体系是以增稠剂和黏度调节剂原料为主体，以调节产品黏度为目的，其设计是否合理直接影响产品的外观效果。

三、抗氧化体系

抗氧化体系是以抗氧化剂原料为主体，以防止产品中易氧化原料的变质，延长产品的保质期。

四、防腐体系

防腐体系是以防腐剂原料为主体，以防止产品微生物污染和产品二次污染而引起的产品变质，延长产品的保质期。

五、感官修饰体系

感官修饰体系是以香精和色素原料为主体，以改善产品感官特性，提高产品的外观吸引力，给消费者以感官享受，激发消费者的购买欲望。

六、功效体系

功效体系是以功效添加剂原料为主体，以达到设计产品功效为目的，其设计是否合理，直接影响产品的使用效果，通过产品功效评价结果表现。

七、安全保障体系

安全保障体系以抗敏原料为主体，可降低消费者使用风险，对配方安全性具有重大意义。

第三章　化妆品配方体系设计

第一节　乳化体系设计

乳化体系设计是膏霜乳液等化妆品配方设计中最关键的环节，乳化体系的优劣直接影响产品的稳定性、外观及肤感，进而影响产品的品质和价位等。理想的乳化体系应满足下列要求：①较好的稳定性，体系本身要稳定，要耐受3年的保质期，能经受不同地区、不同温度环境的影响，能经受使用过程中涂抹的影响等；②具有较高的安全性，对皮肤安全无刺激；③能提供良好的外观，作为化妆品来说，必须具有良好的外观，才能满足消费者的视觉需要；④能提供良好的肤感；⑤作为基质体系要具有一定的功效添加剂承载能力，具有一定的耐离子性。

一、明确目标要求

如图3-1所示，乳化体系在设计时，首先要明确产品设计的目标要求，目标要求决定了乳化体设计的方向。产品目标要求具体涉及多个方面，例如功效、状态、肤感、价位、产品使用人群等，这些都将成为我们乳化体配方设计的重要依据。

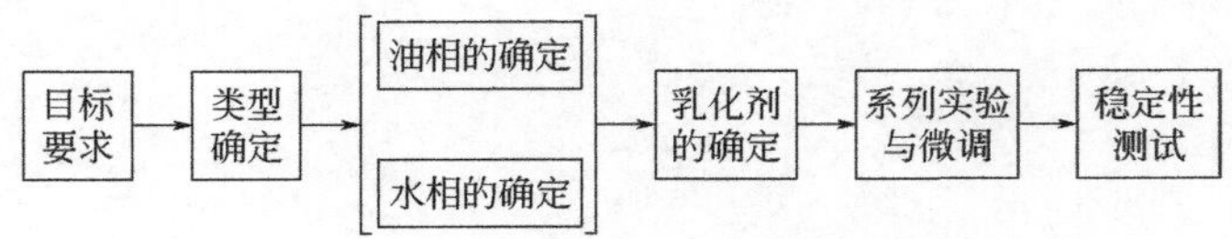

图 3-1 乳化体系设计流程

二、乳化体系类型的确定

乳化体主要有两种类型，如果再考虑状态，主要有四种剂型，见表 3-1。

表 3-1 乳化体系类型

剂型	剂型特点	一般应用
O/W 膏霜	外观稠厚，肤感清爽，滋润性稍差	营养霜，滋润
W/O 膏霜	外观稠厚，肤感油腻，滋润性好	BB 霜、出水霜、高滋润霜
O/W 乳液	外观稀薄，肤感清爽，滋润性稍差	营养乳、夏用、油性肌肤乳液
W/O 乳液	外观稀薄，肤感油腻，滋润性佳	防晒乳、防水产品

根据类型特点，结合产品要求，确定合适的剂型。另外，功效对剂型也有影响，例如祛痘的护肤产品，选用 O/W 乳液，肤感清爽，比较合适。

三、乳化体系设计方法

1．油相原料确定

乳化体化妆品相对于其他类型的护肤化妆品来说，含有油性润肤剂是其最大的特点。保护滋润肌肤，有效修护皮肤的脂质层油脂膜。产品的特性及其最终效果和油相的组分也有密切的关系。W/O 型乳化体产品的稠度主要决定于油相的熔点，所以油相的熔点一般不超过 37℃；而 O/W 型乳化体产品的油相熔点可远远超过 37℃。另外乳化剂和生产方法也能改变油相的物理特性并最终表现在产品的性质上。矿油是在许多膏霜中最常用的、作为油相主要载体的原料。在某些产品中也应用它的本身特点，在清洁霜中作为类脂物的溶剂，在发膏中作为光亮剂和定型剂，肉豆蔻酸异丙酯等液体酯类适宜作为非油腻性膏霜的油相载体。蜡类用于油相的增稠，促进封闭膜的形成和留下一层非油腻性膜，硬脂酸锂和镁等金属皂在 150～170℃时分散于矿油中，可使矿油增稠形成类似凡士林的凝胶。亲油胶性黏土分散于油中能形成触变性的半固体。矿油中也可加入 12-羟基硬脂酸使其凝胶化。油相也是香料、防腐剂和色素以及某些活性物质（如雌激素，维生素 A、D 和 E 等）的溶剂，颜料也可分散在油相中。相对来说，油相中的配伍禁忌较水相少得多。

2．油相乳化所需的亲水亲油平衡值

对于指定的油，乳化存在一个最佳亲水亲油平衡（HLB）值，乳化剂的 HLB

为此值时乳化效果最好。即此 HLB 值就是油相所需 HLB 值。

该 HLB 值可利用一对已知 HLB 值的乳化剂（一个亲水，另一个亲油）获得。将两者按不同比例混合，用混合乳化剂制备一系列乳化体，找出乳化效果最好的混合乳化剂，其 HLB 值便是该油相所需的 HLB 值。另外，还有一种简单地确定被乳化油所需 HLB 值的方法：目测油滴在不同 HLB 值乳化剂水溶液表面的铺展情况，当乳化剂 HLB 值很大时油完全铺展，随着 HLB 值减小，铺展变得困难，直至在某一 HLB 值时乳化剂溶液上油刚好不展开时，此乳化剂 HLB 值近似为乳化油所需的 HLB 值，这种方法操作简便，所得结果有一定参考价值。

表 3-2、表 3-3 列出了乳化各种油所需的 HLB 值。

表 3-2 乳化各种油所需的 HLB 值（O/W 型）

油相	HLB 值	油相	HLB 值
脂肪酸类		油和脂类	
二聚酸	14	芳烃矿物油	12
月桂酸	15	烷烃矿物油	10
亚油酸	16	凡士林	7～8
油酸	17	棕榈油	7
蓖麻油酸	16	石蜡油	14
硬脂酸	17	霍霍巴油	6～7
异硬脂酸	15～16	可可脂	6
脂肪醇类		羊毛脂	9
癸醇	15	菜籽油	7
异癸醇	14	松油	16
月桂醇	14	葵花籽油	7
十三烷醇	14	豆油	6
鲸蜡醇	12～16	貂油	5～9
硬脂醇	15～16	蓖麻油	14
油醇	14	玉米油	8
酯类		棉籽油	6
乙酸癸酯	11	无水羊毛脂	10～12
苯甲酸乙酯	13	蜡类	
肉豆蔻酸异丙酯	12	石蜡	10
棕榈酸异丙酯	12	聚乙烯蜡	15
甘油单硬脂酸酯	13	聚乙烯（四聚体）	14
邻苯二甲酸二辛酯	13	蜂蜡	9～12
己二酸二异丙酯	14	微晶蜡	8～10
有机硅类		巴西棕榈蜡	15
二甲基硅氧烷	9		
甲基苯基硅烷	12		
环状硅氧烷	7~8		

表 3-3　乳化各种油所需的 HLB 值（W/O 型）

油相	HLB 值	油相	HLB 值
蜂蜡	4～6	硬脂醇	7
硬脂酸	6	石蜡	4
棉籽油	5	羊毛脂	8
矿物油	4～6	凡士林	4～5

另外，油相往往不是一种油，而是多种油的混合物，混合油相的 HLB 值具有加和性，可根据查得的 HLB 值和油在混合油相中的含量求得混合油相的所需 HLB 值。例如混合油相含烷烃矿物油 60%、肉豆蔻酸异丙酯 40%，它们各自所需的 HLB 值分别为 10、12，则混合油所需 HLB 值为 10×60%+12×40%=10.8。

3．水相原料

在乳化体化妆品中，水相是许多有效成分的载体。作为水溶性滋润物的各种保湿剂，如甘油、山梨醇、丙二醇和一些水溶性保湿剂等，能防止 O/W 型乳化体的干缩；作为水相增稠剂的亲水胶体，如纤维素胶、海藻酸钠、鹿角菜胶、黄蓍树胶、羧基聚甲烯化合物、硅酸镁铝胶等，能使 O/W 型乳化体增稠和稳定，在保护性手用霜中起到阻隔剂的作用；各种电解质，如抑汗霜中的铝盐、卷发液中的硫代乙醇酸铵和在 W/O 型乳化体中作为稳定剂的硫酸镁等，都是溶解于水中的；许多防腐剂和杀菌剂，如咪唑烷基脲、季铵盐、氯化酚类和对羟基苯甲酸酯等也是水相中的组分；此外还有营养霜中的一些活性物质，如水解蛋白、人参浸出液、珍珠粉水解液、蜂王浆、水溶性维生素及各种酶制剂等。如前所述，在水相中存在这些成分时，要十分注意各种物质在水相中的化学相容性，因为许多物质很易在水溶液中相互反应，甚至失去效果。

4．两相比例

从粒度相同的密排六方球体的几何学考虑，乳化体中分散相的均匀球粒的最大容量可占 74%，在 O/W 型乳化体中可以含有最多 74%的油相；而 W/O 型乳化体中可以含有最多 74%的水相。也就是说，内相可以小于 1%，而外相必须大于 26%。但是，在凝胶乳化体系中，由于分散相可以形成不规则内相，内相的比例可超过 74%，有的可以达到 90%以上。

油水两相的比例，由多种因素来确定。从剂型方面来看，一般来说油包水的乳化体中油相的比例较水包油型乳化体的高；从产品功能来看，不同功能的产品中油水相的比例会有所不同。一般手用霜，油相的比例约为 7%，而供严重开裂用的手用霜，油相的比例往往高达 25%；在北方适用的乳液，通常要比在南方适用的油相的比例要高；不同年龄段的人适用的乳化体的油相比例会有明显不同，年轻人比较喜欢含油量较少的清爽型的乳化体（膏霜或乳液），而中老年人则喜欢用油相比例高的乳化体（膏霜和乳液）；即便是同一个人，由于使用部位的不同，对乳化体的油相比例诉求也不一样。作为配方师来说，根据人们对产品不同的诉求，对乳化体的油水相的比例做出准确合理的判断，进而开发出有针对性的、具有明确市场定位的乳化体产品（膏霜或乳液）。

四、乳化剂筛选方法

1．乳化剂的选择原则

从乳化剂的亲水-亲油性平衡的角度，可确定下列选择乳化剂的一般原则：①油溶性的乳化剂倾向形成 W/O 型乳化体；②油溶性的表面活性剂与水溶性表面活性剂的混合物产生的乳化体的质量和稳定性都优于单一表面活性剂产生的乳化体；③油相的极性越大，乳化剂应越亲水；被乳化的油越是非极性，乳化剂应越亲油。

在实际应用中，化妆品和其他日化制品的乳化体是较复杂的，这些乳化体的配制，除了按照上述的一般原则和从亲水-亲油平衡、界面膜吸附等物理化学原理选择乳化剂外，作为乳化体的最终产品还应该考虑下列性质：①乳化体的类型（O/W 或 W/O 型）；②原料和添加剂的配位性；③感观性质（消费者认可的性质，如油腻、润滑和柔软等肤感）；④物理性质（如黏度、涂抹分散性、触变性和吸收快慢等）；⑤产品耐皮肤的刺激性和使用的安全性等。

2．HLB 值法选择乳化剂

在实际配方中，往往使用两种或两种以上的乳化剂。不同 HLB 值的乳化剂的结合使用，其混合后的 HLB 值同混合油相所需 HLB 值一样，具有加和性。即乳化剂 a 和乳化剂 b 按一定比例混合后的 $HLB_{混}$可通过下式计算得出：

$$HLB_{混} = HLB_a \times A\% + HLB_b \times B\%$$

式中，$HLB_{混}$、HLB_a 和 HLB_b 分别为混合体系、乳化剂 a 和 b 的 HLB 值；$A\%$ 和 $B\%$分别为乳化剂 a 和 b 在混合物中所占的质量分数。

例如 50% Span-20（HLB=8.6）与 50% Tween-20（HLB=16.7）组成的混合乳化剂。此混合物的 HLB 值=8.6×50%+16.7×50%=12.65。

3．乳化剂筛选新方法

利用乳化实验、激光粒度仪（测粒径）以及感官评价等方法筛选不同类型乳化能力、稳定性、肤感的乳化剂。

确定要筛选的乳化剂，选择合适的配方，采用控制变量的方法，只改变乳化剂的种类，其余不变，制作出不同的样品，通过激光粒度仪测样品粒径来比较乳化能力，进行耐热试验、耐寒试验、耐热耐寒交替试验来对稳定性进行测试，再进行感官评价试验，对比不同乳化剂对于肤感的影响。通过这个方法可以更加明确乳化剂本身对于乳化体系的影响，对以后进行乳化剂筛选会有一定指导作用。

4．筛选乳化剂举例

例：某O/W乳液体系设计的目标要求为有保湿效果、肤感细腻奢华、残留感柔软、稳定性好等。

（1）确定需要筛选的乳化剂　根据已有的乳化剂资料，选择接近目标要求的几种乳化剂，如表3-4所示。

表3-4　需要筛选的乳化剂举例

序号	公司	INCI名	商品名
1	嘉法狮	聚甘油-6二硬脂酸酯（和）霍霍巴酯类（和）聚甘油-3蜂蜡酸酯（和）鲸蜡醇	Mellifera
2	嘉法狮	聚甘油-3酯（和）甘油硬脂酸酯（和）十六十八醇（和）硬脂酰基乳酸钠	Kappa
3	嘉法狮	十六醇（和）硬脂酸甘油酯（和）PEG-75硬脂酸脂（和）十六醇醚-20（和）硬脂醇醚-20	Delta
4	西雅克	甲基葡萄糖苷倍半硬脂酸酯/甲基葡萄糖苷倍半硬脂酸酯聚氧乙烯（20）醚	Nikkol SS/SSE-20
5	禾大	硬脂醇聚醚-2/硬脂醇聚醚-21	Brij S2/S721
6	巴斯夫	鲸蜡硬脂醇醚-6（和）鲸蜡硬脂醇聚醚-25	BASF A6/A25

（2）选择合适的配方　为准备筛选的乳化剂选择一个合适的配方，配方应满足所有乳化剂对于原料的要求，如表3-5所示。

表3-5　配方的选择举例

组相	组分	含量/%
A相：油相	乳化剂	3.0
	GTCC	5.0
	2EHP	2.0
	乳木果油	1.0
	角鲨烷	1.0
	PMX200(5c8t)	1.0
	16/18醇	1.0
B相：水相	甘油	3.0
	1,3-丙二醇	3.0
	黄原胶	0.1
	水	加至100
C相	PEHG	0.6

（3）粒径筛选　利用马尔文激光粒度仪Mastersizer 3000测量乳液的粒径。粒径筛选的目的是判断乳化剂的乳化能力，粒径越小，乳化能力越强，乳液越稳定。

（4）稳定性测试　对样品进行耐热试验（45℃、每24h观察记录）、耐寒试验（−14℃、每24h观察记录）、耐热耐寒交替试验（45℃、24h观察记录转入−14℃、

24h 循环）。

（5）感官评价 设计感官评价表，选择志愿者，统一评定尺度进行感觉评估，按照规定方法试用样品，志愿者根据使用时及使用后的感觉，填写相对应的功效性感觉评价表。

（6）选定乳化剂 根据产品设计的目标要求，结合通过以上方法得出的结果，选定乳化剂。最后对选定的乳化剂进行用量的调整确定，设定用量梯度试验，稳定性好、用量较低的即为所需用量。

五、乳化体系调整

乳液产品配方的组成是多样和复杂的，除主要基质的成分外，还含有各种功能添加剂、香精、防腐剂和着色剂等。这些添加的组分，特别是一些活性剂，对基质的稳定性、物理性质和感官性质都有很大的影响。需要进行产品的实际配方试验，对配方各组成成分进行调整。调整配方是一项较复杂的工作，也是最终产品成败的关键，如果调理之处过多，则整个配方需要重新设计。这项工作经验性的成分较大。

调整工作主要包括如下几方面。

1．依据 HLB 值

一些添加物对 HLB 值有影响，其中主要包括脂肪醇、脂肪酸和无机盐。长链脂肪醇，如十六醇、月桂醇、胆甾醇、聚乙二醇、聚乙二醇醚等有机极性化合物，可以改进乳液的透明度或储存稳定性。同时，长链脂肪醇是油溶性极性化合物。它可与界面膜上的乳化剂分子形成“复合物”，形成牢固的混合界面膜。如十六醇硫酸钠盐加十六醇、十二烷基酸酯钠盐加月桂醇或胆甾醇，均可获得液滴极细、稳定的乳液。短链脂肪醇，如辛醇，在短链非离子乳化剂 $C_8H_{17}(EO)_6OH$ 中可使非离子全部自水相转入油相中，能影响乳化剂在乳液中的相分配。阴离子乳化剂若为脂肪酸皂，则需加脂肪酸以调整 HLB 值，一般为对应的脂肪酸，如三乙醇胺油酸皂用油酸。此外，对阴离子乳化剂来说，与其对应的阳离子乳液的类型也有影响，加入多价离子（如钙离子、镁离子和铝离子等），则容易将乳化剂转为油溶性的乳化剂，使 HLB 值降低。

2．pH 值

用作 pH 调节剂的碱类有各种胺、醇胺和醇酰胺，常用的中和碱有三乙醇胺(TEA)和 2-氨基-2-甲基丙醇（AMP），有时也可使用 NaOH 和 KOH。酸类有柠檬酸、硼酸和脂肪酸。pH 值的调节不仅是控制产品 pH 值范围，而且有时对产品黏度也有较大的影响。

3．肤感

配方中的增稠剂以及固体油相原料会对乳化体黏度造成影响，从而对乳化体肤感造成影响。降低或增加它们的用量可以对乳化体黏度异常加以调节。常用的增稠剂有水溶性聚合物、无机盐和长链脂肪醇。水溶性聚合物的种类很多，使用时应注意配伍性。使用无机盐增稠时用量应合适，过量时可能产生盐析作用。乳化剂有效含量不够，称量不准或乳化剂原料变质会导致乳化体外观粗糙不细腻，应注意核实乳化剂质量和称料数量。各种植物油溶性提取物、磷脂类等液体油脂可以赋予皮肤柔软性、润滑性，促进皮肤吸收功效成分，形成疏水膜，润肤，减少摩擦，增加光泽。

4．乳化体系粒径分析

通过粒径分析，可以评价乳化体的颗粒大小、均匀程度和规则程度，从而判断乳化体的稳定性以及乳化剂的乳化能力。可以通过添加增稠稳定剂或改变乳化剂种类对乳化配方进行调整。

六、乳化体稳定性测试

乳化体系确定之后，必须对产品的稳定性进行最后的测试。乳液制品应按照不同的等级标准进行耐热试验、耐寒试验、耐热耐寒交替试验和离心试验。配方师在实际的配方设计过程中，根据具体的产品特点和开发要求，对乳化剂稳定性的考查强度一般都高于行业标准。

七、乳化体在制备过程中的注意事项

乳化体作为热力学不稳定体系，配方设计完成后，生产制备条件也会影响乳化体的稳定性。

1．乳化设备

制备乳化体的机械设备主要是乳化机，它是一种能使油、水两相混合均匀的乳化设备，乳化机的类型经历了三个阶段：乳化搅拌机、胶体磨和均质器。乳化机的类型及结构、性能等与乳化体微粒的大小（分散性）及乳化体的质量（稳定性）有很大的关系。与搅拌式乳化机相比，胶体磨和均质器是较好的乳化设备。近年来乳化机械有很大的进步，如真空乳化机制备出的乳化体的分散性和稳定性极佳。

不同的乳化设备，对应的制备生产工艺不同。实验室中的制备工艺和工厂实际的生产工艺是不完全相同的，比如实验室中乳化过程一般都没有抽真空的环节，实际生产设备中都有真空设备，于是就有了真空乳化的环节，制备出来的乳化体外观就很不同。同一个配方在一套设备上能够顺利地生产出来，当换成不同的生产设备时，可能就难以完成生产。乳化设备的容积、搅拌桨、转速、均质器的处理能力及功率大小，都会直接影响乳化体的品质和稳定性。因此，当既定的配方由实验室转到工厂大生产或更换生产设备时，必须通过严格的中试试验重新制定生产工艺。

2．乳化时间

乳化时间也对乳化体的质量有影响，而乳化时间要根据油相、水相的容积比，两相的黏度及生成乳化体的黏度，乳化剂的种类及用量，乳化温度来确定。乳化时间的多少与乳化设备的效率紧密相连，为使体系进行充分乳化，可依据经验和实验来确定乳化时间。一般而言，如用均质器（3000r/min）进行乳化，仅需用3～10min。

3．乳化温度

乳化温度对乳化体有很大的影响，但对温度并无严格的限制，当油、水两相均为液体时，在室温下借助搅拌，就可达到乳化。一般情况下，乳化温度取决于两相中所含有高熔点物质的熔点温度，同时还要考虑乳化剂种类及油相与水相的溶解度等因素。此外，两相的温度需保持相同，尤其是对含有较高熔点(70℃以上)的蜡、油脂相成分，进行乳化时，勿将低温的水相加入，以防止在未乳化前而将蜡、脂结晶析出，造成块状或粗糙不匀乳化体。一般来说，在进行乳化时，油、水两相的温度皆可控制在75～85℃之间，如油相中有高熔点的蜡等成分，则此时乳化温度就要高一些。另外，在乳化过程中如因黏度增加很大而影响搅拌，则可适当提高乳化温度。若使用的乳化剂具有一定的转相温度，则乳化温度也最好选在转相温度左右。

乳化温度对乳化体微粒大小有时亦有影响。如一般用脂肪酸皂阴离子乳化剂作乳化剂，用初生皂法进行乳化时，乳化温度控制在80℃时，乳化体微粒大小约1.8～2μm，如若在60℃进行乳化时，这时微粒大小约为6μm，而当用非离子乳化剂进行乳化时，乳化温度对微粒大小影响较弱。

4．搅拌速度

乳化设备对乳化有很大影响的原因之一是搅拌速度对乳化的影响。搅拌速度适中可以使油相与水相充分地混合，搅拌速度过低，显然达不到充分混合的目的，但搅拌速度过高，会将气泡带入体系，使之成为三相体系，从而使乳化体不稳定，同时也会影响乳化体的外观。

5．周围环境

制造设备、容器、工具，场地周围环境，包装材料质量，原料的保管等都会对乳化体质量安全造成影响，可能造成菌落总数超标。应严控包装材料质量。入库前，对包装材料进行严格的卫生检测；妥善储存容器，空容器装入密封的纸板箱内或用热吸塑包装，不使灰尘进入；装灌乳化体前必须做好消毒处理工作。妥善保管原料，避免沾上灰尘和水分；采用去离子水，并用紫外线灯灭菌。每天工作完毕后，用水冲洗场地，接触乳化体的容器、工具清洗后用蒸汽或沸水灭菌20min，制造和包装过程中都要注意环境卫生和个人卫生。

第二节 增稠体系设计

增稠体系是指在化妆品配方中，由一个或多个增稠剂组成，以达到改善化妆品外观和提高稳定性目的的原料组。增稠体系设计是化妆品配方设计的重要组成部分之一，不同增稠体系对最终产品的影响不同，这种影响不但体现在产品的稳定性和外观上，它对产品的使用感觉以及产品功效性能也会有很大的影响。好的增稠体系对最终产品的生产、储运、使用、成本等诸多方面都会有积极作用。

增稠剂是增稠体系中非常重要的部分，早期的增稠剂主要是为了提高产品的稠度，随着科技的发展，带有不同附属功能的增稠剂纷纷出现，从提高产品的稳定性，改善产品使用感觉到改善产品外观，甚至作为乳化体系来实现新剂型。详细了解不同增稠剂的特性，掌握相互之间的配伍关系，不但能有效降低生产成本，更能在产品开发过程中起到事半功倍的效果。

一、增稠体系设计原则

1．稳定性原则

保证化妆品的稳定性是建立增稠体系最重要的目的，增稠体系通过三种途径来实现稳定性：改善产品流变特性；增加悬浮力；提高分散性，防止分散体系凝聚。稳定性是否合格主要通过以下方面来体现：化妆品的耐寒、耐热性，不分层，黏度的稳定性，生产、运输的稳定性。

2．多种增稠剂复配原则

不管哪种增稠剂都有自身的特点，但也有一些不足，因此，配方师在设计化妆品配方增稠体系时，建议选择不同的增稠剂进行增稠，才能达到理想效果。

3．使用方便性降低成本原则

在能达到等效的前提下，应选用成本低的增稠体系，要将使用的方便性和降低生产过程能耗作为综合成本计算。

例如：在选择 Carbolpol 作为增稠剂时，Carbolpol 940 使用时不易分散，需提前预制，增加作业时间，从而增加制造成本；若选用 Carbolpol Ultrez 20，可以缩短生产时间，提高劳动效率，降低生产成本。虽然从原料成本上来讲 Carbolpol Ultrez 20 比 Carbolpol 940 高，但综合生产成本还是选用 Carbolpol Ultrez 20 更低，所以选择 Carbolpol Ultrez 20 更为合理。

4．达到感官要求原则

产品感官表现通过产品的流变特性来实现，而产品流变特性是通过增稠体系来实现的，产品的感官包括肤感、黏腻性、拉丝、膏体柔软性、流动性及稀稠性等，这些都是设计增稠体系需考虑的重要方面。

5．与包装配套原则

在设计产品时，必须考虑内容物包装对内容物的要求，例如包装为小口瓶，应考虑黏度低的增稠体系；用泵头的，应考虑设计易剪切变稀的增稠体系。

以上为化妆品配方师设计化妆品增稠体系时需要把握的主要原则。

二、增稠剂选择及增稠体系设计

1．增稠剂原料分类

增稠剂可分为三大类，分别为水相增稠剂、油相增稠剂及降黏剂。

（1）水相增稠剂　是指用于增加化妆品水相黏度的原料，这类原料具有的增加水相黏度的能力与其水溶性和亲水性质有关，包括水溶性聚合物，如聚丙烯酸聚合物、羟乙基纤维素、硅酸铝镁和其他改性或互配的聚合物等。

水相增稠剂具有以下共性：①在结构上，高分子长链具有亲水性；②在低浓度下，浓度与黏度成正比关系，主要是聚合物分子间作用很少或没有所致；③在高浓度下，一般表现为非牛顿流体特性；④在溶液中，分子间相互吸附作用；⑤在分散液中，具有空间相互作用，具有稳定体系的功能；⑥与表面活性剂互配使用，能提高和改善其功能。

常见的水相增稠剂：根据来源及聚合物的结构特性进行分类，包括有机天然聚合物、有机半合成聚合物、有机合成聚合物及无机水溶性聚合物这四大类，详见图3-2。

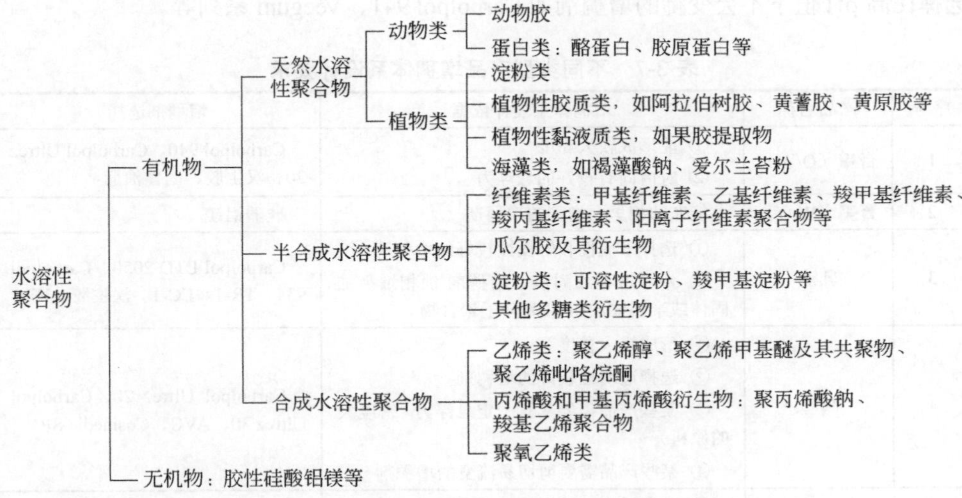

图3-2　水溶性增稠剂分类

（2）油相增稠剂　油相增稠剂是指对油相原料有增稠作用的原料，常用于对油相体系的增稠，这类原料除了熔点比较高的油脂原料以外，还包括三羟基硬脂酸甘油酯和铝/镁氢氧化物硬脂酸络合物，两种原料见表3-6。

表3-6　油相增稠剂

名称	INCI 名称	应用范围
三羟基硬脂酸甘油酯	三羟基硬脂酸甘油酯（trihydroxystearin）	主要用于棒状制品（唇膏和止汗剂），保持在熔化和静置阶段的均匀性，防止接触时被转移，增加高温的整体性，减少油分迁移；乳液提高W/O膏霜的滴点温度，减少脱水收缩，改善乳液稳定性能，冷加工乳化
铝/镁氢氧化物硬脂酸络合物	铝/镁氢氧化物硬脂酸络合物（Al-Mg-hydroxide-stearate）	主要用作W/O体系的流变性改进添加剂、稳定剂和乳化剂。用于日常护肤膏霜、防晒制品、美容化妆品、湿粉、脱毛剂、止汗剂和隔离霜等

（3）降黏剂　作用与增稠剂相反。

2．增稠体系设计

增稠体系设计过程中，要考虑产品类型（见表3-7）、不同pH值、不同离子浓度及产品感官指标的要求。在植物功效成分添加的过程中体系电导率提升，在这种情况下需要选择耐离子性的增稠剂如Carbolpol Ultrez 20、Carbolpol Ultrez 30、TR-2、EC-1、AVC等；在配方体系pH值小于4.0的酸性条件下，选择不用中和的增稠剂如U300、CTH等；当配方体系pH值在4.0～10.0之间，选择需要中和的增稠剂如Carbolpol Ultrez 20、Carbolpol 940、Carbolpol 934、Carbolpol 980等；在pH值为10.0～12.0时，选择在高pH值下不会变稀的增稠剂如Carbolpol 941、Veegum系列等。

表3-7　不同类型产品增稠体系设计要求

序号	产品名称	增稠体系设计依据	增稠剂选择
1	膏霜（O/W）	① 能形成较大黏度 ② 对内向有较好的悬浮力	Carbolpol 940、Carbolpol Ultrez 20、汉生胶、固体油脂
2	膏霜（W/O）	能在油相里面增稠的增稠剂	硅酸铝镁
3	乳液	① 选择节流性和触变性较好的增稠剂 ② 水相增稠加耐离子增稠剂/油相增稠加固体或半固体油脂/加高分子聚合物	Carbolpol ETD 2050、Carbolpol 934、TR-1、EC-1、汉生胶、HEC
4	啫喱	① 形成较大黏度 ② 选择透明性较好的增稠剂 ③ 某些产品需要具有一定悬浮力（密度大的原料） ④ 某些产品需要剪切易流变的增稠剂	Carbolpol Ultrez 20、Carbolpol Ultrez 30、AVC、Cosmedia SP
5	爽肤水	① 选择透明性较好的增稠剂 ② 有一定悬浮性，避免活性成分析出和沉淀	HEC、羟丙基纤维素、Carbolpol 940

续表

序号	产品名称	增稠体系设计依据	增稠剂选择
6	香波/洗面乳	① 增稠体系必须和表面活性剂复配良好 ② 部分表面活性剂也有增稠的功效	SF-1、638、Aculyn 系列
7	护发素	① 选择在较低 pH 值增稠的增稠剂 ② 能与阳离子表面活性剂相配伍	U300、Carbolpol Ultrez 20、Carbolpol Aqua CC

三、增稠体系优化

1．增稠剂品种的优化

（1）几种增稠剂进行复配　不同增稠剂的作用效果不同，很多增稠剂之间能达到协同作用的效果，既可提高其溶液的黏度，还可提高它们的其他特性。例如瓜尔胶与黄原胶复配使用，不仅可以提高黏度，还可提高其酸性溶液的稳定性。

（2）不同增稠机理的增稠剂进行复配　不同增稠机理的增稠剂进行复配，能达到很好的效果，这是因为体系在多重增稠机理作用下，能形成更好的稳定体系，利用此方法优化增稠体系，既可提高产品的功效，又能降低成本，符合增稠体系设计原则。

（3）选用具有提升产品功能性的增稠剂进行复配　在前面提到的带阳离子官能团的增稠剂，可在设计洗发水配方中选用，其既可增加产品的黏度，又可提高产品的调理性。

2．增稠剂使用量和比例的优化

增稠剂使用量与黏度关系密切。例如在使用 Carbolpol 940 时，黏度随着浓度增加而增加，当浓度为 0.5%、pH=7.0 时，黏度基本达到最大值，再增加浓度时，黏度增加比较小，所以在需要较大黏度时，优化的配方中 Carbolpol 940 最大使用浓度应选用 0.5%，另外，在使用多种增稠剂复配的增稠体系时，需要对复配增稠体系的原料比例进行优化，以达到设计原则。

四、增稠体系设计注意事项

1．时间的影响

（1）增稠剂的黏度随时间有变化　有些增稠剂随着时间的增长，其溶液的黏度降低，如果应用于化妆品中，会直接影响产品的保质期和稳定性。

（2）增稠剂在体系中的稳定性　有些增稠剂在体系中容易降解或与体系中其他原料发生化学反应，导致化妆品的黏度、颜色或其他状态发生变化，从而直接影响化妆品的稳定性。

（3）体系中微生物对增稠剂的降解　有些天然的增稠剂易在微生物的作用下发

生降解，从而影响产品的稳定性。

2．原辅料的影响

（1）酸碱对增稠体系的影响　不同增稠剂对酸碱的影响不一，当 pH 值过低或过高时，就必须选用酸性或碱性增稠剂，才能达到设计效果。

（2）离子浓度对增稠体系的影响　增稠剂的耐离子性能不同，有的对一价离子有耐受力，有的还对二价或者三价离子有耐受力，在设计增稠体系时都必须予以考虑。

（3）防腐剂对增稠体系的影响　部分防腐剂对增稠剂有很大的破坏作用，与增稠剂不配伍，在设计增稠体系时，也需重点考虑。

3．活性添加剂对增稠体系的影响

由于活性添加剂的组分复杂，离子浓度大或者密度大，在设计增稠体系时，也需重点考虑，例如，在添加离子浓度大（即电导率高）的活性添加剂时，应考虑添加耐离子型增稠剂，如 Carbolpol Ultrez 20。

4．香精对增稠体系的影响

香精多为乙醇体系、多元醇体系或油性体系，这些体系都可能给增稠体系带来影响。

5．工艺的影响

（1）添加温度对增稠体系的影响　部分增稠剂可能在高温条件下出现增稠失效的情况，这类增稠剂一定要注意其添加温度，以保证其增稠效率和稳定性。

（2）在高温下存放的时间对增稠体系的影响　部分增稠剂可能在高温情况下出现黏度不可逆现象，这类增稠剂一定要注意其保存温度，以保证其增稠效率和稳定性。

（3）均质剪切应力对增稠体系的影响　有些增稠剂遇强的剪切应力，出现黏度不可逆的特性，那么增稠剂就应该在均质完以后加入。

（4）搅拌装置对增稠体系的影响　由于不同增稠剂的水合难易不同，水合时间和搅拌分散方式有密切相关，搅拌装置的结构直接影响分散方式，所以搅拌装置对增稠体系存在影响。

6．合法性问题

（1）选用增稠剂品种应符合要求　所选用的增稠剂必须在国家规定范围内，不得超出规定。

（2）选用增稠剂的级别应符合要求　选用的增稠剂必须是化妆品以上级别，在化妆品中可使用的级别为化妆品级、药用级和食品级。工业级的增稠剂不允许用于化妆品中。

（3）选用的增稠剂检验标准符合要求　像其他原料一样，符合上面两个要求的增稠剂，可以用于化妆品中，但在生产过程中，使用的增稠剂必须符合原料标准的各项指标，否则，可能带来重大质量问题。

第三节　抗氧化体系设计

大多数化妆品中都含有各类脂肪、油和其他有机化合物，在制造、储存和使用过程中这些物质会变质。引起变质的主要原因为微生物作用和化学作用两个方面，尤其是氧化作用引起化妆品变质问题。化妆品中易被氧化的物质主要为动植物油脂中的不饱和脂肪酸。

氧化变质主要是光照或与空气中的氧接触引起的氧化作用，通常表现为使产品变酸，产生的有害物质增加，这种变质通常称为酸败。抗氧化剂是防止化妆品成分氧化变质（酸败）的一类添加剂，在配方体系中抗氧化体系的存在可有效防止化妆品中不饱和油脂（含有不饱和脂肪酸的油脂）的氧化作用。

一、油脂抗氧化原理

油脂中的不饱和酸酯因空气氧化而分解成低分子羰基化合物（醛、酮、酸等），具有特殊气味，油脂的氧化酸败是在光或金属等催化下开始的，具有连续性的特点，称为自动氧化。

油脂的氧化酸败过程，一般认为是按游离基（自由基）链式反应进行的，其反应过程包括链的引发、链的传递与增长和链的终止三个阶段。影响油脂氧化的因素除了油脂中的脂肪酸外，还有氧气、温度、光照、水分、金属离子和微生物等，其中，氧气是造成酸败的主要因素，氧含量越大，酸败越快。

抗氧化剂的作用在于它能抑制自由基链式反应的进行，即阻止链增长阶段的进行。这种抗氧剂称为主抗氧剂，也称链终止剂，链终止剂能与活性自由基结合，生成稳定的化合物或低活性的自由基，从而阻止链的传递和增长，例如胺类、酚类、氢醌类化合物等。同时，为了更好地阻断链式反应，以及阻止分子过氧化物的分解反应，需要加入能够分解过氧化物ROOH的抗氧化剂，使之生成稳定的化合物，从而阻止链式反应的发展。这类抗氧化剂称为辅助抗氧化剂或称为过氧化氢分解剂。它们能与过氧化氢反应，转变为稳定的非自由基产物，从而消除自由基的来源，属于这一类的抗氧化剂有硫醇、硫化物、亚磷酸酯等。

抗氧化剂应具有低浓度有效、与化妆品安全共存、对感官无影响、无毒无害等特性。抗氧化剂的功能主要是抑制引发氧化作用的游离基，如抗氧化剂可以迅速和脂肪游离基或过氧化物游离基反应，形成稳定、低能量的产物，使脂肪的氧化链式反应不再进行，因此配方中抗氧化剂的添加越早越好。

一般来说，有效的抗氧剂应该具有以下结构特征：①分子内具有活泼氢原子，而且比被氧化分子的活泼氢原子更容易脱出，胺类、酚类、氢醌类分子都含有这样的氢原子；②在氨基、羟基所连的苯环上的邻、对位引进一个给电子基团，如烷基、烷氧基等，则可使胺类、酚类等抗氧剂N—H、O—H键的极性减弱，容易释放出氢原子，从而提高链终止反应的能力；③抗氧自由基的活性要低，以减少对链引发的可能性，但又要有可能参与链终止反应；④随着抗氧剂分子中共轭体系的增大，抗氧剂的效果提高，因为共轭体系越大，自由基的电子离域程度就越大，这种自由基就越稳定，而不致成为引发性自由基；⑤抗氧剂本身应难以被氧化，否则它自身受氧化作用而被破坏，起不到应有的抗氧化作用；⑥抗氧剂应无色、无味、无臭、不会影响化妆品的质量，另外，无毒、无刺激、无过敏性很重要，同时与其他成分相容性好，从而使组分分散均匀而起到抗氧化作用。

二、常见抗氧化剂

常见抗氧化剂按照化学结构可大体分为五类。

（1）酚类　2,6-二叔丁基对甲酚、没食子酸丙酯、去甲二氢愈创木脂酸、生育酚（维生素E）及其衍生物等。

（2）酮类　叔丁基氢醌等。

（3）胺类　乙醇胺、异羟胺、谷氨酸、酪蛋白及麻仁蛋白、卵磷脂等。

（4）有机酸、醇及酯　草酸、柠檬酸、酒石酸、丙酸等。

（5）无机酸及其盐类　磷酸及其盐类，亚磷酸及其盐类。

上述五类化合物中，前三类氧化剂主要起主抗氧化剂作用，后两类则起到辅助抗氧化剂的作用，单独使用抗氧化效果不明显，但与前三类配合使用，可提高抗氧化效果。抗氧化剂按照溶解性可分为油溶性及水溶性抗氧化剂。

三、抗氧化体系

1．抗氧化体系要求

化妆品中抗氧化体系要求：①较宽广的pH值范围内有效，即使是微量或少量存在，也具有较强的抗氧化作用；②无毒或低毒性，在规定用量范围内可安全使用；③稳定性好，在储存和加工过程中稳定，不分解，不挥发，能与产品的其他原料配伍，与包装容器不发生任何反应；④在产品被氧化的相（油相和水相）中溶解，本身被氧化后的反应产品应无色、无味且不会产生沉淀；⑤成本适宜。

2．抗氧化剂的筛选和初步用量确定

一种抗氧化剂并不能对所有油脂都有明显的抗氧化作用，一般对某一种油脂有突出的作用，而对另一种油脂抗氧化作用较弱。因此，配方中筛选抗氧化剂时，首先必须知道配方中油脂种类，根据每种抗氧化剂的特性，进行针对性筛选。例如，

配方中含有动物性油脂，可选用酚类抗氧化剂如愈创树脂和安息香，而不宜选用生育酚，因愈创树脂和安息香对动物脂肪最有效，生育酚则无效；再如植物油宜选用柠檬酸、磷酸和抗坏血酸等；抑制白矿油氧化可选用生育酚。

根据筛选出来的抗氧化剂的使用浓度范围和配方中相应的油脂的用量，初步确定抗氧化剂的用量。图 3-3 为抗氧化体系设计流程。

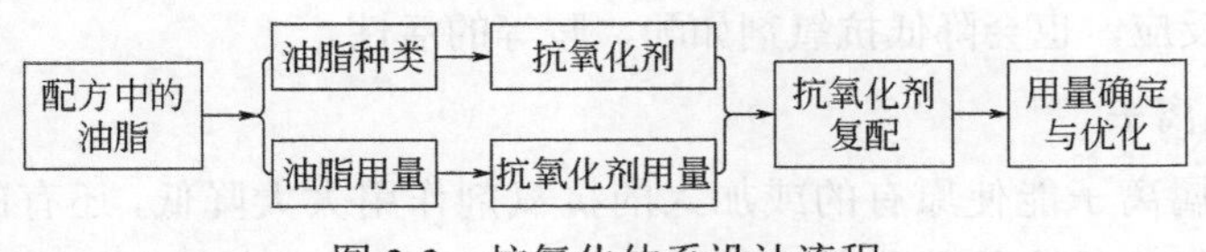

图 3-3 抗氧化体系设计流程

3．抗氧化剂的复配组方

（1）初步组合 针对配方中不同油脂选用的抗氧化剂进行合理组合，如果不同的抗氧化剂之间存在拮抗作用，就需要更换其中一方的抗氧化剂，同时考虑主抗氧化剂和辅助抗氧化剂的合理搭配和增效作用。

（2）配方稳定性考察 主要考察组方在产品体系中的稳定情况，以及对产品体系的影响情况。

（3）将合理的组合加入产品中，考察抗氧化效果，选出最合理组合。

4．用量确定和体系优化

抗氧化剂必须进行系列试验，对多种组合进行试验验证和优化，从而最终确定一个最佳的抗氧化体系。

四、生产过程中抗氧化控制

为了保证抗氧化效果，生产过程中要注意以下几个方面。

1．氧气

氧气作为酸败反应底物之一，起着重要影响，氧气含量越大，酸败越快，因此氧气是造成酸败的主要因素。在生产过程、化妆品的使用和储存过程中都可能接触空气中的氧气，因而氧化反应是不可避免的。

2．温度

温度每升高 10℃，酸败反应速率增大 2~4 倍，此外，高温会加速脂肪酸的水解反应，提供了微生物的生长条件，从而加剧酸败，因此低温条件有利于减缓氧化酸败。

3．光照

某些波长的光对氧化有促进作用，例如，在储藏过程中，短波紫外线对油脂氧化的影响较大，所以避免直接光照或使用有颜色的包装容器可以消除不利波长的光

的影响

4．水分

水分活度对油脂氧化作用的影响很复杂，水分活度特高和特低都会加速酸败，而且较大水分活度还会使微生物生长旺盛，它们产生的酶。如脂肪酶可水解油脂、而氧化酶则可氧化脂肪酸和甘油酯。因此，过多的水分可能会引起油脂的水解，加速自动氧化反应，也会降低抗氧剂如酚、胺等的活性。

5．金属离子

某些金属离子能使原有的或加入的抗氧剂作用大大降低，还有的金属离子可能成为自动氧化反应的催化剂，大大提高过氧化氢的分解速度，表现出对酸败的强烈促进作用。另外，金属离子的存在，使得抗氧化剂对油脂的抗氧化性能大大降低。制造化妆品的原料、设备和包装容器等尽量避免使用金属制品或含有金属离子。

6．微生物

霉菌、酵母菌和细菌等微生物都能在油脂性介质中生长，并能将油脂分解为脂肪酸和甘油，然后再进一步分解，加速油脂的酸败，这也是化妆品原料、生产过程、使用和储存等要保持无菌条件的重要原因。

第四节　防腐体系设计

防腐体系设计在化妆品配方设计中极其重要，化妆品防腐体系的作用主要是保护产品，使之免受微生物的污染，延长产品的货架寿命，同时防止消费者因使用受微生物污染的产品而引起可能的感染。防腐体系的设计主要是通过合理选用防腐剂并进行正确的复配，以实现对化妆品微生物的抑制。

一、理想防腐剂应具备的条件

（1）具有广谱抗菌性，不仅抗细菌，而且抗真菌（霉菌和酵母菌）。

（2）很少的用量即可取得良好的抑菌效果。

（3）在广泛的 pH 值范围内有效。

（4）安全性好，没有毒性和刺激性。

（5）具有良好的稳定性及化学惰性，在使用条件下，无色、无臭、无味，不与配方中其他成分及包装材料反应，对温度、酸、碱应该是稳定的。

（6）具有合适的油水相分配系数，使其在产品水相中达到有效的防腐浓度。

（7）具有良好的配伍性，与大多数原料相容，不改变最终产品的颜色和香味。

（8）使用成本低，容易获得。

二、常见防腐剂

化妆品中的防腐剂有不同的分类方式，如按照防腐剂防腐原理来分，可分为破坏微生物细菌细胞壁或抑制其形成的防腐剂，如酚类防腐剂等；影响细胞膜功能的防腐剂，如苯甲醇、苯甲酸、水杨酸等；抑制蛋白质合成和致使蛋白质变性的防腐剂，如硼酸、苯甲酸、山梨酸、醇类、醛类等。如根据释放甲醛的情况来分，可分为甲醛释放体防腐剂和非甲醛释放体防腐剂，前者如甲醛供体和醛类衍生物，后者如苯氧乙醇、苯甲酸及其衍生物、有机酸及其盐类等。按照化学结构可以分为以下6种类型。

1．甲醛供体和醛类衍生物防腐剂

（1）重氮咪唑烷基脲　重氮咪唑烷基脲分子中总结合甲醛的含量较高，为43.17%，游离甲醛的含量也相对较大，一般添加量为0.1%～0.3%。

（2）咪唑烷基脲　咪唑烷基脲是甲醛供体类防腐剂中使用最广泛的品种之一，分子中甲醛的含量较低，为23.2%，该产品游离甲醛浓度非常低，比较温和，因而广泛应用于驻留型及洗去型的化妆品，温度不超过70℃，添加量为0.1%～0.3%。咪唑烷基脲对细菌的抑制效果比较好，对真菌抑制效果较差，对细菌的最低抑菌含量为0.2%，对真菌的最低抑菌含量为0.8%。

（3）1,2-二羟甲基-5,5-二甲基乙内酰脲　通常简称DMDMH，也是甲醛供体类防腐剂，广泛应用于各种驻留型和洗去型化妆品中，最适合pH值为3～9，温度不超过80℃，在化妆品中最大允许添加量为0.6%。DMDMH对细菌的抑制效果较好，对真菌的抑制效果较差，其防腐机理为通过溶解细胞的细胞膜使细胞组织流失而杀灭细菌。DMDMH对细菌的最低抑菌含量为0.1%，对真菌的最低抑菌含量为0.15%，总的抑菌含量为0.15%。

（4）季铵盐-15　化学名为氯化3-氯烯丙基六亚甲基四胺，属甲醛供体类防腐剂，极易溶于水，脂溶性差，与蛋白、各种表面活性剂配伍性良好，广谱抗菌，对细菌的抑制效果较好，对真菌较差，其与高分子阴离子基团接触会产生沉淀而失活，因此与肥皂、洗衣粉不能同用，对金属具有一定的腐蚀性，广泛用于各种驻留型和洗去型化妆品，最大允许含量为0.2%。作用机理：季铵盐类抗微生物作用有多种方式，包括对酶的抑制作用，使蛋白质变性，破坏细胞膜引起生命物质成分外漏等。

2．苯甲酸及其衍生物防腐剂

（1）对羟基苯甲酸酯类防腐剂　对羟基苯甲酸酯（尼泊金酯）类防腐剂是公认的无刺激、不致敏、使用安全的化妆品防腐剂，不挥发、无毒性、稳定性好，在酸、碱介质中均有效，且颜色、气味极微。其不足是水溶性差，非离子表面活性剂能使其失效，对革兰氏阴性菌无效，易出现皮肤过敏等，对抗真菌效果较好，对细菌效果稍差。一般都是一种或者几种对羟基苯甲酸酯复配或与其他防腐剂如重氮咪唑烷基脲、咪唑烷基脲、DMDMH 等复配使用，在化妆品中最大允许含量：单一酯为 0.4%（以酸计），混合酯为 0.8%（以酸计）。含量一般在 0.2%以下。欧盟目前已经禁止在化妆品中使用尼泊金异丁酯。

（2）苯甲酸/苯甲酸钠/山梨酸钾　苯甲酸又称安息香酸，无臭或略带安息香气味，未离解酸具有抗菌活性，在 pH 值为 2.5～4.0 范围内有最佳活性，对酵母菌、霉菌、部分细菌作用效果较好，在化妆品中最大允许含量为 0.5%（以酸计），在产品中受 pH 值影响较大。

3．单元醇类防腐剂

（1）苯氧乙醇　一种公认的无刺激、不致敏的安全防腐剂，在化妆品中最大添加量为 1.0%，单独使用时抑菌效果较差，通常与对羟基苯甲酸酯类、异噻唑啉酮类、IPBC 等一起复配使用，此防腐剂的最大优点为对绿脓杆菌效果较好。

（2）苯甲醇　又称苄醇，是一种芳香族醇，为无色透明液体，不溶于水，能与乙醇、乙醚、氯仿等混溶，对霉菌和部分细菌抑制效果较好，但当 pH 值＜5 时会失效，一些非离子表面活性剂可使它失活，其在化妆品中的添加量为 0.4%～1.0%，温度提高到 40℃可以加快苯甲醇的溶解，应避免由于加热时间过长而导致活性物的挥发。

4．多元醇类防腐剂

多元醇类防腐剂的主要功能是提高护肤品的润肤性能，通过限制微生物细胞需要的水分来抑制其生长，从而增强防腐体系的功效，如 1,2-戊二醇、1,2-辛二醇、1,2-癸二醇。一般这类防腐剂都是与其他类型防腐剂复配使用来增强防腐效果。

5．氯苯甘醚

氯苯甘醚为白色至米白色粉末，有淡淡的酚类气味，在水中的溶解度＜1%，溶解于醇类和醚类中，微溶于挥发性油，与其他防腐剂一起使用，自身防腐性能可得到增强，与大多数防腐剂相容，适用 pH 值范围为 3.5～6.5，最高添加量为 0.3%，对真菌的抑制效果较好。

6．其他多元醇类防腐剂

（1）布罗波尔　学名为 2-溴-2-硝基-1,3-丙二醇，一般添加量为 0.01%～0.05%，《化妆品安全技术规范》（2015 年版）规定的最高允许添加量为 0.1%，但含亚硫酸钠、硫代硫酸钠将严重影响其活性，配方中存在氨基化合物时，有生成亚硝胺的潜在风险。

（2）异噻唑啉酮　用于化妆品中，该类产品俗称凯松，是 5-氯-2-甲基-4-异噻唑啉-3-酮（CMIT）和 2-甲基-4-异噻唑啉-3-酮（MIT）的混合物，用于冲洗型产品最高允许添加量为 0.1%，用于驻留型产品时安全的添加量一般不应超过 0.05%。目前此类成分在欧盟存在一定的争议性。

（3）脱氢乙酸　无色至白色针状或片状结晶或白色结晶粉末，几乎无臭、稍有酸味，难溶于水，溶于乙醇和苯，最佳使用 pH 值范围为 5.0～6.5，随 pH 值增加活性降低，耐光、耐热性好，铁离子存在会使其变色，最大允许用量为 0.6%（酸）。其对真菌的抑制效果较好，对细菌的抑制效果较差。

（4）碘代丙炔基丁基氨基甲酸酯（IPBC） 可用于除口腔卫生和唇部产品的各种洗去型和驻留型化妆品，最大允许含量为 0.05%。IPBC 为一款很好的防霉剂，IPBC 的配伍性也很出色，常与其他类型防腐剂复配使用，达到良好的防腐效果，但其水溶性很差，影响了其在高水性配方中的使用。IPBC 对真菌的抑制效果较好，对细菌的抑制效果较差。

基于化妆品界对化妆品中防腐剂的成分存在争议，甲醛和甲醛释放体的潜在致癌性、有机卤化物的潜在致敏性、甲基异噻唑啉酮类的致敏性、尼泊金酯类和激素分泌以及某些特定癌症之间的关联一直受到公众极大的关注，到目前为止，对于这些争论还没有科学的定论，为了保护和满足消费者，避免与任何负面讨论有关联，在化妆品配方设计时现在可用的安全防腐剂为：苯氧乙醇、苯甲酸、辛甘醇、苯甲醇、氯苯甘醚（含有卤素，但现在很多家化妆品公司都在用）、IPBC、山梨酸钾以及多元醇类。

三、防腐剂复配

1. 方式及作用

由于造成化妆品腐败变质的微生物种类繁多，而单一防腐剂的适宜 pH 值，最小抑菌浓度和抑菌范围都有一定的限制，一种防腐剂能满足以上这些条件是不可能的，往往需要两种或两种以上的防腐剂复配使用，以达到防腐、灭菌的目的。

防腐剂的复配方式包括：不同作用机制的防腐剂复配，不同适用条件的防腐剂复配和针对不同微生物的特效防腐剂复配。不同防腐机制的防腐剂复配，可大大提高防腐剂的防腐效能，其不是简单的功效加和，而是相乘的关系，其复配后可对产品提供更大范围内的防腐保护。适用于不同功效的防腐剂复配，可拓宽防腐体系的抗菌谱，在化妆品的防腐体系设计中这种复配方式很常见，比如咪唑烷基脲中复配尼泊金甲酯，以增强对霉菌和酵母菌的抑制效果。

2. 防腐剂复配的意义

（1）拓宽抗菌谱 某种防腐剂对一些微生物效果好而对另一些微生物效果差，而另一种防腐剂刚好相反，两者合用，能达到广谱抗菌目的。

（2）提高药效 两种杀菌作用机制不同的防腐剂共用，其效果往往不是简单的叠加作用，而是相乘作用，通常在降低使用量的情况下，仍保持足够的杀菌效力。

（3）抗二次污染 有些防腐剂对霉腐微生物的杀灭效果较好，但残效期有限，而另一类防腐剂的杀灭效果不大，但抑制作用显著，两者混用，既能保证储存和货架质量，又可防止使用过程中的重复污染。

（4）提高安全性　单一使用防腐剂，有时要达到防腐效果，用量需要超过规定允许量，若多种防腐剂在允许量下混配，既能达到防治目的，又可保证产品的安全性。

（5）预防抗药性的产生　如果某种微生物对一种防腐剂容易产生抗药性的话，它对两种以上的防腐剂同时产生抗药性的机会自然就会小得多。

四、化妆品防腐体系设计步骤

化妆品防腐体系设计时应遵从安全、有效、有针对性以及与配方其他成分相容的原则。

安全：符合相关法规规定的同时，尽量减少防腐剂的使用量，减少对皮肤的刺激，理想的防腐体系应当在很好地抑制微生物生长的同时，对皮肤细胞没有伤害。

有效：全面有效抑制微生物的生长，保障产品具有规定的货架期。

有针对性：针对配方特点以及适用对象等，“量身定做”防腐体系，没有一种万能的防腐剂，防腐体系根据化妆品的剂型、功能、使用人群等做相应的设计。

与其他成分相容：注意配方中其他成分对防腐剂的影响以及不同防腐剂之间的互作效应。

防腐体系的设计流程如图 3-4 所示。

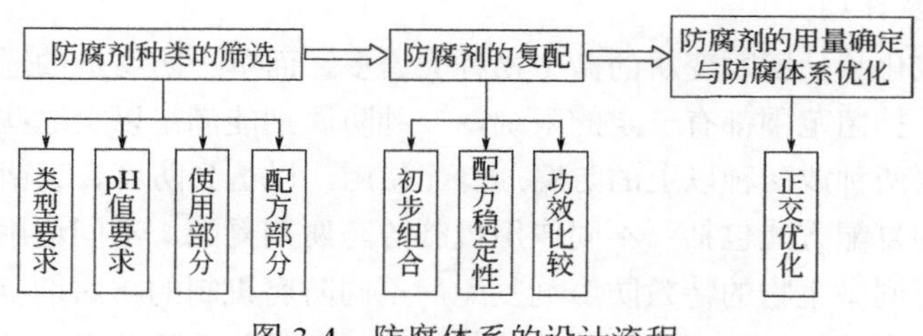

图 3-4　防腐体系的设计流程

五、防腐剂的效果评价

1．感官评价

色泽的变化是由于有色和无色的微生物生长，将其代谢产物中的色素分泌在化妆品中，如最常见的由于霉菌的作用，使得化妆品产生黄色、黑色或白色的霉斑以至发霉。气味的变化是由于微生物作用产生的挥发物质，如胺、硫化物所挥发的臭气，以及由于微生物可使化妆品中的有机酸分解产生酸气，这些使得经微生物污染的化妆品散发酸败味。由于微生物的霉（脱羧霉）的作用，使化妆品中的脂类、蛋白质等水解，使乳状液破乳，出现分层、变稀、渗水等现象，液状化妆品则出现浑浊等多种结构性的变化。如果产品出现了上述现象，可以初步判断产品已变质，配方中防腐体系设计上存在问题，需重新设计。

2．菌落总数检测

菌落总数（aerobic bacterial count）是指化妆品检样经过处理，在一定条件下培养后（如培养基成分、培养温度、培养时间、pH 值、需氧性质等），1g（1mL）检样中所含的菌落总数。所得结果只包括一群本方法规定的条件下生长的嗜中温的需氧型菌落总数，测定菌落总数便于判明样品被细菌污染的程度，是对样品进行卫生学总评价的综合依据。

3．防腐挑战试验

国内外配方设计时普遍采用防腐挑战试验评价防腐剂的有效性。防腐挑战性试验更接近实际应用，该方法能够模拟化妆品生产和使用过程中受到高强度的微生物污染的潜在可能性和自然界中微生物生长的最适宜条件，从而避免由微生物污染造成的损失并为消费者健康提供可靠的保证。

第五节 感官修饰体系设计

感官修饰体系设计是化妆品配方设计的重要组成部分之一，在化妆品配方调制中，这个体系直接给使用者第一感官，感官修饰体系包括调色和调香，是对化妆品颜色和香气体系进行原料选择和调配的工作。

调色是指在化妆品的配方设计和调整过程中，选用一种或多种颜色原料，把化妆品颜色调整到突出产品特点、并使消费者感到愉悦的过程，在此过程中，化妆品的着色、护色、发色、褪色是化妆品加工者重点研究的内容。

调香是指化妆品配方设计和调整过程中，选用一种或多种香精或香料，把化妆品的香气调整到突出产品的特点、并使消费者感到愉悦的过程，调香设计是化妆品配方设计的重要组成部分之一，它对各种化妆品的时尚感和愉悦感起着关键作用。

感官修饰体系设计是化妆品配方设计的重要组成部分之一，在化妆品配方调制过程中，这个体系直接给使用者第一感受，是直接影响消费者购买的因素。此外，感官修饰体系在一定程度上提升消费者对品牌及其所具有的文化内涵的认可及认知程度。在研发过程中，产品配方初步形成后，要不断通过专业培训过的感官评价人员进行感官评价，通过对感官评价量表的分析，进一步对产品进行配方调整，以此适应市场需求。

第六节 功效体系设计

功效体系是由在化妆品配方中起功效作用的一种或多种原料所组成的体系。根据不同的要求，设计特定功效体系，完成功效化妆品配方设计。设计功效体系首先要确定目标，在此基础上，再分析产生肌肤问题的机理和原因，找到解决问题的途径和办法，并寻求如何防止问题再次产生的措施，最后根据解决办法和预防措施，进行筛选和组合功效原料。

一、功效化妆品的分类

按照《化妆品监督管理条例》，化妆品分为普通化妆品和特殊化妆品。特殊化妆品包括染发、烫发、美白、防晒以及国务院食品药品监督管理部门认为其他需要特殊管理的化妆品。特殊化妆品以外的化妆品为普通化妆品。具体分类如图 3-5 所示。

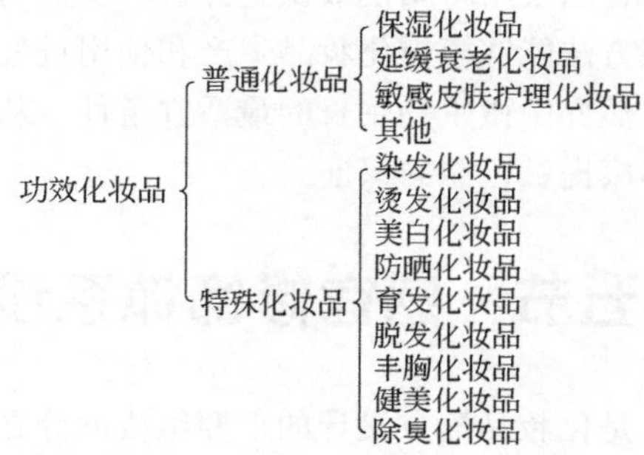

图 3-5　功效化妆品分类

二、功效化妆品原料的法规管理

2015 年，国家食品药品监督管理总局发布了《化妆品安全技术规范》代替 2007 年发布的《化妆品卫生规范》，关于化妆品原料的规范主要有以下三点：

① 对化妆品禁限用组分和准用组分表等进行了修订；

② 对特殊用途化妆品使用的原料，进一步规范其检测方法；

③ 重新颁布了《已使用化妆品原料目录（2015 版）》，目前化妆品原料的选用主要依据《已使用化妆品原料目录（2015 版）》。

新版《化妆品安全技术规范》中关于禁限用组分的修改如下：化妆品禁用组分由原来的 1255 项增至 1388 项，限用组分由 46 项增加至 47 项，准用防腐剂删除 5 项。

新版《已使用化妆品原料目录（2015 版）》主要对原料的名称进行了规范（中文/INCI/拉丁名称），明确了具体的原料名称/原料来源/原料部位。

国家标准《化妆品卫生标准》（GB 7916—1987）规定了对化妆品及其原料、产品微生物和有毒物质的要求，国家标准《化妆品安全性评价程序和方法》（GB 7919—1987）规定了安全性评价程序的方法。

现在，全国化妆品质量管理工作委员会又专门设立“化妆品原料 QA 工作部”，以协助及推进化妆品原料方面的质量监管，以确保化妆品原料使用安全。

三、化妆品功效体系设计原则

1．安全性原则

功效原料很多品种具有一定的刺激性，这些对皮肤有不同刺激的物质有可能给皮肤健康带来影响，如染发剂，其用量过大，可能会有致癌的危险。国内外政府管理部门都对功效化妆品加强管理，包括使用原料、生产工艺和产品检测，从多方面来确保产品的安全，杜绝有质量问题的产品上市，防止消费者在使用过程中受伤害。因此，安全性原则是设计化妆品功效体系的必要原则。

2．针对性原则

从前面的功效化妆品分类可以看出，功效化妆品品种很多，而且诉求点的差异比较大，所以不同的诉求在功效体系设计时选用的原料各不相同，设计功效体系必须要有针对性。另外，设计一款化妆品不能包括所有功能，即使添加各种功效原料，也因为原料性质各有不同，功效原料之间也可能存在相互作用，相互抵消作用效果，所以其功效也不能体现出来，况且，功效原料一般比较贵，一个配方中添加过多品种的功效原料，会增加成本，这也降低了产品推向市场的可能性，所以想在一款产品中包括多种功效也不现实。综合上述两点，设计功效体系必须遵守针对性原则。

3．全面性原则

在设计化妆品功效体系时，必须先弄清产生皮肤问题的机理及解决问题的途径，从不同角度全面调理、修复和预防肌肤再次发生问题等，因此，一定要坚持全面性原则。

4．经济性原则

化妆品在设计过程中必须考虑市场价值，在保证功效和产品质量的前提下，降低生产成本。由于功效体系原料在整个原料成本中占据较大比例，为降低成本的关键因素之一，在设计功效体系时，配方师应根据产品性价比来衡量功效体系是否合理。

四、化妆品功效体系设计方法

化妆品对于消费者来说，除了满足其感官要求及具有安全性外，消费者即目标人群首要关注其功效性，即具有实际功效性的产品应具有市场生命力和可持续性，因此功效性为化妆品企业及行业关注焦点之一。现今，随着科学技术的发展，新的功效评价方法不断涌现，从传统的体外生化实验、细胞实验，到体外 3D 皮肤模型评价及人体功效评价，评价方法不断更新。随着基因组技术的发展和技术手段的成熟，国内外学者提出精准护肤的理念。在众多评价手段及评价方法中，对于产品研发人员如何选择合理的评价方法、建立完善的功效评价体系至关重要。

1．功效评价体系设计

（1）产品目标人群及拟解决问题剖析　任何产品开发在最初设计阶段针对市场

目标人群定位清晰，解决此类人群的皮肤问题及皮肤需求定位明确，那么产品功效体系的设计针对拟解决皮肤问题及目标人群皮肤需求入手，比如某年龄段人群皮肤干燥问题表现为屏障功能差、皮肤敏感及缺水，那么在功效评价体系设计时，即从皮肤屏障功能评价、皮肤敏感度及含水量的改善入手进行评价。

（2）产生皮肤问题的机理分析　皮肤问题产生的机理是指皮肤代谢过程中，由内在因素及外在因素，促使问题皮肤产生的原因。随着科学技术的发展，对问题皮肤产生机理的认识也在逐渐发展，同一问题皮肤产生机理也可能有多个，只有充分掌握问题皮肤产生的机理，才能找到问题的根源，以便找到对应的措施来解决皮肤问题。对于皮肤问题产生机理的深入剖析，一方面可以用于功效植物原料的筛选；另一方面，近年来，随着基因组学、蛋白质组学及脂质组学的发展和成熟，研究人员对于小众人群的皮肤问题的病因认识更加深入，对于皮肤问题的机理从分子层面进行深入分析，为给小众人群提供精准护肤服务及化妆品功效体系设计开辟新的道路。

2．功效原料的选配

（1）基础调理性作用原料　这类原料主要起到对肌肤进行护理和调理的作用，使肌肤保持健康状态，使功效成分更好地发挥作用，这类原料包括润肤油脂、基础保湿剂等。

（2）功效性作用原料　这类原料主要是发挥产品功效的原料，能对肌肤问题产生的机理反应起到减弱或消除作用，这类原料包括美白剂、抗衰老添加剂等。

（3）预防性作用原料　这类原料主要是对问题肌肤产生机理反应有预防作用，这类原料包括防晒剂（在美白或抗衰老产品中）、抗氧化剂等。

（4）增效性作用原料　这类原料本身对问题肌肤的产生机理反应没有任何作用，但能对功效作用原料渗透和吸收起到促进作用，这类原料包括渗透促进剂。

3．功效体系优化

功效体系优化主要包括原料品种优化、原料使用量优化、原料间复配优化、生产工艺优化、成本的优化这五个方面。

（1）原料选择品种的优化　实现同一功效的不同原料在功效作用机理方面会有所不同，即使是同系列原料，其功效性强度也会有所不同，所以对原料品种要进行优化。优化品种的方法是基于对原料作用机理、功效强度及原料其他功能的对比和试验测试效果，再结合使用经验进行综合，优选出品质好的原料。

（2）原料使用量的优化　功效原料使用量越大，并不代表其功效一定越明显。这与皮肤的吸收等多种因素有关，而不同剂型的化妆品，皮肤吸收量都会有所不同，例如，皮肤对水剂产品的吸收比对膏霜的吸收性好，所以，功效原料添加量的选择必须具有合理性。对功效原料使用量的优选一般由试验结果，原料供应商推荐用量和使用经验共同决定。

（3）原料间复配优化　在对功效原料进行配选时，必须重点考虑原料之间复配优化，针对上述基础调理性作用原料，功效性作用原料、预防性作用原料、增效性作用原料这 4 种原料，复配时需考虑以下方面内容：

① 不同作用机理原料间的复配问题。

② 功效体系原料与产品其他体系原料的配伍性。

③ 复配优化最主要的目的是保证原料间的协同增效和产品的稳定，需要根据理论判断，试验结果评价和使用经验综合来确定优化设计。

（4）生产工艺优化　功效体系设计完成后，要实现功能效果，制作生产工艺十分重要，很多功效原料对温度等多种因素都比较敏感，有些功效原料的体系稳定性对不同工艺条件比较敏感，所以生产工艺需要优化。

生产工艺优化的主要目的是保证功效体系原料的功能不受影响和产品体系的稳定，优化的措施由理论分析判断、试验结果评价、试生产结果和使用经验综合确定。

（5）成本优化　在设计功效体系时，一方面配方师不能盲目追求使用新原料，认为新原料效果一定比老原料效果好；另一方面，也不能只用价格高的原料，认为价格高的原料效果好。配方师设计功效体系时，要考虑原料的性价比，选用高性价比的功效体系才有市场价值，开发的产品在市场上才有竞争力。

成本优化的主要目的是优选高性价比的功效体系原料，优化的措施由理论分析判断、试验结果评价、使用经验和成本核算综合确定。

第七节　安全保障体系设计

安全保障体系是化妆品配方应用的关键，一方面可以抵御化妆品配方中潜在的过敏原导致的过敏现象，另一方面可以改善敏感肌肤症状及相关的皮肤过敏问题。针对上述两个方面，化妆品安全保障体系设计包括抗敏止痒剂和刺激抑制因子两个方面。刺激抑制因子主要针对化妆品中潜在的致敏物质而研发，抗敏止痒剂主要针对敏感肌肤需求设计。两者相互搭配构成安全保障体系，如图 3-6 所示。

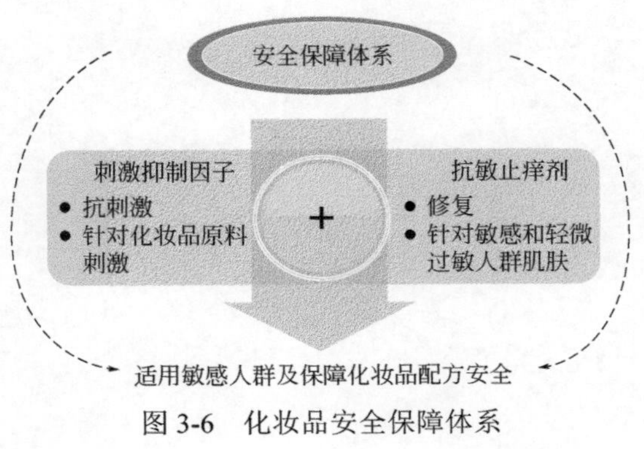

图 3-6　化妆品安全保障体系

随着人们追求天然、追求绿色、追求健康与安全的意识增强，以植物活性成分为主的天然美容化妆品越来越受到消费者青睐。同时随着免疫学研究的发展，中药抗过敏的研究也逐渐显现出优势，其作用机制具有多靶点、多层次的特点，表现在过敏介质理论的多个环节上，如在提高细胞内 AMP 水平、稳定细胞膜、抑制或减少生物活性物质的释放、中和抗原、抑制 IgE 的形成等多个环节起作用，且不良反应少而轻微，临床用于防治敏感性疾病取得了较好的疗效。

具有抗敏活性成分的中药通常经过一定的工艺提取后，按照体外试验或者动物试验筛选出来的起效剂量和安全剂量添加到化妆品配方中，作为安全保障体系应用。这些植物原料在配方应用过程中可能出现一些溶解性及稳定性的问题，需要通过筛选乳化剂的类型及使用剂量尽可能改变溶解性。此外，要重点关注植物提取物的稳定性，一些含有植物多酚及色度类的成分，虽然功效性较好，但在实际应用中，特别是与生产设备接触后，经常出现变色问题，这就要求植物原料具有良好的稳定性和配方适用性。通常情况下会将安全保障体系与功效体系相结合，两者相辅相成，从而既保证功效又保证配方的安全性。

植物来源安全保障体系通常通过一系列体外生化试验、动物试验及人体评价来进行筛选，确定其在配方中的最佳添加剂量。评价刺激性的常用体外试验有抑制透明质酸酶试验、红细胞溶血试验、鸡胚绒毛尿囊膜试验，常用的动物试验有豚鼠皮肤瘙痒模型止痒试验、豚鼠皮肤脱水模型的皮肤修复作用试验、被动皮肤过敏模型试验，常用的人体试验包括人体斑贴试验等。

第四章　液态类化妆品

液态化妆品主要是指非乳化液态产品，包括化妆水、洗发液、发油、洗面液、洗手液、沐浴液、护肤水、护肤油、啫喱水、染发水、烫发水等。

第一节　化妆水配方与工艺

一、化妆水配方设计原则

化妆水是一种黏度低、流动性好的液体化妆品，大部分有透明的外观。化妆水大多数是在洗面洁肤之后，化妆之前使用。其基本目的是给洗净后的皮肤补充水分，使角质层柔软，保持其正常功能，其次具有抑菌、收敛、清洁、营养等作用，即提供润肤、收敛、柔软皮肤的作用。

化妆水在配方设计时应注意要保湿效果好，成分安全，无刺激。保湿无疑是大家在挑选化妆水时首先考虑的问题，一瓶好的化妆水必然有好的保湿作用。化妆水要成分安全，尽量不含香料和酒精，因为这两种成分都可能引起过敏现象。含有植物成分的化妆水相对会比较安全，金盏花、金缕梅等成分可以替代酒精，起到收敛的功效，而含有玫瑰、橙花等成分的化妆水有美白的功效。化妆水配方中，水的含量占一半以上，有时可高达90%，因此，需避免微生物的污染并要选用适宜的防腐剂，对水质的要求也至关重要。

二、化妆水的分类

化妆水种类繁多，其使用目的和功能各不相同。根据不同的分类方法，有不同类型的化妆水。

按其外观形态，可分为透明型、乳化型和多层型三种。透明型有增溶型和赋香型，在体系中香料和油溶性成分呈胶束溶解，这一形式较为流行。乳化型含油量多，润肤效果好，又称为乳白润肤水。其关键是化妆水产品中含的粒子微细，具有灰至青白色半透明的外观，粒子粒径一般要求＜150nm。多层型是粉底与化妆水相结合的产物，具有水型化妆水的性质，又具有粉底的特征，因此，多层型产品除具有保湿、收敛功效外，还具有遮盖、吸收皮脂、易分散的特点，尤其在夏季使用具有清爽、不油腻的效果，且体现化妆打底的作用，又能防水、防紫外线，提高美容效果。在多层化妆水中，油分、保湿剂、水等分层，使用时摇匀，其性质处于化妆水和乳液之间，还可用炉甘石、氧化锌、皂土等粉末与樟脑等配合，如炉甘石蜜露产品，用于减轻夏日经日晒皮肤的灼热感。

按其使用目的和功能对化妆水进行分类，可分为收敛型、洁肤型、柔软和营养型及其他类型的化妆水。

收敛型化妆水又称为收缩水、紧肤水，为透明或半透明液体，呈微酸性，接近皮肤的 pH 值，适合油性皮肤和毛孔粗大的人群使用；配方中通常含有某些作用温和的收敛剂，如苯酚磺酸锌、硼酸、氯化铝、硫酸铝等，用来抑制皮肤分泌过多的油分和调节肌肤的紧张，收缩皮肤的毛孔，使皮肤显得细腻；配方中还含有保湿剂、水和乙醇等，现也常添加具有收敛、紧肤和抑菌作用的各种天然植物提取物；除具有舒爽的使用感外，还有防止化妆底粉散落的作用。从化学角度讲，收敛作用是由酸以及具有凝固蛋白质作用的物质表现出来的特性，是收敛剂作用于蛋白质而发挥其功效。蛋白质是两性物质，因此，常用的收敛剂有无机、有机酸金属盐（阳离子型收敛剂）、低分子量的有机酸（阴离子型收敛剂）和低碳醇等三类。从物理因素讲，冷水和乙醇的蒸发热导致皮肤的暂时性温度降低，具有清凉感；薄荷醇等清凉型香料也具有清凉、杀菌的效果。

洁肤型化妆水一般用水、酒精和清洁剂配制而成，呈微碱性；除具有使皮肤轻松、舒适的作用外，对简单化妆品的卸妆等还具有一定程度的清洁作用。它一般配有大量的水、含有亲水-亲油性的醇类、多元醇和酯类以及溶剂等，还常添加一些对皮肤作用温和的表面活性剂以提高洗净力。近年来，新开发的粉底化妆品大多对皮肤附着性较好，如果不使用专用的洁肤化妆水则难以卸妆彻底，因此，与普通化妆水相比，洁肤化妆水通常为弱碱性，并倾向于使用醇类和温和的非离子型、两性离子型表面活性剂，有时添加水溶性聚合物增稠或制成凝胶型制剂。

柔软和营养型化妆水是以保持皮肤柔软、润湿、营养为目的，能够给角质层足够的水分和少量润肤油分，并有较好的保湿性，一般呈微碱性，适用于干性皮肤。其配方中的主要成分是滋润剂，如角鲨烷、霍霍巴蜡、羊毛脂等，还添加了适量的保湿剂，如甘油、丙二醇、丁二醇、山梨醇等，以及天然保湿因子，如吡咯烷酮羧酸、氨基酸和多糖类等水溶性保湿成分，也可加入少量表面活性剂作为增溶剂以及少量天然胶质、水溶性高分子化合物作为增稠剂，有时还添加少量温和杀菌剂，达到抑菌作用。

其他类化妆水，如平衡水，其主要成分是保湿剂（如甘油、聚乙二醇、透明质酸、乳酸钠等），并加入对皮肤酸碱性起到调节作用的缓冲剂（如乳酸盐类），主要作用是调节皮肤的水分及平衡皮肤的 pH 值，是化妆美容中常使用的一种液状化妆品。

三、化妆水配方组成

化妆水的主要成分是保湿剂、收敛剂、水和乙醇，有的也添加少量具有增溶作用的表面活性剂，以降低乙醇用量，或制备无醇化妆水。此类产品在制备时一般不需经过乳化，其主要原料组成如表 4-1 所示。化妆水配方举例如表 4-2 所示。

表 4-1　化妆水主要原料组成

结构成分	主要功能	代表性原料
保湿剂	滋润皮肤、保湿	丙二醇、甘油、聚乙二醇等多元醇类；也可以选择透明质酸、吡咯烷酮羧酸等氨基酸类
营养剂	润肤、护肤	β-葡聚糖等多糖类
黏度调节剂	调节产品的流变性和黏度，提高产品稳定性	汉生胶、羟乙基纤维素、Carbopol 941 等
醇类	增溶、收敛、杀菌	乙醇、异丙醇
增溶剂	溶解原料	亲水性强、HLB 高的非离子表面活性剂（聚氧乙烯、油醇醚等）
缓冲剂	调节产品的 pH 值（平衡皮肤的 pH 值）	柠檬酸、乳酸、乳酸钠等
防腐剂	使对微生物稳定	羟苯甲酯、咪唑烷基脲、碘丙炔醇丁基氨甲酸酯、苯氧乙醇等
螯合剂	螯合金属离子，防止产品因金属离子导致的变色、褪色，对防腐剂有协同增效作用	EDTA-Na 盐
着色剂	赋予产品颜色	各种化妆品允许使用色素

表 4-2 化妆水配方实例

原料名称	添加量/%	作用
丁二醇	3.00	保湿剂
甘油	4.00	保湿剂
海藻糖	2.00	保湿剂
汉生胶	0.05	黏度调节剂
α-甘露聚糖	3.00	保湿剂
燕麦 β-葡聚糖	2.00	营养剂
防腐剂	适量	防腐剂
香精	适量	调香
去离子水	加至 100	溶剂

四、化妆水生产工艺

化妆水的制法较简单，一般采用间歇制备法。具体是：将水溶性的物质（如保湿剂、收敛剂及增稠剂等）溶于水中，将滋润剂（油、脂等）以及香精、防腐剂等油溶性成分和增溶剂等溶于乙醇中（若配方中无乙醇，则可将非水相成分适当加热熔化，加水混合增溶），在不断搅拌下，将醇溶成分加入水相混合体系中，在室温下混合、增溶，使其完全溶解，然后加入色素调色，调节体系 pH 值，为了防止温度变化引起溶解度较低的组分沉淀析出，过滤前尽量经−5～10℃冷冻，平衡一段时间后（若组分溶解度较大，则不必冷却操作），过滤后即可得到清澈透明、耐温度变化的化妆水，如图 4-1 所示。

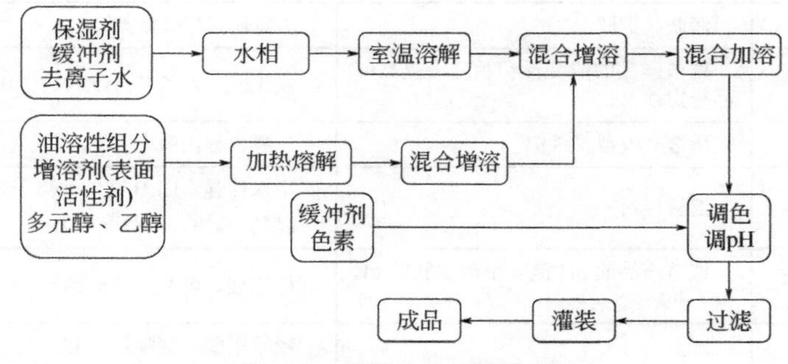

图 4-1 化妆水生产流程图

如前所述，化妆水配方中，水的含量很高需避免微生物的污染并要选用适宜的防腐剂，对水质的要求也相对较高。由于化妆水的制备一般使用离子交换水，已除去活性氯，较易被细菌污染，为此，制备化妆水时水的灭菌工序必不可少。灭菌的有效方法有：加热法、超精密过滤法、紫外线照射法。对化妆水，多数不采用加热工序，通常合用后两种方法。实际上，水的纯化设备装有灭菌机构，其清洗和操作条件与维持灭菌效果密切相关。

第二节　淋洗化妆品配方与工艺

一、淋洗化妆品配方设计原则

液态洗发化妆品配方设计原则：①无毒性，安全性高，既能起到洗涤清洁作用，又不能使头皮过分脱脂，性能温和，对眼睛、头发、头皮无刺激（儿童使用香波更应具有温和的去污作用，不刺激眼睛、头发和头皮），使洗后的头发蓬松、爽洁、光亮、柔软；②泡沫丰富、细腻、持久；③易于清洗，无黏腻感，能减少毛发上的静电，使头发柔顺易于梳理；④产品的 pH 值适中，对头发和头皮不造成损伤；⑤如果是特殊作用的香波还应具有特定的功效；⑥有令人愉快的香味。

浴液化妆品配方设计原则：①具有丰富的泡沫和适度的清洁效力；②作用温和，对皮肤刺激作用低；③具有合适的黏度，一般黏度约为 3～7Pa•s；④易于清洗，不会在皮肤上留下黏性残留物、干膜或硬水引起的沉淀物；⑤使用时肤感润滑，不黏腻；使用后，润湿和柔软，不会感到干燥和收紧；⑥香气较浓郁、清新；⑦产品质量稳定，结构细腻，色泽靓丽。

二、淋洗化妆品分类

淋洗沐化妆品主要包括液态洗发化妆品和浴液化妆品。液态洗发化妆品主要包括透明液体香波和珠光液体香波。浴液化妆品主要包括：表面活性剂型，主要由具有洗涤作用的表面活性剂复配而成，温和光滑；皂基型，基于制皂的原理改性而成，泡沫丰富，易于清洗；表面活性剂和皂基复配型，取二者之优点，泡沫丰富，易于冲洗，洗后皮肤清爽滋润。目前市场上后两种类型的沐浴露较多。

三、淋洗化妆品配方组成

1．香波配方组成

香波的主要功能是洗净黏附于头发和头皮上的污垢和头屑等，以保持清洁。其含有的基本原料为表面活性剂、辅助表面活性剂、稳泡剂、调理剂、防腐剂、香精；其他成分的添加取决于消费者的需要，同时考虑成本的经济性来设计配方。如表 4-3 所示。

表 4-3 洗发水配方主要原料组成

结构成分	主要功能	代表性原料
表面活性剂	提供去污力和丰富的泡沫	脂肪醇硫酸盐、脂肪醇聚氧乙烯醚硫酸盐；主要是钠盐、钾盐和乙醇胺盐等
调理剂	改善洗后头发手感	常用的有瓜尔胶、高分子蛋白肽、有机硅表面活性剂
增稠剂	增加洗发液的稠度	氯化钠、氯化铵、硫酸钠、三聚磷酸钠等
去屑止痒剂	降低表皮新陈代谢速度和杀菌	目前使用效果好的有吡啶硫酮锌、十一碳烯酸衍生物
螯合剂	提高透明液体洗发液的澄清度	柠檬酸、酒石酸、乙二酸四乙酸钠、烷醇酰胺等
珠光剂	使液体洗发液外观具有乳状感	主要用珠光剂，普遍采用乙二醇的单、双硬脂酸酯
酸化剂	护理头发、减少刺激	柠檬酸、酒石酸、磷酸以及硼酸等
防腐剂	防止洗发液受霉菌或者细菌侵蚀	山梨酸、尼泊金酯类、咪唑啉尿素等
色素	赋予产品颜色	各种化妆品允许使用色素
香精	赋予产品香气	各种化妆品允许使用香精

香波的表面活性剂选择为产品设计的关键所在，常用的主表面活性剂的作用是通过洗涤过程赋予产品清洁作用，但其在清洁皮肤和头发上的油脂和水不溶性污垢的同时，往往会影响正常皮肤脂质，使皮肤上的天然水-脂质膜某种程度上受损。过度使用表面活性剂会造成皮肤干燥、紧绷、粗糙和皮肤刺激等问题，严重情况会引起皮肤出现其他症状，当选择化妆品用表面活性剂时，必须注意保持两种过程的平衡，既有一定的清洁能力，又对皮肤作用温和，因此常常在复配时使用温和的助表面活性剂和赋脂剂。

目前，最常用的香波的主表面活性剂为月桂醇硫酸酯盐类（简称 AS 或 SLS）和月桂醇聚醚硫酸酯盐类（简称 SLES 或 AES），有时为两者的混合物。助表面活性剂的作用是稳泡或增泡和减轻主要表面活性剂的刺激作用，也可在电解质增稠剂存在和不存在时，增加产品黏度。助表面活性剂主要为两性表面活性剂和非离子表面活性剂。表面活性剂种类很多，性质各异，在配方设计中应考虑各方面的因素，以满足市场竞争和消费者的需要。香波配方组成如表 4-4～表 4-8 所示。

表 4-4 香波配方实例

原料名称	质量分数/%	作用
柠檬酸	0.01	酸化剂
瓜尔胶	0.50	调理剂
EDTA-2Na	0.10	螯合剂
AES	15.00	表面活性剂
K12	5.00	表面活性剂
水溶性羊毛脂	1.00	油脂
乙二醇单硬脂酸酯	1.00	遮光剂

续表

原料名称	质量分数/%	作用
氯化钠	适量	稠度调节剂
香精	适量	调香
防腐剂	适量	防腐剂
去离子水	加至 100	溶剂

表 4-5 透明香波配方实例

原料名称	质量分数/%	作用
丙烯酰胺丙基三甲基氯化铵/丙烯酰胺共聚物	0.10	增稠剂
聚季铵盐-10	0.30	调理剂
椰油酰胺丙基甜菜碱	5.00	表面活性剂
椰油酰胺甲基 MEA	1.00	表面活性剂
月桂醇聚醚硫酸酯钠	12.00	表面活性剂
甲基椰油酰基牛磺酸钠	6.00	表面活性剂
EDTA-2Na	0.10	螯合剂
甜菜碱	1.00	保湿剂
乳酸钠/葡萄糖酸钠	0.50	pH 值调节剂
氯化钠	适量	黏度调节剂
柠檬酸	适量	pH 值调节剂
防腐剂	适量	防腐剂
香精	适量	赋香剂
去离子水	加至 100	溶剂

表 4-6 珠光香波配方实例（一）

原料名称	质量分数/%	作用
C14S	0.20	增稠剂
JR400	0.10	增稠剂
U20	0.30	增稠剂
EDTA-2Na	0.10	螯合剂
6501	2.50	增稠剂
混醇	0.50	增稠剂
AES 复合铵盐	9.00	表面活性剂
AES	10.00	表面活性剂
CAB	3.00	助表面活性剂、发泡剂
DC 1785	1.00	调理剂
DC 7137	3.00	调理剂
珠光浆	6.00	感官修饰剂
柠檬酸	0.10	pH 值调节剂
香精	适量	感官修饰剂

续表

原料名称	质量分数/%	作用
卡松	0.05	防腐剂
DMDMH	0.30	防腐剂
去离子水	加至 100	溶剂

表 4-7　珠光香波配方实例（二）

原料名称	质量分数/%	作用
阳离子瓜尔胶	0.20	调理剂
聚季铵盐-10	0.30	调理剂
椰油酰胺丙基甜菜碱	5.00	表面活性剂
椰油酰胺甲基 MEA	1.00	表面活性剂
月桂醇聚醚硫酸铵盐	15.00	表面活性剂
K12 铵盐	7.00	表面活性剂
EDTA-2Na	0.10	螯合剂
混醇	0.20	赋脂剂
乳酸钠/葡萄糖酸钠	0.50	pH 值调节剂
珠光浆	2.00	感官修饰剂
乳化硅油	2.50	调理剂
氯化钠	适量	黏度调节剂
柠檬酸	适量	pH 值调节剂
防腐剂	适量	防腐剂
香精	适量	赋香剂
去离子水	加至 100	溶剂

表 4-8　温和婴儿香波

原料名称	质量分数/%	作用
月桂醇聚醚硫酸酯钠	10.00	表面活性剂
月桂酰谷氨酸钠	2.00	表面活性剂
甘油	3.00	保湿剂
月桂酰胺丙基羟磺基甜菜碱	3.00	表面活性剂
月桂基葡糖苷	2.00	表面活性剂
椰油酰两性基乙酸钠	5.00	表面活性剂
去离子水	加至 100	溶剂
氯化钠	适量	黏度调节剂
柠檬酸	适量	pH 值调节剂
EDTA-2Na	0.05	螯合剂
PEG-7 甘油椰油酸酯	1.00	赋脂剂
PEG-120 甲基葡糖二油酸酯	0.40	赋脂剂
防腐剂	适量	防腐剂
香精	适量	赋香剂

透明液体香波具有外观透明、泡沫丰富、易于清洗等特点，在市场上占有一定比例，但由于要保持香波的透明度，在原料选择上有一定限制，通常以选用浊点较低的原料为原则，以便产品即使在低温时仍能保持透明清晰，不出现沉淀、分层等现象。常用的表面活性剂是溶解性好的 AES（脂肪醇聚醚硫酸钠、脂肪醇聚醚硫酸铵、脂肪醇聚醚硫酸三乙醇胺盐）、烷醇酰胺等。

2．沐浴液配方组成

沐浴液主要原料为表面活性剂、增泡剂、特殊添加剂、调理剂，配方组成如表4-9所示。配方实例如表4-10所示。

表 4-9 沐浴液主要原料组成

组分	功能	质量分数/%
主要表面活性剂	起泡、清洁作用	10～20
辅助表面活性剂	增泡、降低刺激性	0～8
增泡剂	增泡、稳泡、改善泡沫的质量	2～5
酸度调节剂	调节 pH 值	按需要
黏度调节剂	调节黏度	0～3
外观改善添加剂	感官修饰	按需要
着色剂	赋色	按需要
珠光剂	产生珠光外观	0.5～2
香精	赋香	0.5～2
稳定剂	防腐、抗氧化、螯合	0.05～1
特殊添加剂	皮肤调理剂、植物提取物、杀菌剂	0～4
去离子水	溶剂、稀释剂	加至 100.0

表 4-10 沐浴液配方实例

原料名称	质量分数/%	作用
月桂醇聚醚硫酸酯钠	12.00	表面活性剂
月桂酰谷氨酸钠	1.00	表面活性剂
甘油	3.00	保湿剂
月桂酰胺丙基羟磺基甜菜碱	3.00	表面活性剂
月桂基葡糖苷	1.50	表面活性剂
去离子水	加至 100	溶剂
氯化钠	适量	黏度调节剂
柠檬酸	适量	pH 值调节剂
EDTA-2Na	0.05	螯合剂
PEG-7 甘油椰油酸酯	1.00	赋脂剂
PEG-120 甲基葡糖二油酸酯	0.40	赋脂剂
防腐剂	适量	防腐剂
香精	适量	赋香剂

四、香波生产工艺

大多数情况下，香波的制备采用间歇式生产工艺。液态香波的制备技术与其他产品（如乳液类制品）相比，是比较简单的，制备过程以混合为主，设备一般仅需带有加热和冷却夹套的搅拌反应锅。由于香波的主要原料大多是极易产生泡沫的表面活性剂，因此，制备过程中，加料的液面必须浸过搅拌桨叶片，以避免过多的空气被带入而产生大量的气泡。

液态香波的配制主要有两种方法：一种是冷混法，它适用于配方中原料具有良好水溶性的制品；另一种是热混法。从目前来看，除了部分透明液体香波产品采用冷混法外，其他产品的配制大都采用热混法。

（1）透明液体香波的制备　透明液体香波的外观为清澈透明的液体，具有一定的黏度，常带有各种悦目的浅淡色泽，普遍受到消费者欢迎。在生产过程中，只需要按照设定次序将所有组分溶解形成均匀的体系即可。可以冷配，但气温较低时，需加热至30～40℃，加速溶解过程，使体系更容易均匀，一般先将主要组分（表面活性剂和助表面活性剂等）溶于水，使整个体系黏度变低一点，然后添加各种预配混合组分（如水溶性聚合物的分散液）。有些组分必须在调节好pH值后才可添加。含量少的组分最好与别的组分或水（或含加溶剂）先制成预配物，然后加入体系中，确保溶解和分散均匀。香精、防腐剂和活性成分最后添加。透明香波生产工艺流程如图4-2所示。

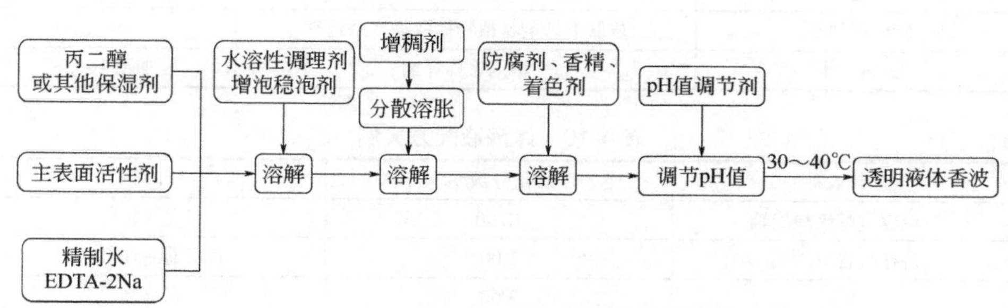

图4-2　透明香波生产工艺流程图

（2）珠光液体香波的制备　珠光液体香波一般比透明液体香波的黏度高，呈乳浊状，带有珠光色泽，给人以精致和高档的感觉。香波呈现出珠光是由于其中生成了许多微晶体，具有散射光的能力，同时香波中的乳液微粒又具有不透明的外观，于是显现出珠光。珠光液体香波的配方中除含有普通液体香波所需的原料外，还需加入固体油（脂）类等水不溶性物质作为遮光剂（如高级醇、酯类、羊毛脂等），使其均匀悬浮于香波制品中，经反射而得到珍珠光泽。

珠光液体香波的制备主要采用热混法。需将水、表面活性剂和一些需要高温加热熔化的固体（如助表面活性剂、珠光剂、脂类调理剂等）一起混合，组分一般需要在高温（约72℃）下混合，所有组分在高温下混合均匀或乳化，并进行均质，或通过胶体磨高速剪切，确保其均匀性。然后通过热交换将预混物冷却。将预先完全分散于水中的聚合物预混物加至表面活性剂预混物中，应注意，一些水溶性聚合物很难均匀地在水中分散，转子-定子均质设备，或喷射式混合器可加速这些组分分散作用的过程。

浓的表面活性剂可使聚二甲基硅氧烷在室温下乳化，然后添加于冷的产品中，亦可以直接使用市售的各种聚二甲基硅氧烷乳液。此外，亦可以在高温下，将聚硅氧烷调理剂与阴离子表面活性剂和脂肪醇（如鲸蜡硬酯醇）混合，形成含分散的聚硅氧烷的预混合物。挥发性聚硅氧烷和挥发性碳氢化合物总应在冷却后加入，由于这些挥发性组分容易沾污所有生产设备，所以必须注意要将这些挥发性组分保存在封闭的容器内，然后将预混物与清洁组分其余物质混合，通过胶体磨高速剪切，然后冷却。

现今，除清洁头发功能外，消费者对护发香波有各种各样的附加要求，例如改善梳理性、与头发相容性、多功能性，添加各种功效成分改善护发香波功能变得越来越重要。一些化妆品公司不断提出一些护发香波新概念，这些概念产生和流行是科学与艺术结合的结果，将一些消费者关注的功效用优雅和诱人的文字描述出来，在各种媒体进行宣传，形成一时的潮流。

第三节 护发化妆品配方与工艺

护发产品的作用是使头发保持天然的、健康和美观的外表，赋予头发光泽、柔软和生气。市场上护发制品名称繁多，较早时期使用养发水（hair tonics）、润丝（rinses），后来出现护发素（conditioners）、焗油（hot oil）。通常情况下，根据产品形态和功能不同，可分为护发素、发油、养发水等。

一、护发产品具有的特性

头发护理产品必须提供各种各样的特性，如含有通过渗透进入人头发内部有特殊功能的制品；为头发补充油分和营养成分，使受损头发复原，预防发尾开叉、防脱发等。

二、护发素

1. 护发素的分类

护发素可按照不同形态、不同功能或不同使用方法进行分类。

按照形态，护发素可分为透明液体、稠的乳液和膏体、凝胶状、气雾剂型和发膜等。

按照功能，护发素可分为正常发用护发素、干性发用护发素、受损发用护发素、有定型作用护发素、防晒护发素和染发后用护发素等。

按照使用方法，护发素可分为用后需冲洗干净的护发素（rinse-off）、用后免冲洗留在头发上的护发素（leave-on）和焗油型护发素（hot oil）。一般的护发素用后需冲洗干净，免冲洗的护发素多数为喷剂型或凝胶型。

2．护发素的配方组成

市售产品主要为乳液状，近年来透明型也开始流行。配方组成主要包括：阳离子表面活性剂、阳离子聚合物、聚二甲基硅氧烷及其衍生物、水解蛋白质、油脂类化合物以及其他功效组分，配方组成如表 4-11 所示。

表 4-11　护发素的配方组成

结构成分	质量分数/%	主要功能	代表性原料
精制水	加至 100	溶剂	去离子水
阳离子表面活性剂	0.5～3.0	调理剂（抗静电）、乳化剂、抑菌剂	季铵盐型阳离子表面活性剂
阳离子聚合物	0.2～0.5	调理作用、抗静电作用、流变性调节、头发定型	瓜尔胶、聚季铵盐类
聚二甲基硅氧烷及其衍生物	0.5～2.0	调理作用、润滑、赋予光泽	乳化硅油、氨基硅油
非离子表面活性剂	0.5～2.0	乳化剂	脂肪醇聚醚类、甘油硬脂酸酯、聚山梨醇酯-*n* 类
油分	1～4	赋脂剂、光亮	植物油、合成油脂
增稠剂	0.5～1.5	黏度调理	羟乙基纤维素、聚丙烯酸树脂类、脂肪醇类
螯合剂	0.05～0.1	防止钙离子和镁离子沉淀、对防腐剂有增效作用	EDTA-2Na
抗氧化剂	0.05～0.1	防止油脂类化合物氧化酸败	BHT、BHA、生育酚
防腐剂	适量	抑制微生物生长	甲基异噻唑啉酮、咪唑烷基脲等
pH 值调节剂	适量	调节 pH 值	柠檬酸、柠檬酸钠、乳酸、三乙醇胺
着色剂	适量	感官修饰	酸性条件下稳定的水溶性或水分散的着色剂
光稳定剂	0.1～0.3	增加产品光稳定剂	二苯酮-4 等紫外线吸收剂
低温稳定剂	适量	增加低温稳定剂（储存和运输过程中）	多元醇类，如甘油
香精	适量	赋香	依据产品需求
抗头屑剂	适量	抗头屑	ZPT，植物提取物
维生素类	适量	滋养	泛醇、维生素 E
防晒剂	适量	预防头发光降解	PABA 等
预防头发热降解添加剂	适量	预防头发热降解	PVP/DMAPA 丙烯酸酯共聚物

大多数情况下，护发素体系是低固含量产品，典型护发素含 1%～2%季铵化组分，总固含量 3%～8%，包括增稠剂、润滑剂、紫外线吸收剂、抗氧化剂等，深度调理护发素可能含有多达 15%固体组分，含有较多的油分。护发素一般是 O/W 乳液或膏体，油相组分一般由阳离子表面活性剂（用作乳化剂）和脂肪醇（鲸蜡醇或鲸蜡硬酯醇）组成。脂肪醇有两种功能：增稠作用和使阳离子乳化剂增白。此外，常常添加水溶性聚合物（如甲基羟丙基纤维素）改善其流变特性。护发素的黏度范围较宽广，由润丝性护发素 1000mPa•s 至深度调理护发素 50000mPa•s，它们都是触变性的。此外，pH 值也是配方调整的关键，典型的 pH 值范围为 3.5～5.5，这样可以确保活性组分保持阳离子状态。可有效使头发表面平滑和头发纤维得到增强，并防止缠绕和改善梳理性。完整的角蛋白等电点约为 3.7。在低 pH 值时，主要以阳离子基团形式存在，在较高 pH 值时，阳离子性的分子对头发的亲和力增加，一般认为在较高 pH 值时，有利于活性组分对发干的渗透作用，所以喜欢选用较高的 pH 值。因而 pH 值选择取决于头发损伤的程度和不同头发类型的需要。如果只需要轻度护理，将 pH 值调节至 4～5，对于较严重受损的头发，倾向将 pH 值调节至 6～7。护发素配方实例如表 4-12 所示。

表 4-12 护发素配方实例

原料名称	质量分数/%	作用
鲸蜡硬脂醇	5.0	赋脂剂
PPG-3 辛基醚	1.0	发丝调理剂（光亮剂）
肉豆蔻酸异丙酯	1.0	赋脂剂
棕榈酸乙基己酯	1.0	赋脂剂
维生素 E 醋酸酯	0.1	抗氧化剂
二十二烷基三甲基氯化铵	2.0	调理剂
鲸蜡硬脂醇聚醚-6	0.5	乳化剂
聚季铵盐-22	0.5	调理剂
甘油	3.0	保湿剂
EDTA-2Na	0.1	螯合剂
去离子水	加至 100	溶剂
防腐剂	适量	防腐剂
香精	适量	赋香剂

3．护发素的生产工艺

护发素生产工艺与一般乳液或膏霜生产工艺相似（如图 4-3 所示）。

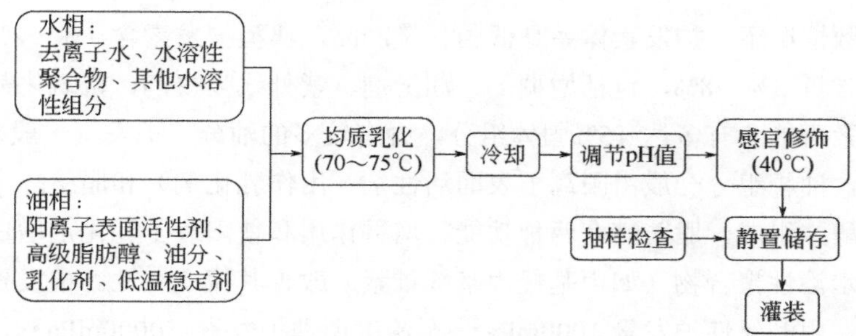

图 4-3　护发素生产工艺流程图

三、护发油

1．发油主要原料

护发油剂的配方主要由基础油脂体系、功效体系和抗氧化体系三部分组成。基础油脂体系赋予产品的使用感，主要原料为合成油脂、植物油及矿物油，往往用两种或更多的油脂复合使用，以增加产品的润滑性和黏附性。植物油能被头发吸收，但润滑性不如矿物油，且易酸败。常用的植物油有蓖麻油、橄榄油、花生油、杏仁油等。矿物油有良好的润滑性，不易酸败和变味，但不能被头发吸收。常用的矿物油、脂有白油、凡士林等。还可加入羊毛脂衍生物以及一些脂肪酸酯类等与植物油和矿物油完全相溶的原料，以改善油品性质、抗酸败和增加吸收性。此外，加入抗氧剂，如维生素 E、BHT 等以防止酸败，以及少量的油溶性香精和色素。

2．配方实例

发用功能油配方如表 4-13 所示，该护发油肤感良好，并具有调理、防晒、修复多种功效。

表 4-13　发油配方实例

原料名称	质量分数/%	原料名称	质量分数/%
DM100	10	葵花籽油	2
PMX345	60	生育酚	0.5
合成角鲨烷	10	白油	3.5
霍霍巴油	5	维生素 E 醋酸酯	3
山茶花籽油	2	水杨酸乙基己酯	3
葡萄籽油	1	香精	适量

3．发油配方工艺

发油的配制较为简单，通常在常温下，令全部油脂原料混合溶解，加入香精、抗氧剂。含有白油时，由于白油对香精的溶解度较小，可以将白油加热到 40℃左右，使香精溶解于白油中，待全部原料溶解后，静置储存，经过滤即得。

第四节 液态化妆品的质量控制关键

一、化妆水产品质量控制指标要求

化妆水的质量指标应符合我国行业标准 QB/T 2660—2004 的规定，此标准适用于补充皮肤所需水分、保护皮肤的水剂型护肤品。

1．分类

化妆水产品按形态可分为单层型和多层型两类。单层型是由均匀液体组成的、外观呈现单层液体的化妆水。多层型是以水、油、粉或功能性颗粒组成的、外观呈多层液体的化妆水。

2．要求

按照《化妆品安全技术规范》（2015 年版）的规定，化妆水的卫生标准应符合表 4-14 要求。

表 4-14 化妆水的质量控制要求（修订）

项目		要求	
		单层型	多层型
感官指标	外观	均匀液体，不含杂质	两层或多层液体
	香气	符合规定香型	
理化指标	pH 值（25℃）	4.0～8.5（直测法）（含α-羟基酸、β-羟基酸的产品除外）	
	耐热	(40±1)℃保持 24h，恢复室温后与试验前无明显性状差异	
	耐寒	(5±1)℃保持 24h，恢复室温后与试验前无明显性状差异	
	相对密度（20℃/20℃）	规定值±0.02	
微生物指标	菌落总数/(CFU/g)或(CFU/mL)	≤1000（儿童用产品≤500）	
	霉菌和酵母菌总数/(CFU/g)或(CFU/mL)	≤100	
	耐热大肠菌群/g（或 mL）	不得检出	
	金黄色葡萄球菌/g（或 mL）	不得检出	
	铜绿假单胞菌/g（或 mL）	不得检出	
有毒物质限量	铅/(mg/kg)	≤10	
	汞/(mg/kg)	≤1	
	砷/(mg/kg)	≤2	
	镉/(mg/kg)	≤5	
	甲醇/(mg/kg)	≤2000（不含乙醇、异丙醇的化妆水不测甲醇）	

二、化妆水产品可能出现的问题及解决方式

1．化妆水产品中出现浑浊、絮状物、分层

化妆水类产品在货架期，由于储存条件及使用方法不同等可能在使用过程中出现浑浊及絮状物，严重者甚至导致分层，其原因可能是原料未充分溶解、配方设计存在缺陷、原料中混有水体系不溶物、配方原料之间发生化学反应、无机盐含量过高、微生物污染、低温下出现浑浊等。解决此类问题主要考虑复配物溶解性。特别是化妆水类制品，根据加入原料特性，还需加入增溶剂（表面活性剂），如加入水不溶性成分过多，增溶剂选择不当或用量不足，也会导致浑浊和沉淀现象发生。所以合理的配方设计、水不溶性成分及增稠剂用量、生产中严格按配方配料、低温过滤等环节都很重要，同时应严格对原料来源及质量控制的要求。

2．液体变色、变味

化妆水、香水、洗发水等在货架期之内由于油脂类成分的氧化、香精及活性成分不稳定等，容易出现变色变味的现象。解决此类问题的途径包括：控制生产温度从而防止油脂类成分的氧化变质，依据配方体系中含有的活性成分及不稳定成分的量调整抗氧化剂及防腐剂的使用量，配方体系中适当加入护色剂、紫外线吸收剂，包装设计注意避免产品与强光和空气接触，产品放置于阴凉通风处。此外，对于香水、化妆水类产品，由于在制品中使用酒精，因此，酒精质量的好坏直接影响产品的质量，所用酒精应经过适当的加工处理，以除去杂醇油和醛类等杂质。

3．黏度变化异常

在洗发水的生产过程中，配方中的增稠剂和氯化钠对稠度影响显著，应注意增稠剂和氯化钠的使用量。在配方中可以加入适量的黏度稳定剂，黏度稳定剂通常情况下具有高温增黏、低温降黏的作用。

4．刺激皮肤

液态类化妆品与其他类型化妆品在特殊情况下，同样可能存在刺激皮肤的风险，通常的原因有：使用原料不纯，含有刺激皮肤的有害物质；pH值过大或过小，都可能刺激皮肤；香精或防腐剂等配方组分引起皮肤刺激。应注意选用刺激性低的香料和纯净的原料，加强原料及成品质量检验。对新原料的选用，更要慎重，要事先做各种安全性试验，通过风险评估后方可使用。

5．菌落总数超标

导致菌落总数超标的原因主要包括：容器微生物污染，容器储存不当或预处理时，消毒不彻底，导致产品微生物污染；原料被污染或水质差，水中含有微生物；环境卫生和周围环境条件，制造设备、容器、工具不卫生，场地周围环境不良，附

近的工厂产生尘埃、烟灰或距离水沟、厕所较近等。解决方法为古龙水、花露水、化妆水等制品除加入酒精外，为降低成本，还加有部分水，要求采用新鲜蒸馏水或经灭菌处理的去离子水，不允许有微生物或铜离子、铁离子等金属离子存在。铜离子、铁离子等金属离子对不饱和芳香物质有催化氧化作用，导致产品变色、变味；微生物虽会被酒精杀灭而沉淀，但会产生令人不愉快的气味而损害制品的气味，因此应严格控制水质，避免上述不良现象的发生。

三、护发素产品质量控制指标要求

护发素产品质量控制指标要求应符合我国行业标准《QB/T 1975—2013》规定，该标准是对 QB/T 1975—2004《护发素》和 QB/T 2835—2006《免洗护发素》的合并修订，该标准适用于由抗静电剂、柔软剂和各种护发剂等原料配制而成，用于保护头发、使头发有光泽，易于梳理的乳液状或膏霜状护发产品。

1．分类

根据配方组成和使用方式的不同，护发素可分为漂洗型护发素和免洗型护发素。

2．要求

按照《化妆品安全技术规范（2015 年版）》的规定，护发素卫生标准应符合表 4-15 要求。

表 4-15 护发素的质量控制要求

项目		要求	
		漂洗型护发素	免洗型护发素
感官指标	外观	均匀、无异物（添加不溶性颗粒或不溶粉末的产品除外）	
	色泽	符合规定色泽	
	香气	符合规定香型	
理化指标	pH 值(25℃)	3.0～7.0（不在此范围内的按照企业标准执行）	3.5～8.0
	耐热	(40±1)℃保持 24h，恢复室温后无分层现象	
	耐寒	(−8±2)℃保持 24h，恢复室温后无分层现象	
	总固体含量/%	≥4.0	—
微生物指标	菌落总数/(CFU/g)或(CFU/mL)	≤1000（儿童用产品≤500）	
	霉菌和酵母菌总数/(CFU/g)或(CFU/mL)	≤100	
	耐热大肠菌群/g 或 mL	不得检出	
	金黄色葡萄球菌/g 或 mL	不得检出	
	铜绿假单胞菌/g 或 mL	不得检出	

续表

项目		要求	
		漂洗型护发素	免洗型护发素
有毒物质限量	铅/(mg/kg)	≤10	
	汞/(mg/kg)	≤1	
	砷/(mg/kg)	≤2	
	镉/(mg/kg)	≤5	
	甲醇/(mg/kg)	—	≤2000［乙醇、异丙醇含量之和不小于10%（质量分数）的产品应测甲醇］

第五节 液态化妆品的生产设备

一、混合设备

由于是液体简单混合，对设备要求程度不高。设备材质为不锈钢，搅拌桨叶为螺旋推进式，电机和开关等电器设备均需有较好的防燃防爆措施。

二、过滤设备

过滤效率直接影响产品的澄清度。工业上应用的过滤设备称为过滤机，过滤机的类型很多。香水、花露水的过滤一般采用加压过滤比较好。板框式压滤机是应用较广泛的过滤机，具有立式和卧式两种。另外，还有叶片式压滤机、筒式精密过滤器。现主要介绍板框式压滤机，如图4-4所示。

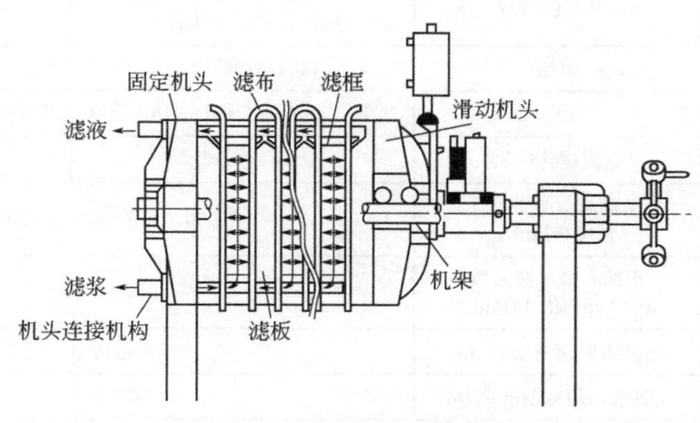

图4-4　板框式压滤机

板框式压滤机由许多顺序交替的滤板和滤框构成。滤板和滤框支承在压滤机机座的两个平行的横梁上，可用压紧装置压紧或拉开，每块滤板与滤框之间夹有过滤介质（滤布或滤纸等）。压滤机的滤板表面周边平滑，而在中间部分有沟槽，滤板的沟槽部和下部通道连通，通道的末端有旋塞用以排放滤液。滤板的上边缘有三个孔，中间孔通过悬浮液，旁边的孔通过清洗用的洗涤液。滤板上包有滤布，滤布上应开有孔，并要与滤板上的孔相吻合。

滤框位于两滤板之间，三者形成一个滤渣室，被滤布、滤纸等阻挡的固体粒子就沉积在滤框侧的滤布上。滤框上有同滤板相吻合的孔，当滤板与滤框装配在一起时，就形成输送液体的三条通道。

过滤过程是悬浮液滤浆在规定的压强下由泵送入过滤机，沿各滤框上的垂直通道进入滤框，滤液受压分别穿过两侧滤布再沿滤板的沟槽流出，滤液由出口排出，固体则被截留于框内，当滤渣充满框后，则停止进行过滤。之后可打开压滤机取出滤渣，清洗滤布，整理滤板、滤框，以便进行下一次过滤。

板框式压滤机的优点是过滤机占地面积小、推动力大、易于检查过滤机的操作、没有运动部分、操作简单、使用可靠。其缺点是滤板、滤框装拆用人工进行，劳动强度大；滤渣洗涤不彻底；由于经常拆卸和在压力下操作，滤布磨损严重。另外，板框式压滤机是间歇操作，效率较低。板框式压滤机适用于较黏的悬浮颗粒，温度在 100℃以上和过滤压力大于 0.1MPa 的情况。

三、液体灌装设备

化妆品中的液体充填主要用于各种水类、油类产品。在化妆品充填中常采用置力掺和真空法。

1．定量杯充填机

这是一种采用较广的设备，如图 4-5 所示。充填的工作过程：在充填器下面没有灌装瓶时，定量杯由于弹簧的作用而下降，浸没在储液相中，则定量杯内充满液体。当瓶子进入充填器下面后，瓶子向上升起，上升机构用凸轮或压缩气缸均可，此时，瓶口被送进喇叭口内，压缩弹簧，使定量杯上升超出液面。这时杯内的液体通过容量调节到阀体的环形槽内，由于进液管的上下两段是隔开的，在下段管子上的小孔进入阀体的环形槽内，液体方可进入进液管的下段流入瓶内，液内的空气则从喇叭口上的排气孔逸出。

通过调节容量调节管的高低来调节定量杯内流出液体的多少。

2．真空充填器

真空充填器的结构比较简单，如图 4-6 所示。当瓶口与密封填料 4 接触密封后，瓶内的空气通过真空吸管 5 从真空接管 2 内抽出，瓶内减压，液体在大气压力的作用下，通过液体接管 3 进入瓶内。当瓶口的密封被破坏后，液体就自动停止流入瓶内。瓶内液面的灌装高度，可由真空吸入管的长度调节控制。多余的液体可通过真空吸管流入中间容器内回收。

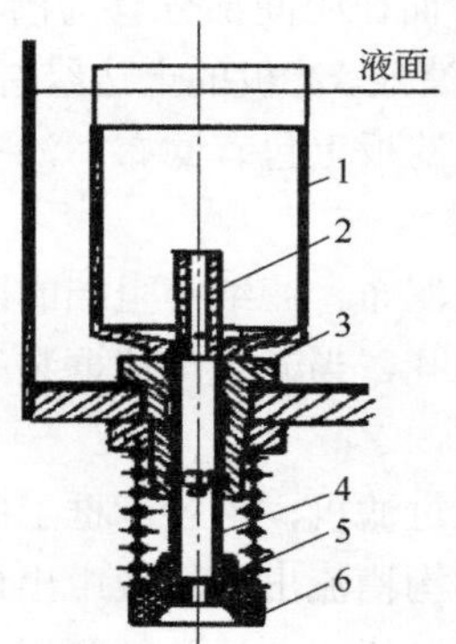

图 4-5　定量杯式灌装机

1—定量杯；2—调节器；3—缸体；
4—进样管；5—弹簧；6—喇叭头

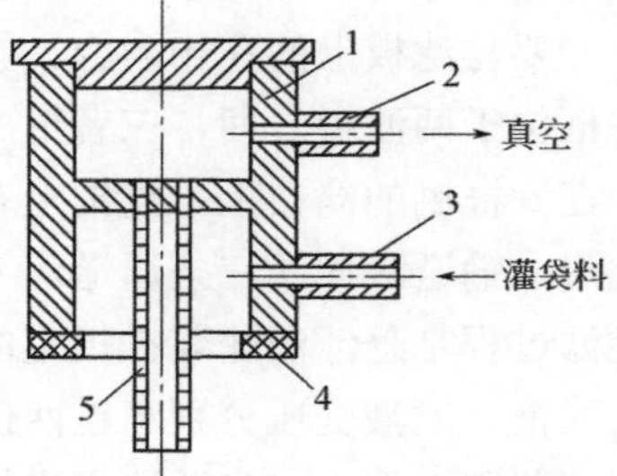

图 4-6　真空充填器

1—壳体；2—真空接管；3—液体接管；
4—密封填料；5—真空吸管

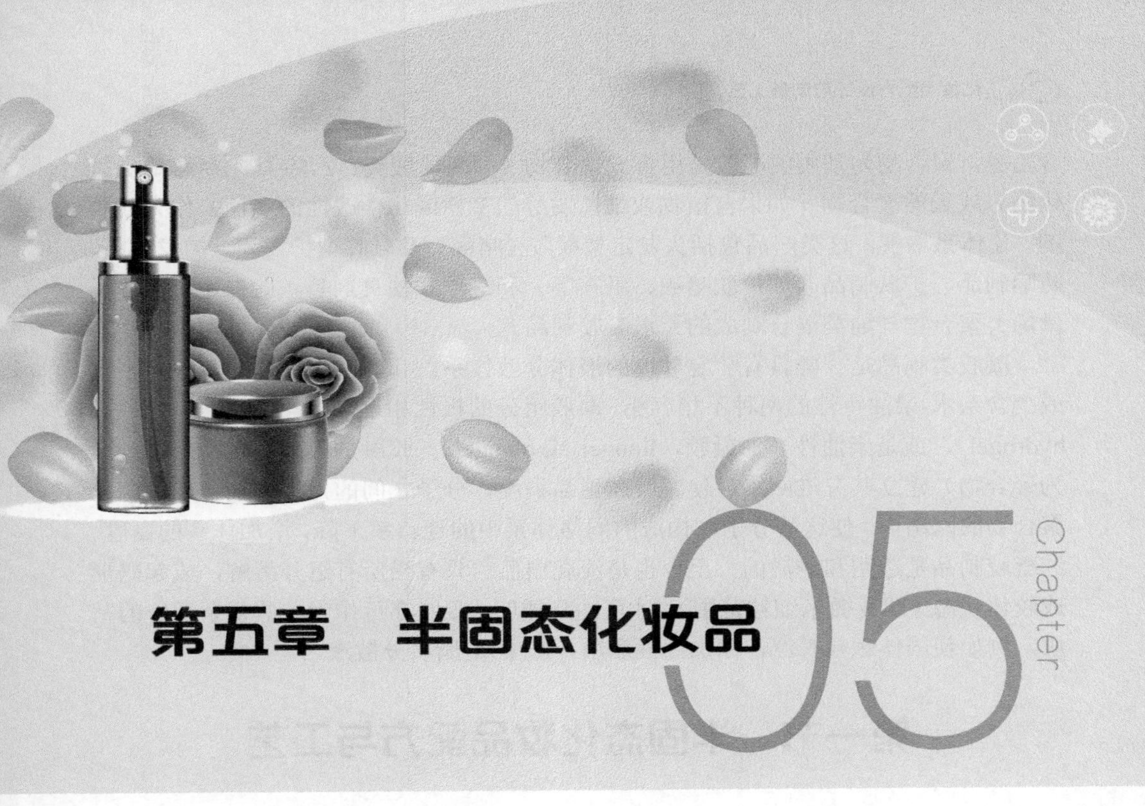

第五章 半固态化妆品

半固态化妆品是指非乳化的凝胶类产品。凝胶类化妆品是一种外观为透明或半透明的半固体的胶冻状物质，如护肤凝胶、啫喱面膜、洁面啫喱、护发啫喱和染发啫喱等，其可能是一种稠厚可倾倒的凝胶至软固态棒状物质。把凝胶性产品可改性成为具有剪切变稀流变特性的非牛顿流体，有较高的塑变值，假塑性流体和塑性流体在剪切应力超过塑变值后，其黏度随剪切速度升高而下降，最后趋于某一平衡值。在静止时是稠厚的凝胶，当由软管挤出，或泵出时，并且涂抹分散时，产品失去原有的黏度，这是由于产品从软管挤出和手按泵泵出时，剪切速度约为 $100s^{-1}$，涂抹时剪切速度为 1000～$10000s^{-1}$。要求产品具有较高的塑变值，即在静止时，黏度较高，可悬浮不溶性组分，具有良好的触变性，易于涂抹分散，呈透明或半透明外观。按照凝胶类产品的基质体系可分为两大类：聚合物基质和表面活性剂基质凝胶。

表面活性剂为基质的凝胶可看作微乳凝胶（microemulsion gel），在这类凝胶中，表面活性剂浓度很高，具有表面活性剂缔合结构，或黏液晶结构。表面活性剂缔合结构存在产生高黏度，这种表面活性剂缔合结构可使油类在水相中稳定地分散，并使其成为透明或半透明溶液，油的含量可高达约 30%，表面活性剂含量一般很高，经常是大于或等于油的含量。当已充装凝胶的容器被拍打时，能感觉到这类凝胶的振动作用（有时可以隐约听到），所以这类凝胶亦称为回响凝胶（ringing gel），这类凝胶主要用于护发和洁肤类化妆品。

大多数凝胶类化妆品是以水溶性聚合物为基质的体系，有时为了增加透明度可含乙醇，聚合物为基质的凝胶是用合成聚合物（如丙烯酸类、乙烯类、烯类/烯类氧化物）或天然聚合物（如来自植物或细菌发酵的多糖或化学改性的多糖）作为凝胶剂，使体系增稠，这类产品包括头发定型凝胶（啫喱）及凝胶型护发素、护发制品、防晒制品、护肤制品（如护肤啫喱、眼霜等）和滚球式祛臭剂等。此外还有高分子量烯类聚合物与油类混合制成的无水凝胶制品。

凝胶类制品是一类具有一定黏度的液体分散体系。和乳液相反，凝胶一般不含或少含亲水-亲油特性的两种不相容相，凝胶组分的极性相近，或是亲水性（水凝胶，hydrogel），或是亲油性（油凝胶，lipogel 或 oleogel）。胶凝剂（或称增稠剂，一般为聚合物）建立其三维网络，使凝胶产生黏稠度，分子之间的力将溶剂分子结合在聚合物的网络内，使这些分子在构成的网络体系中的迁移率下降，增加体系的黏度。纯凝胶制品是透明和清澈的，至少也是淡乳白色。只有当所有组分溶解，或起码形成胶体状态（即亚微米细粒范围），才可达到透明。凝胶亦可作为一些复杂配方的基质，例如使固体颗粒悬浮，添加油性脂质，产生水-脂质分散液。

第一节　半固态化妆品配方与工艺

一、半固态化妆品组成及分类

凝胶的内部结构可以看作是胶体质点或高聚物分子相互联结，搭构起类似骨架的空间网状结构。当外界温度改变（或加入非溶剂）时，溶胶或高分子溶液中的大分子溶解度减小时，分子彼此靠近，而大分子链很长，在彼此接近时，一个大分子与另一个大分子间同时在多处结合，形成空间网络结构。在这个网状结构的孔隙中填满了分散介质（水、油等液体或气体），且介质在体系内不能自由行动，形成凝胶体系。因此，高分子溶液的胶凝通常是通过改变温度或加入非溶剂实现的。高分子物质的大分子形状的不对称是产生凝胶的内在原因，因此，护肤凝胶组分中的胶凝剂主要为水溶性高分子化合物，如聚甲基丙烯酸甘油酯类、丙烯酸聚合物（Carbopol 940、941 等）及其他丙烯酸衍生物（如 Sepigel 305）和卡拉胶（又称角叉胶）等。凝胶的产生还需要高分子溶液有足够的浓度，而高分子溶液中电解质的存在可以引起或抑制胶凝作用。

胶凝剂的选择及其与配方中其他成分的配伍是配方设计成功的关键，胶凝剂的离子特性不同，有阴离子型、阳离子型和两性型，如果与其他原料配伍不当，会使产品慢慢出现浑浊，或立即沉淀和凝聚等，常见的胶凝剂包括如下类型：

① 天然水溶性聚合物　海藻胶、瓜尔胶、黄原胶、琼脂和果胶等。

② 改性天然水溶性聚合物　海藻酸酯、角叉（菜）酸酯、羟丙基瓜尔胶、羟乙基纤维素、羟丙基纤维素等。

③ 合成水溶性聚合物 聚丙烯酸树脂（如卡波姆系列产品）、聚氧乙烯和聚丙乙烯嵌段的共聚物（Polyoxamer 331）和辛基丙烯酰胺/丙烯酸酯/丁基乙醇胺甲基丙烯酸酯共聚物等。

④ 无机胶凝剂 硅酸铝镁（Veegum 系列）和硅酸锂镁（Laponite 系列）。

水溶性聚合物，特别是天然水溶性聚合物较易被细菌沾污，使用前必须杀菌消毒，较好的杀菌方法为利用钴-60 进行辐射灭菌（注意剂量），现今，市售化妆品级水溶性聚合物的微生物纯度已达到小于 10CFU/g,可直接使用。

半固体化妆品按照配方组成可分为无水凝胶体系、水或水-醇凝胶体系、透明乳液体系等类型。

无水凝胶主要由白矿油或其他油类和非水胶凝剂所组成。非水胶凝剂包括金属硬脂酸皂（Al、Ca、Li、Mg、Zn）、三聚羟基硬脂酸铝、聚氧乙烯羊毛脂、硅胶、发烟硅胶、膨润土和聚酰胺树脂等。无水凝胶产品充装在广口瓶或软管内，这类产品的优点是有很好的光泽，其缺点是油腻和较黏，现今已较少使用，主要用于无水型油膏、按摩膏和卫生间用香膏等。

水或水-醇凝胶产品主要使用水溶性聚合物作为胶凝剂，可用作各类产品的基质，由于具有诱人的外观、较广范围的可调性，加之原料来源广泛、加工工艺简单，这类产品在近年来成为较为流行的一类凝胶型的化妆品。

透明乳液主要是由油、水和复合乳化剂组成的微乳液体系，呈透明状，与一般乳液相比，透明乳液是利用加溶作用使油相形成很小的油滴分散于水相中，一般认为其比通常的乳液更易被皮肤吸收，因此颇受欢迎。

二、半固态化妆品配方组成及生产工艺

半固体化妆品的配方组成如表 5-1、表 5-2 所示，生产工艺如图 5-1 所示。

表 5-1 水或水-醇型护肤凝胶的配方组成

组分	主要功能	代表性原料	质量分数/%
去离子水	溶解介质、补充角质层水分	去离子水	60～90
醇类	清凉、杀菌、溶解其他成分	乙醇、异丙醇	0～5
胶凝剂	形成凝胶、保湿，使产品稳定	水溶性聚合物如聚丙烯酸树脂（Carbopol® Ultrez 20 等）、羟乙基纤维素等	0.3～2
保湿剂	皮肤角质层的保湿，改善使用感、溶解作用	甘油、丙二醇、1,3-丁二醇、聚乙二醇、山梨醇、糖类、氨基酸、吡咯烷酮羧酸钠	3～10
润肤剂	润湿、保湿、改善使用感	燕麦β-葡聚糖、银耳多糖、麦冬多糖	1～5
碱类	调节 pH 值、软化角质	三乙醇胺、氢氧化钠	适量
增溶剂	使香精和酯类加溶	HLB 值高的表面活性剂，如 PEG-40、蓖麻油、壬基酚醚-10、油醇醚-20	0.5～2.5

表 5-2 透明乳液配方组成

组分	主要功能	代表性原料	质量分数/%
去离子水	溶解介质、补充角质层水分	去离子水	5～70
油性原料	滋润、保湿、改善使用感	白油、精制天然油、棕榈酸异丙酯、肉豆蔻酸异丙酯、辛酸/癸酸甘油三酯、油酸癸酯、亚油酸异丙酯、异十六醇、己二酸二异丙酯、马来化豆油、异硬脂基新戊酸酯等	5～25
乳化剂	乳化、生成微乳液	油醇醚-2～20、肉桂醇醚-4～23、椰油醇醚-2～20、十六醇醚-2～20、硬脂醇醚-2～30、脂肪醇聚氧乙烯醚磷酸单酯或双酯、聚氧乙烯醚羊毛脂衍生物	10～25
偶合剂	使乳液透明、稳定乳液	羊毛醇、聚甘油酯类、2-乙基-1,3-己二醇、聚乙二醇 600 或 1500、丙二醇、1,3-丁二醇	2.5～6
防腐剂	抑制微生物生长	对羟基苯基酸甲酯或丙酯、咪唑烷基脲、甲基异噻唑啉酮	适量
香精	赋香	各种化妆品香精	适量
营养剂	护理皮肤	维生素 E、氨基酸衍生物等	适量

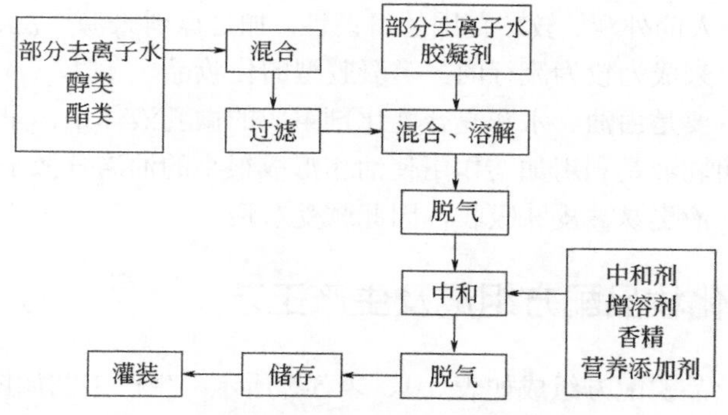

图 5-1 水或水-醇型护肤凝胶的制备工艺

配制良好的凝胶制品的关键是使胶凝剂在液体介质中充分地分散和溶胀，形成凝胶液。有些胶凝剂树脂是经过表面预处理的，撒入水中很容易分散；有些胶凝剂树脂（如 Carbopol 940 等）投入极性溶剂水中容易结块，这时混合时间决定块状物的溶解度。为避免过分冗长的混合周期，必须采取一定方法避免结块，在快速搅拌的情况下，将树脂缓慢地直接撒入溶液的漩涡面上，可得到最佳效果，在配制大批料时，在粗目筛内放几粒卵石，通过筛子很快地撒粉。也可利用专门喷射器添加树脂，高速剪切和均质一般能极快地将树脂分散，但使用时应加注意，因为它们会破坏聚合物而造成永久性黏度损失，一旦树脂被充分分散和溶胀，应减慢搅拌速度，排除液面漩涡，以减少空气的夹带。在中和增稠前可进行脱气，在中和过程中需控制搅拌速度和搅拌桨的位置，尽量避免空气夹带，如果黏度不够高，还可以再进行脱气（静置或抽真空）。

混合树脂的最佳方法之一是先在不溶介质内预先混合，然后将分散体加入水相中继续分散和溶胀。也可添加 0.05%的阴离子或非离子润湿剂（如磺基琥珀酸二辛酯钠盐）实现很快分散。升高温度也可加快树脂的溶胀，有些树脂需要温热（50～60℃）使其充分溶胀，但一般不宜长时间加热。

三、芦荟胶配方组成及生产工艺

半固态化妆品芦荟胶的配方举例如表 5-3 所示，生产工艺流程如图 5-2 所示。

表 5-3 水型护肤凝胶配方举例——芦荟胶

组相	原料名称	INCI 名称	用量/%	原料作用
A 相	Carbopol®Ultrez 20	丙烯酸（酯）类/C_{10}～C_{30}烷醇丙烯酸酯交联聚合物	0.90	增稠剂
B 相	去离子水	去离子水	加至 100	溶剂
	EDTA-2Na	EDTA-2Na	0.05	螯合剂
	芦荟粉	库拉索芦荟（*ALOE BARBADENSIS*）叶汁粉	0.50	主要功效成分
	海藻糖	海藻糖	3.00	辅助功效成分保湿剂
	丁二醇	丁二醇	2.00	辅助功效成分保湿剂
	甘油	甘油	4.00	辅助功效成分保湿剂
	泛醇	维生素原 B_5	0.20	辅助功效成分保湿剂
	尿囊素	尿囊素	0.15	辅助功效成分修复
C 相	10%NaOH	氢氧化钠	1.80	pH 值调节剂
D 相	Microcare® MTI	甲基异噻唑啉酮/碘丙炔醇丁基氨甲酸酯	0.15	防腐剂

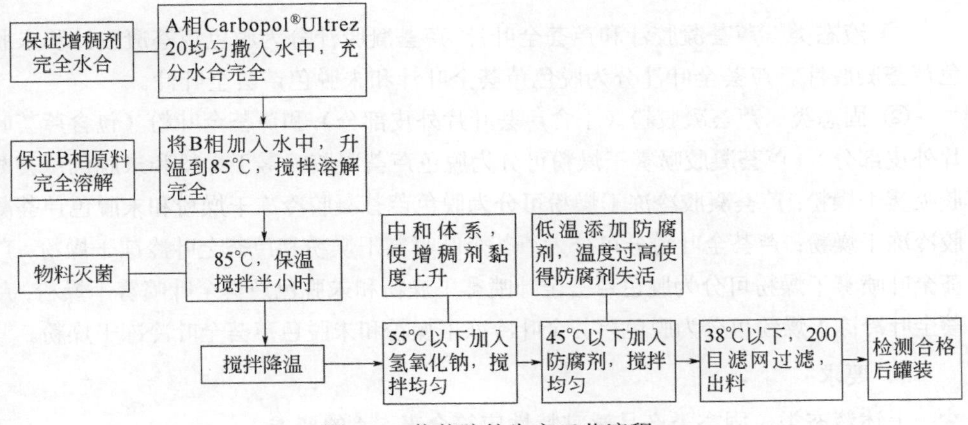

图 5-2 芦荟胶的生产工艺流程

第二节　半固态化妆品的质量控制

一、化妆品用芦荟汁、粉质量控制

化妆品用芦荟汁、粉的质量指标应符合标准《化妆品用芦荟汁、粉》(QB/T 2488—2006）的要求。此标准适用于以芦荟为原料，经清洗、榨汁、杀菌等工序制成的芦荟汁、粉。

1．定义

（1）芦荟凝胶汁　芦荟叶片经清洗、去皮、榨汁、过滤、浓缩、杀菌等工序加工制得的液状产品。

（2）芦荟凝胶粉　芦荟叶片经清洗、去皮、榨汁、过滤、浓缩、杀菌等工序加工制得的粉状产品。包括芦荟凝胶喷雾和芦荟凝胶冷冻干燥粉。

（3）芦荟全叶粉　芦荟叶片经清洗、榨汁、过滤、浓缩、干燥、杀菌等工序加工制得的粉状产品。包括芦荟全叶喷雾干燥粉和芦荟全叶冷冻干燥粉。

（4）芦荟全叶汁　芦荟叶片经清洗、榨汁、过滤、杀菌等工序加工制得的液状产品。

（5）脱色芦荟汁　经脱色处理的芦荟凝胶汁或芦荟全叶汁。

（6）脱色芦荟粉　经脱色处理的芦荟凝胶汁或芦荟全叶汁经干燥得到的粉状产品。

（7）喷雾干燥粉　芦荟凝胶汁或芦荟全叶汁经喷雾干燥得到的粉状产品。

（8）冷冻干燥粉　芦荟凝胶汁或芦荟全叶汁经冷冻干燥得到的粉状产品。

2．分类

① 液态类　芦荟凝胶汁和芦荟全叶汁。芦荟凝胶汁分为脱色芦荟凝胶汁和未脱色芦荟凝胶汁。芦荟全叶汁分为脱色芦荟全叶汁和未脱色芦荟全叶汁。

② 固态类　芦荟凝胶粉（不含芦荟叶片外皮部分）和芦荟全叶粉（包含芦荟叶片外皮部分）。芦荟凝胶喷雾干燥粉可分为脱色芦荟凝胶喷雾干燥粉和未脱色芦荟凝胶喷雾干燥粉；芦荟凝胶冷冻干燥粉可分为脱色芦荟凝胶冷冻干燥粉和未脱色芦荟凝胶冷冻干燥粉；芦荟全叶粉分可分为芦荟全叶喷雾干燥粉和芦荟全叶冷冻干燥粉；芦荟全叶喷雾干燥粉可分为脱色芦荟全叶喷雾干燥粉和未脱色芦荟全叶喷雾干燥粉；芦荟全叶冷冻干燥粉可分为脱色芦荟全叶冷冻干燥粉和未脱色芦荟全叶冷冻干燥粉。

3．要求

上述液态类、固态类产品感官特性应符合表5-4的要求。

表 5-4 芦荟汁、粉的质量控制要求

项目	指标			
	芦荟凝胶汁		芦荟全叶汁	
	未脱色	脱色	未脱色	脱色
外观	呈黄色至有微量沉淀的琥珀色液体	呈无色透明至有微量沉淀的淡黄色液体	呈黄绿色至有微量沉淀的琥珀色液体	呈无色透明至有微量沉淀的淡黄色液体
气味	具有芦荟植物味，无异味（以可溶性固形物为0.5%计）			
色泽稳定性	暴露在紫外灯下照射6h，应不变色或轻微变色（以可溶性固形物为0.5%计）			
项目	芦荟全叶喷雾干燥粉		芦荟全叶冷冻干燥粉	
	未脱色	脱色	未脱色	脱色
外观	淡黄色至棕色粉末	灰白色至浅黄色粉末	淡黄色至棕色粉末	灰白色至浅黄色粉末
气味	具有芦荟植物味，无异味（以1%水溶液计）			
色泽稳定性	暴露在紫外灯下照射6h，应不变色或轻微变色（以1%水溶液计）			
项目	芦荟凝胶喷雾干燥粉		芦荟凝胶冷冻干燥粉	
	未脱色	脱色	未脱色	脱色
外观	棕色粉末	白色至灰白色粉末	棕色粉末	白色至灰白色粉末
气味	具有芦荟植物味，无异味（以1%水溶液计）			
色泽稳定性	具有芦荟植物味，无异味（以1%水溶液计）			
项目	芦荟凝胶汁		芦荟全叶汁	
	未脱色	脱色	未脱色	脱色
可溶性固形物/% ≥	0.5		1.0	
多糖/(mg/L) ≥	4.00×10^2		6.0×10^2	
相对密度	1.000～2.000			
O-乙酰基/(mg/L) ≥	3.75×10^2		5.0×10^2	

以下指标均以复水到0.5%（凝胶汁）或1.0%（全叶汁）的可溶性固形物时测定为准

项目	指标			
	芦荟凝胶汁		芦荟全叶汁	
	未脱色	脱色	未脱色	脱色
吸光度(400nm) ≤	0.70	0.20	2.50	0.30
pH值	3.5～5.0			
钙/(mg/L)	9.82×10～4.48×10^2		4.48×10^2～1.02×10^3	
镁/(mg/L)	2.34×10～1.18×10^2		3.30×10～2.30×10^2	
芦荟苷/(mg/L) ≤	5.00×10	1.00×10	5.00×10^2	1.00×10
项目	芦荟全叶喷雾干燥粉		芦荟全叶冷冻干燥粉	
	未脱色	脱色	未脱色	脱色
多糖/(mg/L) ≥	6.00×10^4			
钙/(mg/L)	4.48×10^4～1.02×10^5			
镁/(mg/L)	3.30×10^3～2.30×10^4			

续表

项目	指标			
	芦荟凝胶汁		芦荟全叶汁	
	未脱色	脱色	未脱色	脱色
水分/% ≤	8.00		5.00	
芦荟苷/(mg/kg) ≤	5.00×10^4	8.00×10^2	5.00×10^4	8.00×10^2
O-乙酰基/(mg/L) ≥	5.00×10^4			
以下指标均以1%水溶液时测定为准				
吸光度(400nm) ≤	0.50	0.20	0.50	0.20
pH值	3.5～5.0			
项目	液体制品		固态制品	
汞/(mg/L)或(mg/kg) ≤	9		9	
铅/(mg/L)或(mg/kg) ≤	10		10	
砷/(mg/L)或(mg/kg) ≤	10		20	
菌落总数/(CFU/mL或CFU/g) ≤	500		1000	
耐热大肠菌群/mL或g	不得检出			
金黄色葡萄球菌/mL或g	不得检出			
铜绿假单胞菌/mL或g	不得检出			

二、护肤啫喱质量控制

符合我国行业标准QB/T 2874—2007规定，此标准适用于以护理人体为主要目的的护肤啫喱，其配方中主要使用高分子聚合物为凝胶剂。

1．定义

护肤啫喱是以护理人体皮肤为主要目的的凝胶状产品。

2．技术要求

按照《化妆品安全技术规范》（2015年版）的规定，护肤啫喱的感官、理化、卫生指标应符合表5-5的要求。

表5-5 护肤啫喱的质量控制要求

项目		要求
感官指标	外观	透明或半透明凝胶状，无异物（允许添加起护肤作用或美化作用的粒子）
	香气	符合规定香气
理化指标	pH值	3.5～8.5
	耐热	(40±1)℃保持24h，恢复至室温后与试验前后无明显差异
	耐寒	−5～−10℃保持24h，恢复至室温后与试验前后无明显差异

续表

<table>
<tr><th colspan="2">项目</th><th>要求</th></tr>
<tr><td rowspan="5">微生物指标</td><td>菌落总数/(CFU/g)</td><td>其他化妆品≤1000，眼、唇部、儿童用产品≤500</td></tr>
<tr><td>霉菌和酵母菌总数/(CFU/g)或(CFU/mL)</td><td>≤100</td></tr>
<tr><td>耐热大肠菌群</td><td>不得检出</td></tr>
<tr><td>金黄色葡萄球菌</td><td>不得检出</td></tr>
<tr><td>铜绿假单胞菌</td><td>不得检出</td></tr>
<tr><td rowspan="5">有毒物质限量</td><td>铅/(mg/kg)</td><td>≤10</td></tr>
<tr><td>汞/(mg/kg)</td><td>≤1</td></tr>
<tr><td>砷/(mg/kg)</td><td>≤2</td></tr>
<tr><td>镉/(mg/kg)</td><td>≤5</td></tr>
<tr><td>甲醇/(mg/kg)</td><td>≤2000
（乙醇、异丙醇之和≥10%时需测甲醇）</td></tr>
</table>

三、芦荟胶生产技术关键

芦荟胶生产过程中常见问题的原因及处理措施如下。

1．料体外观粗糙不细腻或有疙瘩状物

（1）增稠剂水合不完全　增稠剂需要按照厂家介绍的工艺方法操作，与水充分水合。具体到 Carbopol® Ultrez 20 需要和水先水合完全后再中和增稠，如图 5-3、图 5-4 所示。

图 5-3　将 Carbopol® Ultrez 20 撒入水中后的状态

图 5-4　Carbopol® Ultrez 20 完全水合后的状态

（2）料体中和后搅拌不充分　体系中和后，体系稠度上升，需要充分搅拌使体系均一、细腻。

（3）部分固体原料没有在水中溶解完全　注意工艺过程中物料状态，保证物料能够完全溶解。如工艺不合理需要调整工艺保证物料溶解完全。

2．黏度异常

（1）原料添加量不准确　原料添加量有差异尤其是增稠剂添加量差异会影响产

品黏度。确保生产原料准确按照产品配方添加量添加。

（2）pH 值不准　不同 pH 值对增稠剂最终增稠后黏度影响较大。确保产品中和后 pH 值在规定的范围内。

（3）中和后搅拌转速过大或搅拌时间过长　中和后，增稠剂稠度上升后高速或长时间剪切会对增稠剂结构造成不可逆的破坏，最终影响体系黏度。在体系稠度上升后应避免长时间高速搅拌。

（4）产品中气泡过多　体系增稠后搅拌过于剧烈会引入气泡，这些气泡非常难消除。所以体系增稠后应避免剧烈搅拌，在工业生产时可以开启真空避免气泡的引入。

3．体系变色

（1）高温使部分原料变色　长时间高温可能会使有些原料变色。遇到有高温变色的原料需要调整工艺，在低温后添加该原料。

（2）pH 值引起变色　有些原料不耐受 pH 值变化会引起变色问题。在体系用氢氧化钠中和时可能会出现体系中局部 pH 值过高，从而导致原料变色。中和时需要尽量缓慢地加入氢氧化钠，同时搅拌使体系快速均匀。另外可以将不耐受 pH 值变化的原料在中和后加入体系。

4．体系透明度异常

（1）原料是否加入正确　检查原料是否按照配方添加。

（2）pH 值引起　当 pH 值没有调整到规定范围时可能会出现浑浊现象。调整体系 pH 值到规定范围内即可。

（3）微生物引起　有时体系受到微生物侵袭时也会出现浑浊现象。检查产品微生物指标是否异常。

5．菌落总数超标

（1）配方防腐体系是否合格　检测配方防腐体系设计是否合理。可以通过防腐挑战试验确定防腐体系能力。

（2）生产环境问题　环境卫生和周围环境条件不良（如制造设备、容器、工具不卫生；场地周围环境不良，附近的工厂产生尘埃、烟灰或距离水沟、厕所较近等）均会导致菌落总数超标，应着力改善生产环境，达标生产。

（3）原料微生物超标　原料被污染或水质差，水中含有微生物，导致最终产品微生物指标不合格。应保证原料质量及用水合格。

第六章　膏霜乳液类化妆品

Chapter 06

第一节　膏霜乳液类化妆品简介

一、膏霜乳液类化妆品定义

膏霜乳液类化妆品是利用乳化体系制成的固态或半固态化妆品。乳液和膏霜的主要成分相近，主要差别是膏霜中含有的较高熔点的固态油分及蜡类成分的含量比乳液中高。

二、膏霜乳液类化妆品分类与特点

膏霜乳液类化妆品根据使用部位一般分为：肤用膏霜乳液（乳液、膏霜、洗面奶、膏乳面膜等）、发用膏霜乳液（洗发膏、护发乳、染发膏、焗油膏、膏乳发蜡等）。

（1）肤用膏霜乳液类化妆品特点

① 保持皮肤水油平衡　形成透气的油脂膜保护皮肤，为皮肤补充水分，让皮肤水润滋养。

② 质地细腻、富有光泽　均质乳化后粒径微小，含有油脂赋予了产品光亮的外观。

③ 可以添加活性成分的载体　承载植物活性成分、油溶性活性成分。

④ 良好的铺展性　贴合肌肤表层，易于涂抹。

⑤ 良好的使用感觉　手感良好，膏霜易于挑出，乳液易于倾出。

（2）发用膏霜乳液类化妆品特点

① 刺激性低，使用安全。

② 在头发上铺展性好，没有黏滞感。

③ 易于梳理，无油腻感。

④ 用后头发有光泽。

⑤ 易于被水洗掉，具有令人愉悦的香气。

第二节　膏霜乳液类化妆品配方

一、膏霜乳液按基质配方分类

乳液可按基质分为O/W型、W/O型以及多重乳液，具体如表6-1所示。膏霜可按基质分为O/W型、W/O型，以及无水油型，具体如表6-2所示。

表 6-1　乳液按基质配方分类

乳液类型	乳化剂类型	油类含量范围（质量分数）/%	典型产品
O/W 型	皂类（高级脂肪酸皂）+非离子表面活性剂	3～30	润肤乳液、防晒乳液、护手乳液
	非离子表面活性剂	10～40	洁面乳、润肤乳液
	水溶性聚合物（聚合物乳化）	10～40	润肤乳液、按摩乳液
	蛋白质表面活性剂	10～40	润肤乳液
W/O 型	非离子表面活性剂	10～40	按摩乳液、润肤乳液
	有机改性黏土矿物	30～50	
多重乳液	非离子表面活性剂		W/O/W 和 O/W/O 乳液，稳定性差

表 6-2　膏霜按基质配方分类

膏霜类型	乳化剂类型	油类含量范围/%	典型产品	说明
O/W 型	高级脂肪酸皂、非离子表面活性剂	10～30	润肤霜	雪花膏（皂基，含油 10%～20%）
	皂类+非离子表面活性剂	30～50	润肤霜	通用护肤霜
	蜂蜡+硼酸+非离子表面活性剂	50～85	按摩霜、洁面霜、润肤霜	冷霜

续表

膏霜类型	乳化剂类型	油类含量范围/%	典型产品	说明
W/O型	非离子表面活性剂	20～50	润肤霜	冷霜
	有机变性黏土矿物；皂类+非离子表面活性剂	50～80	按摩霜、洁面霜、润肤霜	

二、膏霜乳液类化妆品配方

肤用膏霜乳液配方体系设计如表6-3～表6-6所示。发用膏霜乳液配方体系设计如表6-7所示。

表6-3 肤用膏霜乳液配方体系（油溶性成分）

结构成分		主要功能	代表性原料
动植物类油脂和蜡	固体类	① 固化剂提高产品稳定性； ② 赋予摇变性和触变效果； ③ 改善肤感，增强疏水膜，赋予产品光泽	蜂蜡及其衍生物、鲸蜡、小烛树蜡、十六醇、十八醇、硬脂酸、纯羊毛脂等
	半固体类	① 具有固体状油脂和液体状油脂的特性； ② 赋予皮肤柔软性、润滑性； ③ 促进皮肤功效成分吸收； ④ 形成疏水膜、润肤； ⑤ 减少摩擦，增加光泽	可可脂、牛油树脂、羊毛脂及其衍生物等
	液体类	① 赋予皮肤柔软性、润滑性； ② 促进皮肤功效成分吸收； ③ 形成疏水膜、润肤； ④ 减少摩擦，增加光泽	橄榄油、杏仁油、小麦胚芽油、山茶油、鳄梨油、角鲨烷、各种植物油溶性提取物等
矿物类蜡和油脂	固体类	① 固化剂提高产品稳定性； ② 赋予摇变性和触变效果； ③ 改善肤感，增强疏水膜，赋予产品光泽	微晶蜡、固体石蜡等
	半固体类	① 皮肤柔软性、润滑性； ② 促进皮肤功效成分吸收； ③ 形成疏水膜、润肤； ④ 减少摩擦，增加光泽	凡士林等
	液体类	① 赋予皮肤柔软性、润滑性； ② 促进皮肤功效成分吸收； ③ 形成疏水膜、润肤； ④ 减少摩擦，增加光泽	液体石蜡、支链脂肪醇、甘油三酯类

表 6-4 肤用膏霜乳液配方体系（水溶性成分）

结构成分	主要功能	代表性原料
保湿剂	① 角质层保湿； ② 改善使用感觉； ③ 溶解作用	甘油、丙二醇、丁二醇、氨基酸、吡咯烷酮羧酸钠、葡萄糖脂类、透明质酸钠、神经酰胺等
水溶性聚合物	① 助乳化剂； ② 分散和悬浮作用； ③ 增强稳定性； ④ 调节流变性	汉生胶、丙烯酸系聚合物、硅铝酸盐等
低碳醇	溶解其他成分，调节黏度	乙醇、异丙醇
去离子水	溶解介质	

表 6-5 肤用膏霜乳液配方体系（乳化剂）

结构成分		主要功能	代表性原料
乳化剂	W/O 型乳化剂（HLB 值 3～6）	W/O 型乳化剂	司盘系列乳化剂、甲基葡糖双硬脂酸酯、甲基葡糖倍半硬脂酸酯、硬脂醇醚-2、二甲基硅氧烷-聚醚共聚物等
	O/W 型乳化剂（HLB 值 8～18）	O/W 型乳化剂	吐温系列乳化剂、蔗糖硬脂酸酯、PEG10（20）甲基葡萄糖苷、鲸蜡硬脂基葡糖苷等

表 6-6 肤用膏霜乳液配方体系（其他功能添加剂）

结构成分	主要功能	代表性原料
防腐剂	抑菌，使产品对微生物稳定	羟苯甲酯、羟苯丙酯、咪唑烷基脲、甲基异噻唑啉酮、碘丙炔醇丁基氨甲酸酯、苯氧乙醇等
抗氧化剂	抑制和防止产品氧化引起的酸败	2,6-二叔丁基对甲酚（BHT）、叔丁基对羟基茴香醚(BHA)、生育酚等
螯合剂	使金属离子螯合，防止产品变色、褪色，对防腐有协同作用	EDTA-Na 盐
缓冲剂	调节产品的 pH 值（调节皮肤的 pH 值）	柠檬酸-柠檬酸钠、乳酸-乳酸钠
着色剂	赋予产品颜色	各种化妆品允许使用色素
香精和香料	产品赋香	各种化妆品用香精
活性物	赋予产品特定功能	各种营养成分及功效成分

表 6-7 发用膏霜乳液配方体系

结构成分	主要功能	代表性原料
主表面活性剂	乳化作用、抗静电作用、抑菌作用	季铵盐类阳离子表面活性剂
辅助表面活性剂	乳化作用	非离子表面活性剂
阳离子聚合物	调理作用、抗静电作用、流变性调节	季铵化的羟乙基纤维素、水解蛋白、二甲基硅氧烷、壳多糖等
基质制剂	形成稠厚基质，赋脂剂	脂肪醇、蜡类、硬脂酸酯类

续表

结构成分	主要功能	代表性原料
油分	调理剂，赋脂剂	各种植物油、乙氧基化植物油、甘油三酯、支链脂肪醇类、支链脂肪酸酯
增稠剂	调节黏度、改变流变性能	某些盐类、羟乙基纤维素、聚丙烯酸酯类
香精	赋香	酸性稳定的香精
防腐剂	抑制微生物生长	对羟基苯甲酸酯类、凯松等
螯合剂	防止钙离子、镁离子沉淀，对防腐剂有增效作用	EDTA 盐类
抗氧化剂	防止油脂类化合物氧化酸败	BHT、BHA、生育酚
着色剂和珠光剂	赋色、改善外观	酸性未定的水溶性活水散着色
酸度调节剂、稀释剂	控制和调节 pH 值，调节黏度和流变性	柠檬酸、乳酸、水、乙醇
其他活性成分	赋予各种功能，如去头屑、滋养等	ZPT、PCA-Na、泛醇等

三、典型膏霜乳液配方举例

1．雪花膏类

雪花膏类化妆品属于弱油性膏霜，油腻感较少，具有舒适爽快的使用感，其代表性产品有雪花膏、粉底霜、剃须后用膏霜等。雪花膏是一种以硬脂酸为主要油分的膏霜，由于在皮肤上似雪花状溶入皮肤而消失，故得名。雪花膏在皮肤表面形成一层薄膜，使皮肤与外界干燥空气隔离，能抑制表皮水分的蒸发，保护皮肤不致干燥、开裂或粗糙。

（1）主要原料　雪花膏的配方组成比较简单，但其原料的选择对制品影响较大。选用的原料如下。

① 硬脂酸　天然来源的硬脂酸是脂肪酸的混合物，其中含有硬脂酸 45%~49%，棕榈酸 48%～55%，油酸 0.5%。对于二级和三级硬脂酸，由于碘值高，其中含有的油酸较多，会影响制品的色泽，还会引起储存过程中的酸败，故不宜用作雪花膏的原料。一般选用一级硬脂酸作为雪花膏的油性成分。

② 碱类　用氢氧化钠、碳酸钠及硼砂等的制品稠度高，光泽性差；而用氢氧化钾、碳酸钾的制品呈软性乳膏，稠度和光泽适中。采用氢氧化钾与氢氧化钠比为 10∶1（质量比）的复合碱，制品的结构和骨架较好，且有适度光泽。

③ 多元醇　有甘油、山梨醇、丙二醇、1,3-丁二醇等，其中 1,3-丁二醇在各种空气湿度的情况下，均能保持皮肤相当的湿度。在雪花膏中分别加入同样量的丙二醇、85%的山梨醇及甘油，制品的稠度依次增大。多元醇在制品中除了对皮肤有保湿作用外，还能消除制品起“面条”现象。

④ 水　制备雪花膏用的水质与其他制品要求相同，即必须是经过紫外灯灭菌，

培养检验微生物为阴性的去离子水。

⑤ 光泽调节原料　雪花膏常具有珍珠光泽，这是由脂肪酸结晶析出所致。采用低黏度丙二醇时，极易生成珠光，而配用高碳醇和单硬脂酸甘油酯时，则能抑制这种光泽的生成。

（2）配方组成　雪花膏配方举例如表 6-8 所示。

表 6-8　雪花膏配方举例

组成	质量分数/%	作用
硬脂酸	14.0	乳化剂，赋脂
单甘酯	1.0	助乳化剂
十六醇	1.0	固体油脂
白油	2.0	液体油脂
KOH（100%）	0.5	调节 pH
防腐剂	适量	抑制微生物生长
香精	适量	赋香
去离子水	加至 100	溶剂

在设计配方时，硬脂酸的用量一般为 15%～25%；一般需把 15%～30%的硬脂酸中和成皂，如其中 25%的硬脂酸被中和成皂，其余则为游离脂肪酸；拟定配方中硬脂酸的用量是 20%，需要被碱中和的硬脂酸是 20%，则在此配方中有 4%的硬脂酸皂，有 16%的游离硬脂酸存在。如果用其他碱来中和，可以通过化学方程式的配平来计算。碱的种类较多，在选用不同碱时，用量会有差别，性能亦有差别。

由于一级硬脂酸并不是纯硬脂酸，其中含有将近一半的棕榈酸，因此，计算酸值时需要考虑。以氢氧化钾为例，其用量可用下式表示：

$$\text{KOH用量}=\frac{\text{硬脂酸用量}\times\text{被中和的百分率}\times\text{酸值}/1000}{\text{KOH纯度}}$$

例题：要配制 100kg 雪花膏，需要硬脂酸（酸值 208）14kg，硬脂酸中和成皂百分率为 15%，求配方中需要纯度为 85%的 KOH 用量。

解：KOH 用量=14×15%×208/1000÷85%=0.514kg。

2．香脂类

（1）主要原料　香脂类制品主要是指 W/O 型护肤品，又名冷霜。冷霜是一种很古老的化妆品，早在公元 150 年左右希腊人就以橄榄油、蜂蜡、水为主要成分配制成膏状产品。这种膏霜和当时保养皮肤仅用油相比，不仅能赋予皮肤以油分，还可以水分滋润皮肤。由于其中含有水分，又因当时乳化膏体不够稳定，常有水分析出，当水分挥发或因所含水分被冷却成冷雾，会赋予冷却感，故称之为冷霜，现多称之为香脂。香脂也可在其中掺入营养药剂、油脂等，广泛用于按摩或化妆前调整皮肤。使用这种膏霜进行按摩，能提高按摩效果和增强香脂的渗透性。

（2）配方组成 冷霜配方举例如表6-9所示。

表6-9 冷霜配方举例

组成	质量分数/%	作用
蜂蜡	10.0	乳化剂为蜂蜡与硼砂进行中和反应得到的钠皂
硼砂	1.0	
液体石蜡	50.0	赋脂
去离子水	加至100	溶剂
其他	余量	—

3．润肤霜类

润肤霜类制品是介于弱油性和油性之间的膏霜，油性成分含量一般为10%～70%，主要指非皂化的膏状体系，有O/W型和W/O型，现仍以O/W型膏体占主导地位。润肤霜所含的油性成分介于雪花膏和香脂之间，可在油相与水相各自范围内配制成各种油相-水相比例的适合于各种皮肤类型的制品，因此，润肤霜产品多种多样，目前绝大多数护肤膏霜都属于此类产品。润肤霜一年四季都可使用，W/O型膏体含油脂、蜡类成分较多，对皮肤有较好的滋润作用，宜于干性皮肤使用；而O/W型膏体清爽、不油腻、不刺激皮肤，宜于油性皮肤使用。

（1）主要原料 润肤霜的使用目的在于使润肤物质补充皮肤天然存在但易流失的游离脂肪酸、胆固醇和油脂，使皮肤中的水分保持平衡。经常使用润肤霜能使皮肤保持水润和健康，逐渐恢复柔软和光滑。使水分从外界补充到皮肤中去比较困难，而好的方法是防止表皮角质层水分过量损失，皮肤中的天然保湿因子（NMF）即有此功效。NMF组成多样而复杂，至今仍存在着未知成分。

润肤霜所采用的原料相当广泛，通常要加入润肤剂、调湿剂和柔软剂，如羊毛脂衍生物、高碳醇、多元醇等。最近又提出吡咯烷酮羧酸用作NMF组分之一添加于制品中。润肤霜类化妆品有润肤霜、营养霜、晚霜、婴儿霜等。若在其中添加一些营养物质、生物活性物质、药剂等，便成为具有营养和疗效性的制品。随着生活水平的提高，润肤产品的开发亦开始细分，使用部位也由单一的面部护肤产品，拓展出护手霜、护腿霜及体用产品等。也可在润肤霜配方基础上添加蜂王浆、维生素、胎盘提取液、水解珍珠粉等营养物质组成营养霜，此时产品的乳化温度一般应低于40℃。理想的润肤产品应是与皮肤中的皮脂和天然保湿因子组分相似的物质，因此润肤物质可分为油溶性和水溶性两类，分别称为润肤剂和调湿剂。在设计润肤霜配方时，要根据人类表皮角质层脂肪的组成，选用有效的润肤剂和调湿剂；还要考虑制品的乳化类型及皮肤的pH值等因素。

（2）配方组成 润肤霜配方举例见表6-10。

表 6-10 润肤霜配方举例

组成	质量分数/%	作用
蔗糖硬脂酸酯/鲸蜡硬脂基葡糖苷/鲸蜡醇	2.50	乳化剂
鲸蜡硬脂醇	3.0	固体油脂
甘油硬脂酸酯	1.00	乳化剂
液体石蜡	4.00	矿物油、保湿剂
肉豆蔻酸异丙酯	5.00	液体油脂、赋脂剂
聚二甲基硅氧烷	3.00	合成油脂
甘油	4.00	保湿剂
丁二醇	3.00	保湿剂
黄原胶	0.10	增稠剂
EDTA-2Na	0.03	螯合剂
β-葡聚糖	3.00	营养剂
去离子水	加至 100	溶剂
甲基异噻唑啉酮/碘丙炔醇丁基氨甲酸酯	0.15	防腐剂

4．护肤乳液

护肤乳液的黏度较低，在重力作用下可倾倒，多为含油量低的 O/W 型乳液，又称润肤奶液或润肤蜜。乳液化妆品的质地细腻，流动性好，易涂抹，延展性好，不油腻，使用后皮肤感觉舒适、滑爽，尤其适合夏季使用。

护肤乳液的组分与护肤膏霜的组分类似，仍是由滋润剂、保湿剂及乳化剂和其他添加剂等组成，但因乳液为流体状，故护肤乳液中的固体油相组分要比膏霜中的含量低。护肤乳液的乳化方式与膏霜相同，但乳液的稳定性较膏霜差，乳液若存放时间过久容易产生分层，因此在乳液的配方设计及制备时，需特别注意产品的稳定性。为使分散相与分散介质的密度尽量接近，在配方中常添加增稠剂，如水溶性胶质原料和水溶性高分子化合物。另外，在配制生产时，采用优质的均质乳化机，使得分散液滴较小，以提高乳液的稳定性。

随着表面活性剂工业的发展和进步，优质的乳化剂不断出现，乳化技术水平大幅度提高，乳液化妆品的稳定性问题从理论到技术已得到解决，但因影响乳液稳定性的因素较多，在实际配制和生产时，仍需要不断试验和总结，找出最佳生产工艺。

护肤乳液配方举例见表 6-11。

表 6-11 护肤乳液配方举例

组成	质量分数/%	作用
蔗糖硬脂酸酯/鲸蜡硬脂基葡糖苷/鲸蜡醇	2.50	乳化剂
鲸蜡硬脂醇	1.5	合成油脂
甘油硬脂酸酯	0.5	助乳化剂
液体石蜡	4.00	矿物油、保湿剂

续表

组成	质量分数/%	作用
肉豆蔻酸异丙酯	5.00	液体油脂、赋脂剂
聚二甲基硅氧烷	3.00	保湿剂
甘油	4.00	保湿剂
丁二醇	3.00	保湿剂
黄原胶	0.08	增稠剂
EDTA-2Na	0.03	螯合剂
去离子水	加至 100	溶剂
甲基异噻唑啉酮/碘丙炔醇丁基氨甲酸酯	0.15	防腐剂

第三节　膏霜乳液类化妆品生产工艺

一、乳化体制备技术

1．乳化方法

在乳化类化妆品的实际生产过程中，产品的稳定性、外观和物理性质与生产时的操作温度、乳化时间、加料方法和搅拌条件等操作过程中的工艺条件密切相关，所以在生产过程中，严格控制工艺条件是保证产品质量的一个重要环节。

（1）油、水混合法　通常此法是水、油两相分别在两个容器内进行升温处理，而乳化在第三个容器内进行。可将油相加入水相，也可将水相加入油相（视实际配方情况而定），然后再进行均质乳化，最后再冷却降温。整个体系变化比较复杂，据研究表明，根据选择的乳化剂和加入相不同，存在转相过程。转相过程对乳化体的粒径和稳定有很大的帮助。

（2）低能乳化法　低能乳化法简记为 LEE，由林约瑟夫研究成功。通常的乳化方法大都是将外相、内相加热到 80℃（75～90℃）左右进行乳化，然后进行搅拌、冷却，在这过程中需要消耗大量的能量。但从物理化学理论上看进行乳化并不需要这么多的能量。低能乳化法其原理与乳化一致，只是外相不全部加热，而是将外相分成 α 相和 β 相两部分，α 和 β 分别表示被分成两相的质量分数（$\alpha+\beta=1$），只是对 β 相加热，由内相和 β 外相进行乳化，制成浓缩乳状液，然后用常温的 α 外相进行稀释，最终得到乳状液。低能乳化原理和工艺流程见图 6-1。

① 低能乳化法的优点：

a．节能和冷却水；

b．缩短生产周期，提高设备利用率；

c．不会影响乳化体的稳定性、物理性质和外观。

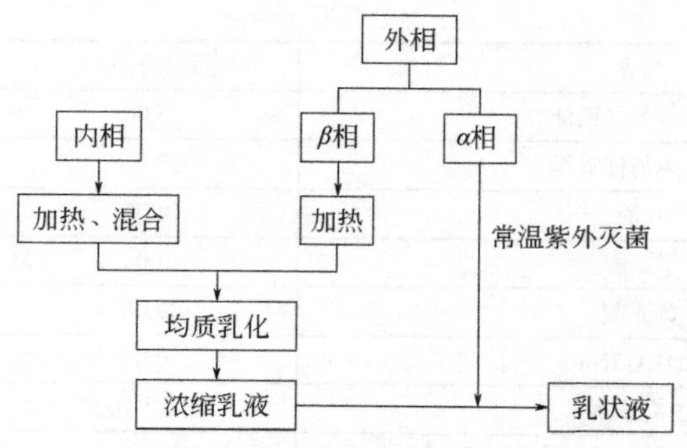

图 6-1 低能乳化原理和工艺流程框图

② 低能乳化法乳化过程中应注意的问题

a．β 相的温度不但影响浓缩乳化体的黏度，而且涉及相变型，当 β 相水的量较少时，温度一般应适当高一些。

b．均质机搅拌的速率会影响乳化体颗粒大小的分布，最好使用超声设备、均化器或胶体磨等高效乳化设备。

c．α 相和 β 相的比率（见表 6-12）一定要选择适当，一般来说，低黏度的浓缩乳化体会使下一步 α 相的加入容易进行。

表 6-12 外相中 α 相和 β 相的比率

乳化剂 HLB 值	油脂比率	搅拌条件	选择 β 值	选择 α 值
10～12	20～25	弱	0.2～0.3	0.7～0.8
6～8	25～35	弱	0.4～0.5	0.5～0.7

2．生产过程

首先，必须根据原料的性质，确定原料加入相、原料加入温度以及原料加入顺序，然后再确定其他生产工艺。

（1）油相的调制　先将液态油加入油相溶解罐中，在不断搅拌的情况下，将固态和半固态油分别加入其中，加热至 70～75℃，使其完全溶解混合并保持在 90℃左右，维持 20min 灭菌。要避免过度加热和长时间加热而使原料成分变质劣化，一般先加入抗氧化剂。容易氧化的油分、防腐剂和乳化剂可在乳化前加入油相，溶解均匀后，即可进行乳化。

（2）水相的调制　先把亲水性成分如甘油、丙二醇、山梨醇等保湿剂加入去离子水中（如需皂化、乳化时增加碱类等），加热至约 85～95℃，维持 20min 灭菌。

如配方中含有水溶性聚合物，这类胶黏质需另外单独配制，质量分数约为 0.1%～2%，在室温下充分搅拌，使其充分均匀溶胀，防止结团。如有需要，可进行均质。在乳化前加热至约 70℃，要避免长时间加热，以免引起黏度变化。

（3）乳化　油相和水相的添加方法（油相→水相或水相→油相）、添加速度、搅拌条件、乳化温度和时间、乳化器的种类、均质的速度和时间等对乳化体系粒子的性状、分布状态以及膏霜的质量都有很大影响。

乳化温度约为70～80℃，一般比最高熔点的油分的熔化温度高5～10℃较合适。切忌在尚有未熔化固体油分时开始乳化；或水相温度过低，混合后发生高熔点油分结晶析出的现象。如发生这样的情况，需将体系重新加热至70～80℃进行乳化。均质、搅拌乳化 3～15min 后启动刮板搅拌，在降温过程中加入各种添加剂，一般温度降至40～45℃，停止搅拌。

均质的速度和时间因不同的乳化体系而异。含有水溶性聚合物的体系，均质的速度和时间要较严格地控制，以免过度剪切，破坏聚合物的结构，造成不可逆的变化，改变了体系的流变性质。

维生素、天然提取物及各种生物活性物质等由于高温会使其失去活性，故不能将其加热，待乳化完成后降温至50℃以下时再加入，如遇到对温度敏感的活性物，应在更低的温度下添加，以确保其活性。香精及防腐剂也应在低温时加入，但尼泊金酯类防腐剂除外。

（4）冷却　乳化后，乳化体系要冷却到接近室温。出膏温度取决于乳化体系的软化温度，一般应使其借助于自身的重力，从乳化罐内流出为宜。当然，也可用泵抽出。冷却方式一般是将冷却介质通入反应釜的夹套内，边搅拌，边冷却。

冷却条件，如冷却速度、冷却时的剪切应力、终点温度等对乳化体系的粒子大小和分布都有影响，必须根据不同乳化体系，选择最优化的条件。特别是从实验室小试转入大规模生产时，冷却条件尤为重要。

（5）灌装　一般是储存1天或几天后再用灌装机进行灌装。灌装前需对产品的质量进行评价。

（6）添加剂的加入

① 香精　香精是易挥发的物质，并且其组成十分复杂，在温度较高时，不但容易损失掉，而且会发生一些化学反应，使香味变化，也可能引起颜色变深。因此一般化妆品中香精的加入都是在后期进行。对乳液类化妆品，一般待乳化已经完成并冷却至50～60℃时加入香精。如在真空乳化锅中加香，这时不应开启真空泵，只维持原来的真空度即可，加入香精后搅拌均匀。对敞口的乳化锅而言，由于温度高，香精易挥发损失，因此加香温度要控制得低些，但温度过低使香精不易分布均匀。

② 防腐剂　微生物的生存是离不开水的。因此水相中防腐剂的浓度是影响微生物生长的关键。

乳液类化妆品含有水相、油相和表面活性剂，对于油溶性防腐剂，如果先将其加入油相以后再乳化，会使其在油相多，水相少。更主要的是非离子表面活性剂往往也加在油相中，它对防腐剂具有增溶作用，而被表面活性剂胶束增溶的防腐剂对微生物是没有作用的。因此，防腐剂最好在油水混合乳化完毕后加入，这样可使防腐剂在水中溶解度最大，杀菌效果达到最佳。

③ 营养添加剂　植物提取液及营养添加剂等需在加香前加入，以免温度过高时分解失效和温度过低时分散不匀。

3．生产工艺

（1）间歇式乳化　如图 6-2 所示，这是最为常用的操作方法，国内大部分厂家均采用此法。分别准确称量油相和水相原料至专用锅内（油相罐及水相罐），加热至一定温度，按设定次序投料，并保温搅拌一定时间，再逐步冷却至 50℃左右，加香搅拌后出料即可。

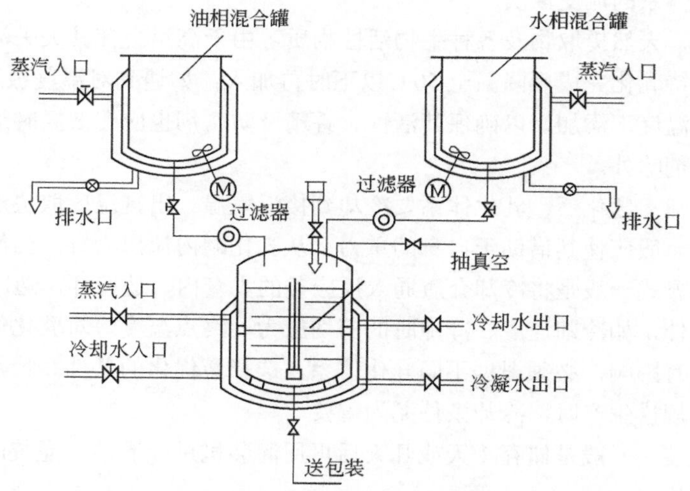

图 6-2　间歇式乳化工艺流程

（2）半连续式乳化　如图 6-3 所示，油相和水相原料分别计量，在原料溶解罐内加热到所需温度之后，加入预乳化罐内进行预乳化搅拌，再经搅拌冷却筒进行冷却。此搅拌冷却筒称为骚动式热交换器，按产品的黏度不同，中间的转轴及刮板有各种形式，经快速冷却和筒内绞龙的刮壁推进输送，冷却器出口处的物质就是产品，即可送去包装。预乳化罐的有效容积为 1000～5000L，夹套有热水保温，搅拌器可安装均质器或桨叶搅拌器，转速 500～2880r/min，可无级调速。

定量泵将膏霜送至搅拌冷却筒，香精由定量泵输入冷却筒和串联的管道里，搅拌筒外套用冷却水进行冷却。搅拌冷却筒的转速 60～100r/min，视产品不同而异，接触膏霜的设备材料一般为不锈钢。

半连续式乳化工艺有较高的产量，适用于大批量生产，目前，日本采用此工艺较多。

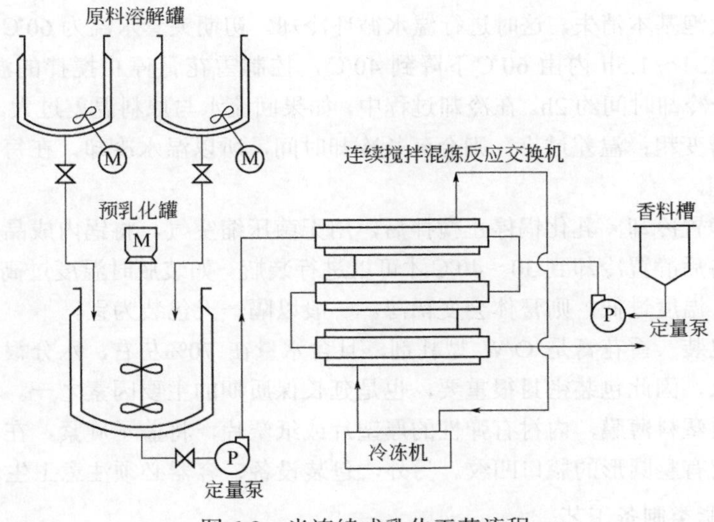

图 6-3　半连续式乳化工艺流程

（3）连续式乳化　首先将预热好的各种原料分别由计量泵打到乳化罐中，经过一段时间的乳化之后，流入刮板冷却器中，快速冷却到 60℃。然后再流入香精混合罐内，与此同时，香精由计量泵加入，最终产品从混合罐上部排出。连续式乳化适用于大规模连续化生产，其优点为节约动力、提高设备利用率、质量稳定。

二、常见膏霜乳液制备工艺举例

1．雪花膏类制备工艺

雪花膏的生产历史较长，其制备工艺具有通用性，主要包括以下几项。

（1）原料加热　将油相原料甘油、一级硬脂酸等投入设有蒸汽夹套的不锈钢加热锅内，边混合边加热至 90～95℃，维持 30min 灭菌，加热温度不超过 100℃，否则油脂色泽逐渐变黄。在另一不锈钢夹套锅内加入去离子水和防腐剂等，边搅拌边加热至 90～95℃，维持 20～30min 灭菌，再将碱液（含量为 8%～12%）加入去离子水中搅拌均匀。

（2）混合乳化　油脂加热锅油温升至规定温度后，开启加热锅底部放料阀，使升温到规定温度的油脂经过滤器流入乳化搅拌锅，然后启动水相加热锅，搅拌并开启放料阀，使水经过油脂过滤器流入乳化锅内，这样制备下批产品时，过滤器不致被固体硬脂酸所堵塞。硬脂酸极易发生皂化反应，无论加料次序如何，均可以进行皂化反应。乳化锅有夹套蒸汽加热和温水循环回流系统，500L 乳化锅搅拌器转速约 50r/min 较为适宜。密闭的乳化锅使用无菌压缩空气，用于压出雪花膏。

（3）搅拌冷却　在乳化过程中，因加水时冲击会产生气泡，待乳液冷却至 70～

80℃时，气泡基本消失，这时进行温水循环冷却。初期夹套水温为60℃，并控制循环冷却水在1～1.5h内由60℃下降到40℃，控制雪花膏停止搅拌的温度为55～57℃，整个冷却时间约2h。在冷却过程中，如果回流水与原料温差过大，骤然冷却，会使雪花膏变粗；温差过小，则会延长冷却时间，所以温水冷却，在每一阶段均须很好地控制。

（4）静置冷却　乳化锅停止搅拌后，用无菌压缩空气，将锅内成品压出，经取样检验合格后静置冷却到30～40℃才可以进行装瓶。如装瓶时温度过高，冷却后体积会收缩，温度过低，则膏体会变稀薄。一般以隔一天包装为宜。

（5）包装　雪花膏是O/W型乳剂，且含水量在70%左右，水分很易挥发而发生干缩现象，因此包装密封很重要，也是延长保质期的主要因素之一。沿瓶口刮平后盖以硬质塑料薄膜，内衬有弹性的厚塑片或纸塑片，将盖子旋紧，在盖子内衬垫塑片上应留有整圆形的瓶口凹纹。另外，包装设备、容器必须注意卫生。

2．香脂类制备工艺

香脂制品根据包装容器形式的不同，配方和操作也有些差别，大致可分为瓶装和盒装两种。瓶装制品要求在38℃时不会有油水分离现象，乳剂的稠度较低，滋润性较好。盒装制品的稠度和熔点都较高，要求质地柔软，受冷不变硬，不渗水，40℃不渗油。凡是盒装香脂都属于W/O型雪花膏制备过程基本和雪花膏相似，其配制过程中的乳化方式可分为三种：采用典型的蜂蜡-硼砂反应体系进行乳化；采用皂与非离子表面活性剂混合体系进行乳化；全部采用非离子表面活性剂体系进行乳化。其制备过程中，搅拌冷却的冷却水温度维持在低于20℃，停止搅拌的温度约为25～28℃，静置过夜，次日再经过三辊机研磨，经过研磨剪切后的香脂会混入小空气泡，需要经过真空搅拌脱气，使香脂表面有较好的光泽。

均质刮板搅拌机也适用于香脂的制备，优点是稠度可以控制，操作简单，可缩短制备过程和时间。刮板搅拌机对香脂的热交换有利，待冷却至26～30℃时，同时开启均质搅拌机，使内相剪切成更小颗粒，稠度略有增加，其稠度可按需要加以控制，而且均质搅拌在真空条件下操作，可以省去目前一般工艺的三辊机研磨和真空脱气过程。另外，虽然香脂的外相是油，没有腐蚀性，制备设备与香脂接触的部件仍要采用不锈钢，因为铁离子或铜离子易使香脂中不饱和脂肪酸酸败和使香脂变色、变味。

3．肤用乳液制备工艺

护肤乳液配方举例见表6-13。

肤用乳液制备工艺流程如下：

① 将A相原料加入油相锅中，搅拌加热到80～85℃，保温，备用。

② 将去离子水加入水相锅中，开启搅拌，缓慢加入卡波姆940，加完卡波姆940后，加热，分散均匀后加入B相其他原料，加热至80～85℃，保温30min中备用。

表 6-13 护肤乳液配方举例

组相	组成	质量分数/%	作用
A 相	C_{14}～C_{22} 烷基醇/C_{12}～C_{20} 烷基葡糖苷	2.50	乳化剂
	硬脂酸甘油酯/PEG-100 硬脂酸甘油酯	3.0	乳化剂
	肉豆蔻酸异丙酯	1.00	液体油脂
	棕榈酸乙基己酯	4.00	液体油脂
	氢化聚异丁烯	5.00	液体油脂
	鲸蜡硬脂醇	3.00	固体油脂
	聚二甲基硅氧烷	4.00	感官调整
	维生素 E	3.00	抗氧化剂
B 相	去离子水	加至 100	溶剂
	甘油	3.0	溶剂、保湿剂
	丁二醇	4.0	溶剂、保湿剂
	EDTA-2Na	0.15	螯合剂
	海藻糖	2.00	保湿剂
	卡波姆 940	0.10	增稠剂
C 相	氢氧化钠（10%）	0.20	pH 值调节剂
	甲基异噻唑啉酮/碘丙炔醇丁基氨甲酸酯	0.10	防腐剂
	香精	适量	赋香剂

③ 将 B 相的原料经 200 目的筛网过滤，抽入乳化锅中，开启搅拌，A 相经 200 目的筛网过滤加入 B 相中，抽完后，均质乳化 8～10min。

④ 均质乳化结束后缓慢降温，45℃以下加入 NaOH 进行中和。

⑤ 40℃以下分别加入 C 相剩余原料，搅拌均匀。

⑥ 取样检测，检测合格后出料。

⑦ 取样检验，陈化 24h。

⑧ 经检验合格后灌装。

4．发用膏霜制备工艺

典型的护发素配方见表 6-14。

表 6-14 护发素配方举例

组成	质量分数/%	作用
环甲基硅氧烷	2.00	调理、抗静电
鲸蜡硬脂醇	5.00	增稠、赋脂
单硬脂酸甘油酯	1.00	增稠、赋脂
辛酸癸酸甘油三酯	2.00	调理、赋脂
季铵盐-91	0.08	调理剂
十六烷基醇椰油基葡糖苷	1.00	表面活性剂
二十二烷基三甲基氯化铵（BT 85）	1.20	表面活性剂

续表

组成	质量分数/%	作用
硬脂酰胺丙基二甲胺（S18）	2.00	表面活性剂
乳酸	0.75	酸度调节剂
丙二醇	2.00	保湿剂
羟苯甲酯	0.20	防腐剂
EDTA-2Na	0.10	螯合剂
去离子水	加至 100	溶剂
香精	0.20	赋香

发用膏霜制备工艺流程如下：

① 混合丙二醇和羟苯甲酯并加热至 60℃左右使之熔化。

② 加去离子水和 EDTA-2Na，搅拌使之溶解。

③ 加入 S18 升温搅拌，使之溶解，加热温度 75℃。

④ 加入乳酸，搅拌溶解均匀后加入 BT 85，搅拌升温至 80～85℃。

⑤ 依次称取油相，升温搅拌，使其熔化混合均匀，升温至 80～85℃。

⑥ 将油相加入水相搅拌均质 5min。

⑦ 40℃以下分别加入 C 相原料，搅拌均匀。

⑧ 取样检测，检测合格后出料。

⑨ 取样检验，陈化 24h。

⑩ 经检验合格后灌装。

第四节　膏霜乳液类化妆品质量控制

一、膏霜乳液类产品标准特征

① 外观均匀细腻，或带浅的天然色调，富有光泽，质地细腻。

② 手感良好，体质均匀，黏度合适，膏霜易于挑出，乳液易于倾出或挤出。

③ 易于在皮肤上铺展和分散，肤感润滑。

④ 擦在皮肤上具有亲和性，易于均匀分散。

⑤ 使用后能保持一段时间持续湿润，且无黏腻感。

⑥ 具有清新宜人的香气。

二、膏霜乳液类产品感官评价

产品感官评价决定产品在消费者使用过程中的体验，代表产品性能的主要指标，建立完善的感官评价体系至关重要。关于膏霜的感官评价指标主要包括以下几个方面：

1．外观评价（appearance）

外观评价主要评价光亮度。光亮度定义：产品在未涂抹于皮肤之前，自身反光的程度或在容器中反光的程度。分值越高表示产品光亮度越大。

2．挑起阶段评价（pick-up evaluation）

（1）挑起性　定义：产品从容器中被取出的容易程度。分值越高表示产品越容易被取出（挑起）。

（2）峰高　定义：拉伸产品，判定被拉高的长度。分值越高，峰高越高。

（3）坚实度　定义：产品所能保持自身形态的能力。分值越大表示产品越容易保持自身形态，更坚实，可能间接评估不易铺展特性。

3．涂抹阶段评价（rub-out evaluation）

（1）铺展性　定义：在涂抹指定圈数后，移动产品在皮肤上的容易程度。分值越高表示产品的铺展性越好。

（2）水润感（湿润度）　定义：产品给予皮肤水润感觉的程度。分值越大表示产品在涂抹时越水润。

（3）油润感（滋润度）　定义：产品给予皮肤油润感觉的程度。分值越大表示产品在涂抹时越油润。

（4）厚重感　定义：涂抹时皮肤感受到产品量的多少，间接评估吸收程度及产品透气程度。分值越大产品越厚重。

（5）吸收性　定义：产品完全吸收所需圈数。完全吸收所需圈数越多表示产品越不容易吸收。

4．涂后感评价（after-feel evaluation）

（1）光亮度　定义：涂抹结束后，产品残留膜在皮肤上反光的程度。分值越高表示涂后光亮度越大。

（2）滑溜感　定义：产品残留膜给予皮肤的滑溜程度。分值越高，表示涂后越滑溜。

（3）厚重感　定义：产品残留膜厚度的大小。分值越大表示产品残留越厚重。

（4）黏感　定义：产品在完全吸收后赋予皮肤的黏感大小。分值越大，黏感越高。

（5）潮润感保持度　定义：用来指示产品在完全吸收后，赋予皮肤长久湿润度（包括油、水）能力的大小。保持湿度越长，分值越高。

各指标的分值越高，代表该指标强度越大，与好坏、喜好度无关。在测试周期内，评测员未出现明显的全身不良反应或3级以上的皮肤刺激，且适应性评价未出现明显的皮肤不适症状。

膏霜类产品感官测试结果统计见表6-15，而乳液类产品的感官评价中不包括

“挑起性”，见表6-16。依据统计表得分，可以进一步做雷达图，将感官评价结果直观呈现出来。

表6-15 膏霜类产品感官测试结果统计

测试阶段	指标名称	感官评分（均值）			
		样品1	样品2	样品3	样品4
外观评价	光亮度				
挑起阶段评价	坚实度				
	挑起性				
	峰高				
涂抹阶段评价	铺展性				
	水润感				
	油润感				
	厚重感				
	吸收性				
涂后感评价	黏感				
	光亮度				
	滑溜感				
	厚重感				
	潮润感保持度				

注：表中为空处用“—”代替，显著性水平为95%。

表6-16 乳液类产品感官测试结果统计

测试阶段	指标名称	感官评分（均值）			
		样品1	样品2	样品3	样品4
外观评价	光亮度				
涂抹阶段评价	铺展性				
	水润感				
	油润感				
	厚重感				
	吸收性				
涂后感评价	黏感				
	光亮度				
	滑溜感				
	厚重感				
	潮润感保持度				

三、膏霜乳液类产品的质量控制指标要求

1．分类

膏霜乳液类产品按乳化类型分为水包油型（O/W）和油包水型（W/O）。

2．要求

（1）适用范围　《润肤膏霜》（QB/T 1857—2013）适用于滋润人体皮肤（或以人体皮肤为主兼修具饰作用）的具有一定稠度的乳化型膏霜。

《护肤乳液》（GB/T 29665—2013）适用于护理人体皮肤的具有流动性的乳化型化妆品，不适用于多层型产品。

（2）技术要求

① 原料　使用的原料应符合《化妆品安全技术规范》（2015 年版）的规定，使用的香精应符合 GB/T 22731 的要求。

② 感官、理化、卫生指标应符合表 6-17 要求。

表 6-17　膏霜乳液类产品的质量控制要求

<table>
<tr><th colspan="2">项目</th><th>《护肤乳液》
（GB/T 29665—2013）</th><th>《润肤膏霜》
（QB/T 1857—2013）</th></tr>
<tr><td rowspan="2">感官指标</td><td>外观</td><td>均匀一致（添加不溶性颗粒或不溶性粉末的产品除外）</td><td>膏体应细腻，均匀一致（添加不溶性颗粒或不溶性粉末的产品除外）</td></tr>
<tr><td>香气</td><td>符合企业规定</td><td>符合规定香型</td></tr>
<tr><td rowspan="4">理化指标</td><td>pH 值（25℃）</td><td>水包油型（O/W）：4.0～8.5（含α-羟基酸、β-羟基酸的产品可按企业标准执行）
油包水型（W/O）：无</td><td>水包油型（O/W）：4.0～8.5（pH 值不在上述范围内的产品按企业标准执行）
油包水型（W/O）：无</td></tr>
<tr><td>耐热</td><td>(40±1)℃保持 24h，恢复室温后无分层现象</td><td>水包油型（O/W）：(40±1)℃保持 24h，恢复室温后应无油水分离现象
油包水型（W/O）：(40±1)℃保持 24h，恢复室温后渗油率≤3%</td></tr>
<tr><td>耐寒</td><td>(−8～+2)℃保持 24h，恢复室温无分层现象</td><td>(−8±2)℃，24h，恢复室温后与试验前无明显性状差异</td></tr>
<tr><td>离心</td><td>2000r/min，30min 不分层（添加不溶颗粒或不溶粉末的除外）</td><td>—</td></tr>
<tr><td rowspan="5">微生物指标</td><td>菌落总数/(CFU/g)或(CFU/mL)</td><td colspan="2">≤1000，眼、唇部、儿童用产品≤500</td></tr>
<tr><td>霉菌和酵母菌总数/(CFU/g)或(CFU/mL)</td><td colspan="2">≤100</td></tr>
<tr><td>耐热大肠菌群/g（或 mL）</td><td colspan="2">不应检出</td></tr>
<tr><td>金黄色葡萄球菌/g（或 mL）</td><td colspan="2">不应检出</td></tr>
<tr><td>铜绿假单胞菌/g（或 mL）</td><td colspan="2">不应检出</td></tr>
<tr><td rowspan="4">有毒物质限量</td><td>铅/(mg/kg)</td><td colspan="2">≤10</td></tr>
<tr><td>汞/(mg/kg)</td><td colspan="2">≤1</td></tr>
<tr><td>砷/(mg/kg)</td><td colspan="2">≤2</td></tr>
<tr><td>镉/(mg/kg)</td><td colspan="2">≤5</td></tr>
</table>

四、产品稳定性试验

配方师完成实验室原型配方、中试和大生产配方后要进行稳定性试验以确定和保证产品的货架寿命。表 6-18 列举了通常情况下进行的稳定性试验，其适用于大多数膏霜和乳液类成品。如果配方师考虑到产品的储存及运输条件可能对产品稳定性造成影响，可对稳定性试验条件做出适当调整。

表 6-18　一般乳液稳定性试验条件

储存条件	储存时间
室温	25℃储存 3 年（货架寿命）
高温	37℃储存 4 个月，45℃储存 3 个月
冷冻	约 3℃储存 3 个月
冻/熔循环（5 次）	约-10℃至室温
循环室实验	在 48h，4～45℃循环，为期 1 个月
曝光实验	暴露于日光，或人造日光灯室 1 个月

试验初期检查较频繁，典型时间表：在第一周每天检查，然后第一个月每周检查，第 2～6 个月每两周检查，以后每个月检查。表 6-19 列出在上述条件下的检查项目。

表 6-19　稳定性试验考察项目

性质	检查方法
pH 值	pH 计
黏度	黏度计
流变特性	剪切黏度和用锥/平板黏度计做振动实验
颜色	观察
气味和香精稳定性	感官分析
相对密度	比重计
质地	观察和涂抹实验
产品分离	观察
电导率	电导仪
粒径大小	显微镜观察
防腐作用	微生物挑战实验
功效“活性物”	成分含量检测

五、产品安全性实验

在最终配方进行安全性试验前，对所有配方组分已有的安全性和毒理学资料进行评估，包括添加的防腐剂、游离单体含量、重金属含量和其他相关因素，使用新化妆品原料需要独立的安全性试验。

安全性评估一般从体外试验开始，如牛角膜浑浊试验、通透性试验（BCOP）和绒毛尿囊膜血管评估试验（CAMVA）。在体外试验筛选成功后，引入在训练有素的研究人员监督下的人体试验。对于全球各个不同地区销售的产品，应根据预定销售市场，采用不同皮肤类型和试验部位。这样将有助于评估在环境暴露、饮食和使用习惯差别方面可能造成的影响。

六、包装配伍性和货架寿命

产品与包装材料之间的相互作用是普遍存在的，并且可能需要长时间暴露和接触才会被发现。装有产品的样品应该通过稳定性试验考察，必须与储存在惰性不可渗透的容器（如玻璃容器）内的对照样品进行比较，测定由于与包装材料相互作用，或配方本身不稳定引起的变化。

一般情况下，包装配伍性问题可分为3种类型：

（1）运输和储存引起的问题　这类问题可通过失重研究、振荡试验、运输试验、坠落试验、帽盖扭力试验和真空试验进行预示。

（2）密封不良引起的问题　密封不良可能导致香精损失、褪色，由于氧的渗透引起氧化，由于水扩散引起过度失重等。一般通过室温和高温研究可观察到这些作用，亦可通过将充装好的产品储存在高湿度条件下进行评估，典型条件：温度37℃和相对湿度70%。

（3）包装与产品不配伍　这可能导致产品形变、压破，塑料容器软化或溶胀，塑料容器从配方组分中吸收防腐剂，着色剂由包装迁移至产品，在不同温度下储存试验将提供这种缺陷的警示。

对于活性成分含量较高，含油量较高的防晒产品更需特别注意这些问题。

七、膏霜乳液化妆品工艺关键控制点

使用真空均质乳化机进行乳化，生产膏霜、乳液等乳化体的工艺流程见图6-4。膏霜乳液化妆品生产中常见的问题原因及控制方法如下。

1．膏体外观粗糙不细腻

（1）原料未充分溶解

油水两相原料及后续添加原料未充分溶解。

控制方法：

① 提高油相原料溶解温度，增加保温时间。

② 增加水相高分子原料预分散时间。

③ 乳化前检查油水两相的溶解情况。

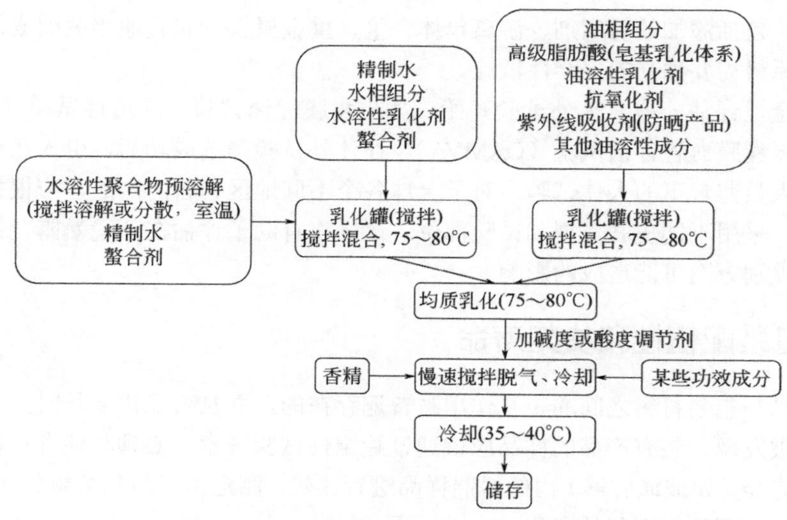

图 6-4　乳化体的工艺流程

④ 检查后续添加原料与外相的溶解情况。

（2）乳化剂质量问题

乳化剂有效含量不够，称量不准或乳化剂原料变质。

控制方法：核实乳化剂质量和称料数量。

（3）均质乳化时间不够或均质机工作不正常。

控制方法：核实乳化均质时间和均质机工作状态。一般均质时间控制在 3～8min（O/W 型乳剂类产品）。

（4）降温速度过快

控制方法：核实降温速度，一般降温速度控制在 0.5～1℃/min。

（5）搅拌速度过快或真空度不够

控制方法：搅拌速度一般控制在 40～60r/min，真空度在−0.05～0.1MPa（1MPa=9.678atm）。

2．油水分层

可能与乳化剂质量问题、均质乳化时间不够、均质机工作不正常和降温速度过快有关，控制方法参见上述内容。

3．黏度异常

原因：黏度过大或过小，与增稠剂或固体油相原料有关。

控制方法：过大时，降低增稠剂或固态油相原料的用量；若过小，则反之。

4．膏体变色

（1）香精或活性成分不稳定引起

控制方法：将同样用量单体香料或活性成分分别加入膏体试样中，做耐温试验或做紫外线灯照射试验。可通过添加抗氧剂等稳定成分来改善。

（2）油脂加热温度过高

原因：油脂温度超过100℃，造成油脂变黄。

控制方法：避免油脂加热温度过高及加热时间过长。

5．刺激皮肤

（1）香精

原因：含某些刺激性较强的组分或香精用量过多。

控制方法：选择低刺激性香精，用量不宜过大。

（2）原料

原因：不纯或含有刺激皮肤的有害物质，铅汞砷超标等。

控制方法：选用纯净的原料，加强原料检验。

（3）膏体的pH值

原因：pH值过大或过小。

控制方法：pH值必须控制在4.0～10.0之间，必须符合国家产品行业标准对pH值的规定。

6．菌落总数超标

（1）容器污染

原因：容器储存不当或预处理时消毒不彻底。

控制方法：严控包装材料质量。入库前，对包装材料进行严格的卫生检测；妥善储存容器，空容器装入密封的纸板箱内或用热吸塑包装，不使灰尘进入；装灌膏体前必须做好消毒处理工作。

（2）原料污染

原因：原料被外部环境污染或水质差，被水中含有的微生物污染。

控制方法：妥善保管原料，避免沾上灰尘和水分；可适当延长水相保温时间；采用去离子水，并用紫外线灯灭菌。

（3）环境卫生和周围环境条件

原因：制造设备、容器、工具不卫生；场地周围环境不良，附近的工厂产生尘埃、烟灰或距离水沟、厕所较近等。

控制方法：每天工作完毕后，用水冲洗场地，接触膏体的容器、工具清洗后用蒸汽或沸水灭菌20min，制造和包装过程中都要注意环境卫生和个人卫生。

（4）出料温度过高

当半成品出料温度过高，盖上桶盖后，冷凝水在桶盖聚集较多，然后回落至膏体表面，使表面的膏体所含防腐剂浓度降低，时间稍长，就可能导致膏体表面部分菌落总数超标。

控制方法：降低出料温度。一般膏霜出料温度为38～40℃，乳液出料温度为33～35℃。

第五节 膏霜乳液类化妆品生产设备

一、混合搅拌设备

混合搅拌设备是化妆品生产最常用的设备。根据混合物的物性不同，可分为固-固、固-液和液-液混合设备——搅拌机。

搅拌机的结构示意如图6-5所示。它由装料容器、一个（或几个）做旋转运动的叶轮搅拌器、传动装置以及轴封等组成。

搅拌机的重要参数包括：搅拌速度、搅拌效率和容积等。搅拌效率与搅拌机的桨叶设计有关。根据桨叶的不同，搅拌器可分为桨式搅拌器、推进式搅拌器、涡轮搅拌器。这类设备一般用于油相、水相预混合。

二、乳化设备

在化妆品膏霜乳液制品的生产过程中，乳化搅拌设备是最重要的生产设备之一，它适用于异相液-液相混合，如油在水中分散（O/W）或水在油中分散（W/O）。由于化妆品中乳化制品占有极重要的地位，所以乳化设备成为化妆品的制备设备中的一种主要设备，它对提高乳化化妆品的质量有着重要的作用。

乳化设备品种较多，如胶体磨、超声波均质乳化器和真空均质乳化设备。其中，真空均质乳化设备是最常用的乳化设备。

真空均质乳化机由密封的抽真空容器部分和搅拌部分组成。搅拌部分由均质搅拌器和带有刮板的框式搅拌器组成，均质搅拌器的搅拌速度多为350～3500r/min，可无级调速；刮板搅拌器的转速为10～100r/min，为慢速搅拌，其作用是在加热及冷却时促进传热面的热传递，使容器内温度均一化，从而具有良好的热效率。刮板搅拌器的前端装有由聚氟乙烯及腈基丁二烯等制成的刮板，因受液压使它接触容器内壁，有效地从内壁刮去及转移物料，以加速热交换。真空均质乳化机还安装了一系列的辅助设施，包括加热和冷却用的夹层及保温层，以及各种检测仪表，如温度计、黏度剂、转速计、真空计及物料流量传感器等计量装置，如图6-6所示。

真空均质乳化机的优点为：

① 可将乳化体的空气泡含量减少到最低程度，增加乳化体的表面光洁度。

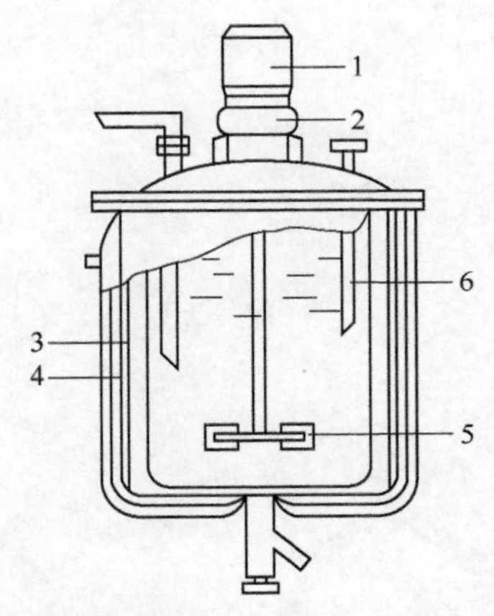

图 6-5　搅拌机的结构示意

1—电动机；2—减速器；3—挡板；4—夹套；5—搅拌器；6—温度计套管

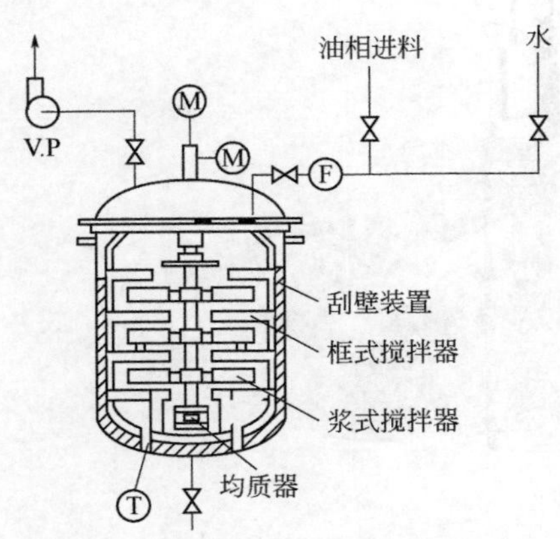

图 6-6　真空均质乳化装置

M—电动机；F—过滤器；T—温度计；V.P—真空泵

② 由于在真空状态下进行搅拌和乳化，物料不再因为蒸发而受到损失，并且减少或避免了乳化体与空气的接触，改善了细菌对产品的污染，也不会因氧化而变质。

③ 在真空条件下，搅拌器的转速加快，提高了乳化效率。

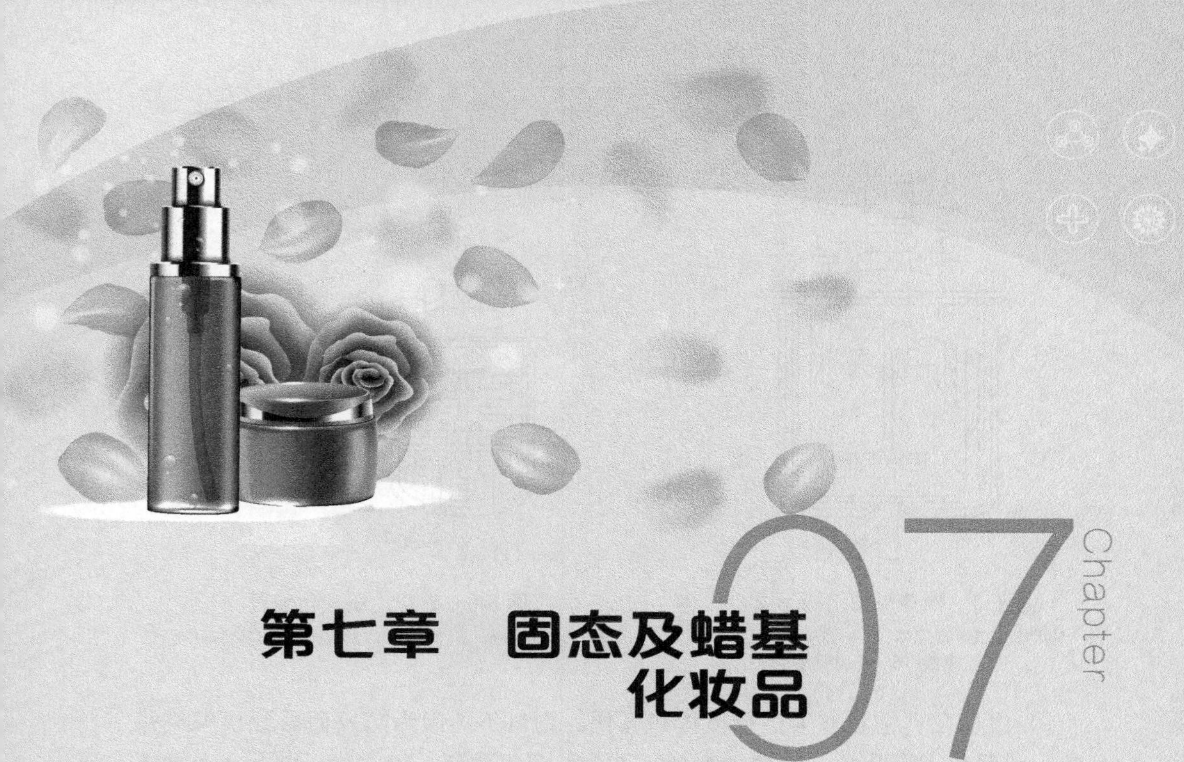

第七章　固态及蜡基化妆品

第一节　固态化妆品

固态化妆品主要指非乳化的粉、块等形状的固体化妆品产品。按照产品类型可分为香粉、粉饼、爽身粉、胭脂等。

粉类原料作为固态化妆品的主体应具备以下基本性能：

① 安全性高　粉体应符合有关法规规定，对皮肤、黏膜等无刺激作用，不含有害重金属（如铅和汞）和砷等杂质，无微生物污染，不会由于微生物作用而产生毒性或刺激作用。

② 稳定性好　对热、光、油脂及香料等不发生变色、变质、变味、变形和分离等质量劣化。

③ 混合性和分散性良好　与黏合剂或其他粉体的混合性良好，不会聚结成团，易于在皮肤表面铺展和分散。

④ 使用感觉良好　涂布时有柔和感，涂敷后能感到爽滑、无异物感。

在配方设计时，原料应根据产品品质特性要求加以选择，通常情况下，单一粉体不能满足要求，需要将具有不同特性的粉体复配使用，发挥所长，达到最佳效果。

一、粉类化妆品

1．配方组成

粉类化妆品主要是指以粉类为主要原料配制而成的外观呈粉状或块状的一类制品，主要包括膜粉、香粉、爽身粉、粉饼、胭脂以及粉质眼影块等。

粉类产品原料主要为粉体，其主要具备遮盖力、滑爽性、吸收性、黏附性等特性，此外，粉类化妆品配方组成中还包括发挥感官修饰作用的色料及香精等。常见的粉料如表 7-1 所示。

表 7-1 粉类化妆品的一般组成

<table>
<tr><th colspan="2">种类</th><th>原料</th><th>功能</th></tr>
<tr><td rowspan="3">基质粉类</td><td>无机填充剂</td><td>滑石粉、高岭土、云母、绢云母、碳酸镁、碳酸钙、二氧化硅、硫酸钡、硅藻土、膨润土</td><td rowspan="3">铺展性
吸收性
填充作用</td></tr>
<tr><td>有机填充剂</td><td>纤维素微球、尼龙微球、聚乙烯微球、聚四氟乙烯微球、聚甲基丙酸酯微球</td></tr>
<tr><td>天然填充剂</td><td>木粉，纤维素粉、丝素粉、淀粉、改性淀粉</td></tr>
<tr><td colspan="2">白色颜料</td><td>钛白粉，氧化锌</td><td>遮盖性</td></tr>
<tr><td rowspan="3">着色颜料</td><td>有机</td><td>（合成）食品、药品及化妆品用焦油色素</td><td rowspan="3">着色性</td></tr>
<tr><td>无机</td><td>红色氧化铁、黄色氧化铁、黑色氧化铁、炭黑等</td></tr>
<tr><td>天然</td><td>胭脂红、叶绿素、红花素等</td></tr>
<tr><td colspan="2">珠光颜料</td><td>云母钛、铝粉等</td><td>光泽性</td></tr>
<tr><td colspan="2">金属皂</td><td>硬脂酸镁、硬脂酸锌、硬脂酸铝、月桂酸锌、肉豆蔻酸锌等</td><td>附着性</td></tr>
</table>

2．配方举例

香粉是全部由粉体原料配制而成的不含有油分的粉状制品。香粉多数为美容后修饰和补妆用，可调节皮肤色调，防止油性皮肤过分光滑和过黏，令皮肤显示出透亮不油腻的肤色，抑制汗和皮脂的分泌，增加化妆品的持续性，产生柔软肤感效果。香粉配方中主要包括着色剂和基质，表 7-2 为不同比例香粉的 5 个配方举例。

表 7-2 香粉配方举例

组成	配方 1	配方 2	配方 3	配方 4	配方 5
滑石粉	42	50	45	65	40
高岭土	13	16	10	10	15
碳酸钙	15	5	5	—	15
碳酸镁	5	10	10	5	5
钛白粉	—	5	10	—	—

续表

组成	配方 1	配方 2	配方 3	配方 4	配方 5
氧化锌	15	10	15	15	15
硬脂酸锌	10	—	3	5	6
硬脂酸镁	—	4	2	—	4
香精、色素	适量	适量	适量	适量	适量

配方 1：遮盖力轻度、黏附性很好、吸收性适宜。

配方 2：遮盖力中等、吸收性强。

配方 3：遮盖力重度、吸收性强。

配方 4：遮盖力轻度、吸收性弱。

配方 5：遮盖力轻度、黏附性很好、吸收性适宜。

3．香粉的生产工艺

将着色颜料在混合机内混合粉碎后，与预先溶解混合好的基质和香精混合调色，再将香料以喷雾方式加入，混合均匀，最后将半成品用粉碎机粉碎、过筛、包装。香粉的制备过程中，需确保：香粉中各成分混合均匀，粉体颗粒大小接近，既不结成小球，又不出现色斑；在加工过程中不应有来自设备的污染。此外，在生产过程中还应注意以下方面：

① 粉体颗粒大小一致性　要达到希望的颗粒大小，微粉化是重要和基本的加工过程，方法有两种，一种是采用磨碎的方法，如采用万能磨、球磨和气流磨；另一种是将粗颗粒分开，采用筛子和空气分细机等。如果粉粒的粒度小于 76μm，分细必须采用筛子以外的方法，如空气分细机等，因为所用筛在 200 号以上，过筛很慢很不经济，在磨细时，最好先通过粗筛子（40～60 号）筛去可能混入的杂物，以免损伤磨粉设备和混入成品中。较合适颗粒大小范围为 1～10μm，如果颗粒太小，粉末反射光的能力下降，颗粒大小可用筛子、显微镜和库尔特粒度计（Coulter counter）测量。

② 色调均匀一致　控制色泽，使每批生产的香粉能够颜色一致是一项重要的工作。在分细和磨细的过程中，香粉中的各种成分往往会分离开来，这种现象在采用筛子和其他设备时均有可能发生，当使用空气分细机时，也要注意轻的物质有可能与重的物质分开。如果出现色斑需重新混合或研磨。

此外，香粉色调不应褪色，在油中或有汗皮肤上不应变色，为了避免这种情况的发生，可采用湿法工艺制备，在湿法工艺中，将着色颜料和滑石一起延展或研磨，将液浆倒入盘子内，高温烘干。物料干后再进行粉碎、研磨和过筛。一般比较色泽的方法，是将香粉的样品和标准样放在白纸上分成两小堆，用玻璃片自上压紧，使其连成一块粉饼，如果样品的颜色和标准样稍有不同，可以在交界处明显区别出来。

③ 生产过程避免过热 采用磨粉机和有刷的筛子时，由于强力的摩擦就有产生热的可能，这是造成香粉中某些问题的一个原因，例如，香精和易挥发成分的损失使过筛后产品过热结团，影响产品质量，因此正确调节机器设备，使产生的热尽可能少是很重要的。

④ 预防生产过程中的外来污染 香粉生产过程中要经历研磨、粉碎和筛分，产品和金属设备内壁以及一些密封件（橡胶配件）有摩擦作用，可能导致产品沾污，在选用设备及设备维护时应特别注意。

⑤ 香粉包装 与液态产品不同的是，每批次生产的产品膨胀度、疏松度和密度可能有区别，如果粉质太轻，则可能盒内粉装满后无法达到标定质量；如果粉质太重，则可能达到标定质量后盒内粉太浅，因此测定表观密度（或称松装密度）是很有必要的。

二、块状化妆品

1．配方组成

块状化妆品的作用和粉状化妆品的相同，通过黏合剂将散粉压实固化成块状，如粉饼。粉饼形状可随容器形状而变化，便于携带，使用时不易飞扬，在运输和使用时不易破碎，而且使用时易用粉扑涂擦。除要求粉饼具有良好的遮盖力、吸收性、柔滑性、附着性和组成均匀等特性外，还要求粉饼具有适度的机械强度，使用时不会碎裂和塌陷，并且使用粉扑或海绵等附件蘸取粉体时，较容易附着在粉扑或海绵上，然后均匀地涂抹在脸上，不会结团和感到油腻。

通常粉饼中都添加较大量的胶态高岭土、氧化锌和金属硬脂酸盐，以改善其压制加工性能。如果粉体本身的黏结性不足，可添加少量的黏合剂，在压制时可形成较牢固的粉饼，可以使用水溶性黏合剂、油溶性黏合剂和乳化体系黏合剂。水溶性黏合剂在配方中的质量分数为 0.1%～0.3%，一般先配制成 5%～10%的溶液，然后与粉体混合，水溶性黏合剂可以是天然或合成的水溶性聚合物，一般常用低黏度的羧甲基纤维素。油溶性黏合剂包括单硬脂酸甘油酯、十六醇、十八醇、脂肪醇异丙酯、羊毛脂及其衍生物、地蜡、白蜡和微晶蜡等，液体石蜡、单硬脂酸甘油酯等脂肪物的加入能赋予粉饼一定光泽。

此外，通常添加少量的保湿剂如甘油、1,3-丁二醇等使粉饼保持一定水分不致干裂，以增加黏合性能，改善使用效果等，除此之外，为防止氧化酸败现象的发生，需要加入防腐剂和抗氧剂。块状化妆品的配方组成见表 7-3。

2．粉饼的配方举例

粉饼的配方举例如表 7-4、表 7-5 所示。

表 7-3 块状化妆品的配方组成

种类		原料	作用
粉料		滑石粉、高岭土、二氧化钛、着色剂	粉饼的骨架，遮瑕，修饰等
胶合剂	水溶性胶合剂	甲基纤维素、羧甲基纤维、聚乙烯吡咯烷酮等	使块类能压制成型
	油溶性胶合剂	液体石蜡、矿脂、脂肪酸脂类、羊毛脂及衍生物等	
	乳化性胶合剂	硬脂酸、三乙醇胺、水、液体石蜡、单硬脂酸甘油酯等	
	粉类胶合剂	硬脂酸锌、硬脂酸镁等	
油脂		液体石蜡、单硬脂酸甘油酯等	滋润贴合
防腐剂		羟苯丙酯	防腐

表 7-4 粉饼配方举例（一）

成分	质量分数/%	成分	质量分数/%
滑石粉	加至 100	山梨醇	4.0
高岭土	10.0	丙二醇	2.0
二氧化钛	5.0	羧甲基纤维素	1.0
白油	3.0	颜料、香料	适量
失水山梨醇油脂	2.0		

表 7-5 粉饼配方举例（二）

配方 2		配方 3	
组分	质量分数/%	组分	质量分数/%
滑石粉	加至 100	滑石粉	加至 100
云母/聚甲氧基硅氧烷/矿油	10.0	尼龙 12	10.0
硅石	2.5	云母	适量
硬脂酸锌	4.0	月桂酰赖氨酸	1.0
防腐剂	适量	防腐剂	适量
颜料	适量	颜料	适量
异二十烷	5.0	辛基十二醇硬脂酰硬脂酸酯	6.0

3．粉饼的生产工艺

粉饼的生产工艺有两种：湿法和干法。

湿法过程是先将着色颜料与粉类原料研磨混合均匀，然后过筛，再添加黏合剂溶液或乳液、香精，充分混合后，过筛，所得混合物颗粒在室温下或湿热空气中干燥（温度不应超过香精挥发的温度），最后将产品压制成型，放入适当的包装容器内。

干法适用于大规模生产，需要使用能够产生较大压力的设备，一般加压 300kPa 即可使粉末压成粉饼。目前，现有的自动压粉机，每小时可压制 2000 个粉饼。制备过程中的注意事项与香粉的相似，通常在加压成型前，将制得的粉料在适当的湿度下存放几天，使粉体内部气泡逸出，以防止粉体过干，最后将半成品填充在容器内，加压成型。在干压成型的过程中，一般在开始时加较小的压力，将空气挤出，避免在粉饼内形成气孔，然后在压模离开粉饼表面前，加压至 1MPa，如果配方合适，粉料加工精良，可直接在 4MPa 下加压成型。

总而言之，固态化妆品生产过程，主要包括灭菌、混合、磨细、过筛、加香、加脂及其他添加剂、灌装七大基本步骤。

4．固态化妆品的质量问题及控制方法

（1）粉类化妆品的黏附性差

主要原因：硬脂酸镁或硬脂酸锌用量不够或质量差，含有杂质，另外粉粒颗粒粗也会使黏附性差。

控制方法：应适当调整硬脂酸镁或硬脂酸锌的用量，选用色泽洁白、质量较纯的硬脂酸镁或硬脂酸锌；如果采用微黄色的硬脂酸镁或硬脂酸锌，容易酸败，而且有油脂气味；另外，将香粉尽可能磨得细一些，以改善香粉对皮肤的黏附性能。

（2）粉类化妆品的吸收性差

主要原因：碳酸镁或碳酸钙用量不足。

控制方法：适当调整碳酸镁或碳酸钙的用量，但用量过多会使香粉 pH 值上升，可采用陶土粉或天然丝粉代替碳酸镁或碳酸钙，降低香粉 pH 值。

（3）加脂的粉类化妆品成团、结块

主要原因：加入香粉中的乳剂油脂含量过多或烘干程度不够，使香粉内残留少量乙醇或水分。

控制方法：适当控制乳剂的油脂含量，并将香粉中的水分尽量烘干。

（4）有色粉类化妆品色泽不均匀

主要原因：有色香粉色泽不均匀主要是由于在混合、磨细过程中，采用的设备效能不好，或混合、磨细时间不够。

控制方法：应采用较先进的设备，如高速混合机、超微粉碎机等，或适当延长混合、磨细时间，使之混合均匀。

（5）杂菌数超过规定范围

主要原因：原料含菌多，灭菌不彻底，生产过程中不注意清洁卫生和环境卫生等都会导致杂菌数超过规定范围，应加以注意。

三、固态化妆品产品质量控制指标要求

1．爽身粉、祛痱粉、香粉质量控制

爽身粉、祛痱粉的行业标准代号为 QB/T 1859—2013，香粉的行业标准代号为 QB/T 29991—2013。

（1）术语和定义

① 爽身粉（body powder） 由粉体基质、吸汗剂和香精等原料配制而成，用于

人体肌肤的护肤卫生用品，具有吸汗、爽肤、芳肌等功能。

② 祛痱粉（anti-prickly heat powder） 由粉体基质、吸汗剂和杀菌剂等原料配制而成，用于人体肌肤的护肤卫生用品，具有防痱、祛痱等功能。

③ 香粉（蜜粉）（loose powder） 由粉体基质、着色剂和香精等原料混合而成，用于成人面部的粉状护肤美容品。

（2）分类 爽身粉、祛痱粉根据配方组成不同，可分为含滑石粉不含植物淀粉原料的（Ⅰ型）、含植物淀粉不含滑石粉原料的（Ⅱ型）、含滑石粉又含植物淀粉原料的（Ⅰ+Ⅱ型）。

（3）要求

① 适用范围 QB/T 1859—2013 标准适用于以粉体原料为基质，添加其他辅料成分配制而成的爽身粉、祛痱粉。QB/T 29991—2013 标准适用于香粉。

② 技术要求

a. 原料：使用的原料应符合《化妆品安全技术规范》（2015 年版）的规定，使用的滑石粉应符合国家对化妆品滑石粉原料的管理要求，使用的香精应符合 GB/T 22731 的要求。

b. 感官、理化、卫生指标应符合表 7-6 的要求。

表 7-6 爽身粉、祛痱粉、香粉的质量控制要求（修订）

项目		要求			
		爽身粉、祛痱粉			香粉
		Ⅰ型	Ⅱ型	Ⅰ+Ⅱ型	
感官指标	粉体	洁净、无明显杂质及黑点			
	色泽	符合规定色泽			
	香气	符合规定香型			
理化指标	pH 值（25℃）	成人用产品 4.5～10.5；儿童用产品 4.5～9.5（不在此范围的按企业标准执行）			4.5～9.0
	细度(0.125mm)/%	≥95			≥97
	水分及挥发物(质量分数)/%	—	≤14	≤14	—
微生物指标	菌落总数/(CFU/g)或(CFU/mL)	≤1000，眼、唇部、儿童用产品≤500			
	霉菌和酵母菌总数/(CFU/g)或(CFU/mL)	≤100			
	耐热大肠菌群/g 或 mL	不应检出			
	金黄色葡萄球菌/g 或 mL	不应检出			
	铜绿假单胞菌/g 或 mL	不应检出			
有毒物质限量	铅/(mg/kg)	≤10			
	汞/(mg/kg)	≤1			
	砷/(mg/kg)	≤2			
	镉/(mg/kg)	≤5			
	石棉	不应检出	—	不应检出	—

四、固态化妆品的生产设备

固态化妆品生产过程单元操作包括粉碎、粉体混合、固体粉末分级、无菌、消毒、压制、打码和包装、计量和检测，其所用生产设备见表 7-7。

表 7-7　固态类化妆品的生产设备

单元操作	生产设备	单元操作	生产设备
粉碎	各类粉碎机	无菌、消毒	紫外线消毒器
粉体混合	V 形混合器		环氧乙烷消毒器
	螺旋式锥形混合器		超滤去菌
	双圆锥形混合器	压制	成型机
	螺旋带式混合器	打码和包装	打码机
	球磨机		打包机
固体粉末分级	电磁振动筛	计量和检测	各种计量检测设备
	空气流粉末分离器		

1．混合设备

使用混合设备的目的是使各种粉料充分混合均匀。混合设备的品种很多，如螺带式混合机、立式螺旋混合机、V 形混合机、球磨机和高速混合机等。

（1）螺带式混合机　螺带式混合机结构如图 7-1 所示。具有一个金属制成的 U 形水平容器，中心装有回转轴，在轴上固定两条带状螺旋形的搅拌装置，两螺旋带的螺旋方向相反，当中心轴旋转时，两根螺带同时搅动物料上、下翻转，由于两根螺带外缘回转半径不同，对物料的搅动速度便不相同，显然有利于径向分布混合。与此同时，外螺带将物料从右端推向左端，而内螺带（外缘回转半径小的螺带）又将物料从左端推向右端，使物料在混合室形成了轴向的往复运动，产生了轴向的分布混合。在 U 形容器的底部开有出料口，粉料可以在搅拌后放出。

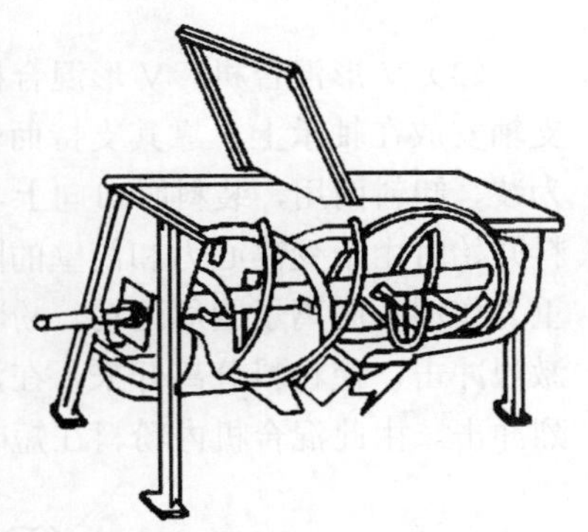

图 7-1　螺带式混合机

螺带式混合机的混合作用较为柔和，产生的摩擦热很少，一般不需冷却，除了用作一般混合，还可作为冷却混合设备。即将经热混合器混合后的热料排入螺带混合机内，一边经螺带再混合，一边冷却，使排出的物料温度较低，便于存储。用于冷却混合的螺带混合机的混合室设有冷却夹套。这种混合机结构简单、操作维修方便，因而应用广泛，适用于干粉或湿润粉体的混合。香粉、爽身粉和以滑石粉为基质的粉类一般采用螺带式混合机，其效果很好。

（2）立式螺旋混合机　立式螺旋混合机是由两只圆锥形圆筒并联组成，见图 7-2，圆筒内有两支螺旋搅拌器，搅拌器依锥体做公转和自转运动，见图 7-3 粉料运动图。公转速度为 2～3r/min，自转速度为 60～70r/min。粉料在搅拌器的公转和自转作用下进行上下循环运动和涡流运动，在短时间内得到高度混合。该机器结构较为复杂，价格较贵，装载容量为 50%～70%。

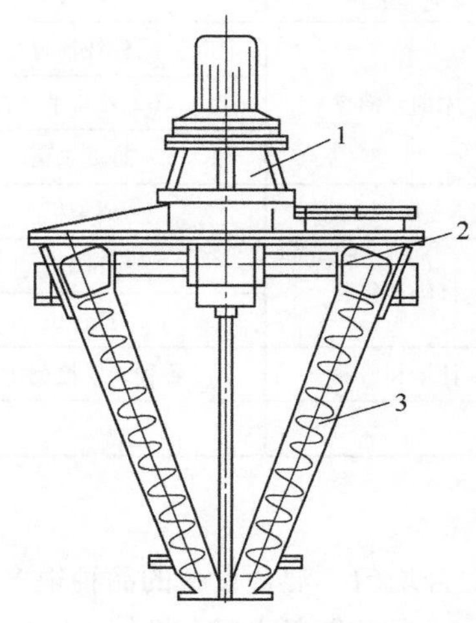

图 7-2　立式螺旋混合机

1—两级摆线针轮减速器；2—转臂拉杆部件；3—螺旋轴部分

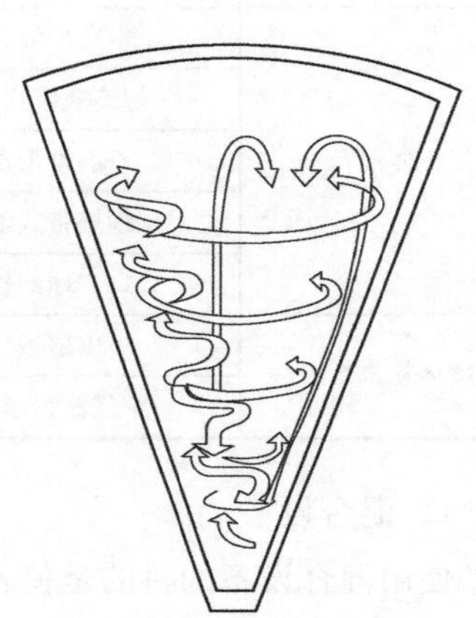

图 7-3　粉料运动图

（3）V 形混合机　V 形混合机由两圆筒焊接成 V 字形，圆筒两侧装有两支轴，支轴安放在轴承上，靠其支持而转动，见图 7-4。大型 V 形混合机的交锥部分，常为装、卸料两用，装料时口向上，卸料时口向下。当 V 形混合机运转时，机内的粉料开始时由于受离心力和筒壁的阻力作用，先做圆周运动，在达到一定点之后，在重力作用下脱离了圆周运动，粉料表面的颗粒产生移动，然后在两筒交锥部分进行激烈冲击，使粉料分离开来。在混合机的连续运转下，机内粉料反复在交锥处做激烈冲击。由此混合机内粉料在短时间内就可达到良好的混合。

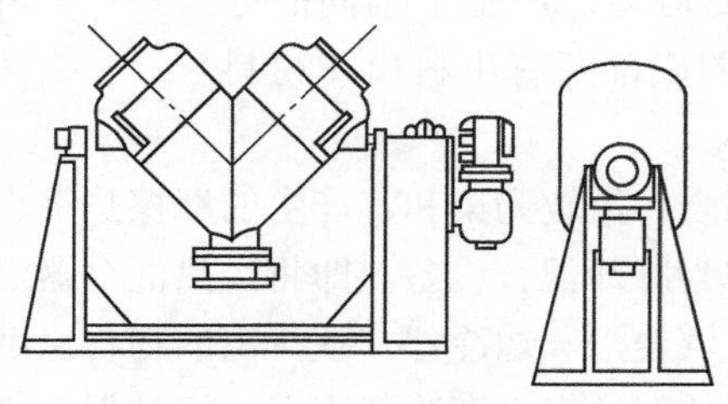

图 7-4　V 形混合机

V形混合机的装载容量为25%～40%，一般取30%的装载容量为宜，这种机器不受其他机件作用，磨损小，粉质纯，便于灭菌。

（4）球磨机　球磨机是一种固体物料粉碎、研磨及混合设备，构造简单，为一瓷制或铁制球体，球体内放置了研磨钢球，物料置于球体内，密封球体，由电动机使球体转动，利用球体内下落的钢球等研磨体的冲击作用以及磨体与球磨机内壁的研磨作用将物料粉碎、研磨与混合，瀑布状态是球磨机运行的最佳状态，见图7-5。球磨机可用于干磨和湿磨。一般球磨机的研磨作用较混合更为重要，用于湿磨时，其湿料含量应在总物料的6%以下，以避免物料黏结而失去研磨与混合作用。

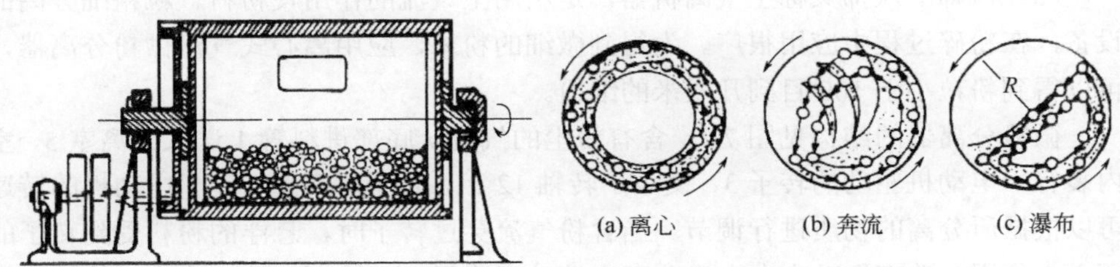

图7-5　球磨机及其运行状态图

球磨机的优点：①可以进行干磨，也可以用于湿磨；②粉碎程度高，可得到较细的颗粒；③运转可靠，操作方便；④结构简单，价格便宜；⑤可间歇也可连续操作；⑥粉碎及研磨易爆物时，筒体可以充惰性气体以保安全生产；⑦密闭进行，可减少粉尘飞扬。

球磨机的缺点：①体积庞大、笨重；②运转时振动剧烈，噪声较大，须有牢固的基础；③工作效率低，能量消耗大；④粉料内易混入研磨体的磨损物，污染制品。

（5）高速混合机　高速混合机是近年来使用较广泛的高效混合设备，使用时将粉料按配比装入容器内，盖好密封盖，在夹套内通入冷却水。粉料在叶轮高速转动下进行充分混合，同时粉料在高速叶轮的离心力作用下，互相撞击粉碎。由于粉料在高速搅拌下做功，在很短的时间内粉料的温度会升高很多，易致粉料变质、变色，故开动混合机前必须先在夹套内通入冷却水进行冷却，在运行中亦需经常观察温度的变化。高速混合机适宜的装载容量为容器的60%～70%。叶轮的旋转速度，根据粉料的多少、粉料的性质而定，一般在500～1500r/min内选择。

2．筛分设备

这是一种固体颗粒分离设备，筛网可以由金属丝、蚕丝或尼龙丝制成，其筛孔为方形或圆形，筛孔大小以目表示，即每平方英寸（$1in^2=6.4516\times10^{-4}m^2$）筛网内所含筛孔的数目，数目越高，筛孔越小。

（1）刷筛　如图7-6所示，刷筛具有一个U形容器，底部有半圆形筛网，在容器两侧面圆心有两个轴承座，其上装有转轴，在轴上有交叉毛刷，毛刷紧贴金属筛网。开动机器后方能加料，否则会破坏筛网。而且加料要逐渐进行，切不可一下加料过量，造成筛网损坏，影响筛分效果。另外，加料过程中，应注意避免粉料内混有坚硬异物，以免造成网坏机损。停机时必须把筛内粉料筛刷干净。刷筛机转速较低，一般为30～100r/min。

（2）叶片筛　为提高刷筛的生产效率，将安装在轴上的毛刷改为叶片，轴的转速可提高到500～1500r/min，使粉料在叶片离心力的作用下通过金属筛网，但该设备将有大量的风排出，易造成环境污染。由于该机是依靠离心力与风力进行筛粉，要求筛料比较干燥。同时，在筛粉随风排出时，也会损失部分香精。

（3）风筛　风筛又称空气离析器，是利用空气流的作用使粉料颗粒粗细分离的设备，在粉碎过程中应用很广。为得到微细的粉末，应用离心式气流微粉分离器，可以得到粉粒小于100目到几微米的细粉。

微粉分离器的结构见图7-7，含有粉尘的气流从底部进料管1送入分离室5，室内装有一电动机驱动的转子3，支承于转轴12上，转子以高速转动。电动机的转速可以根据所分离的物质进行调节。当含粉气流穿过转子时，悬浮的粉料受到转子的离心力作用，改变运动方向，沿分离室筒壁下降至出口锥面，被二次进风管的旋转气流再次上提，夹带出细粉，这样就提高了分离效果。不符合细度要求的粗粉通过集粉管4从排粉口排出，细粉则随气流从排风管2排出。微粉分离器是一种高速转动的生产设备，每次使用完毕后必须将转子上黏附的粉料清除干净。当转子上黏附的粉料使扇面稍微不平衡时，转子将产生剧烈振动，易致机器损坏。操作时必须先开启转子，然后再进粉料，否则易产生上述情况。

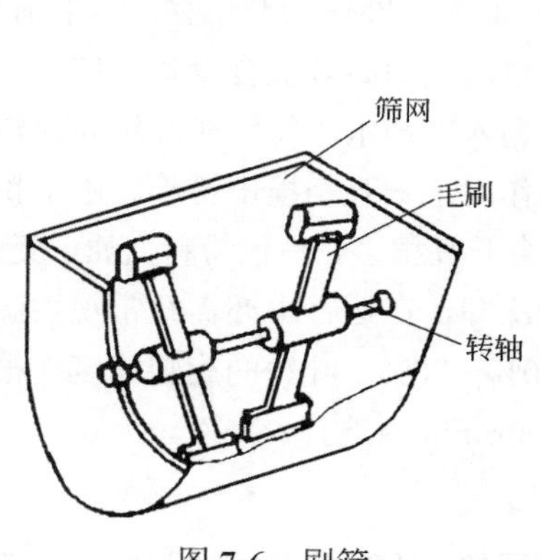

图7-6　刷筛

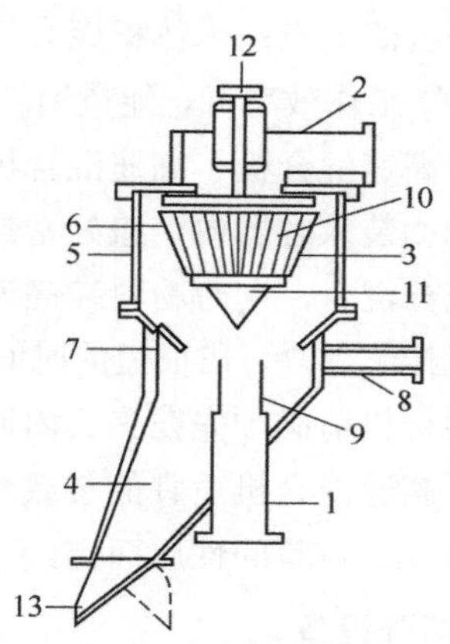

图7-7　微粉分离器

1—进料管；2—排风管；3—转子；4—集粉管；5—分离室；6—转子上的空气通道；7—节流环；8—二次风管；9—喂料位置环；10—扇片；11—转子锥底；12—转轴；13—排粉口

（4）微细粉碎设备 为提高粉类制品的质量和使用性能，扩大粉末原料的应用范围，希望制取几个微米大小的超细粉末。采用球磨机等设备进行超细粉碎，常因生产周期长、效率低而受限制。近年来采用的微细粉碎设备主要有微细粉碎机、振动磨和气流磨等。

① 微细粉碎机 微细粉碎机由粉碎室和回转叶轮等部件构成,室内装有特殊齿形衬板,粉料在高速回转的大小叶轮带动下和特殊齿形衬板的影响下产生相互撞击,得到微细的粉末。粉粒的细度一般可达$(5\sim10)\times10^{-12}$m。由于粉碎叶轮旋转的线速度高达100m/s，稍有金属异物进入粉碎室，就会导致机器损坏，故操作时应加以注意。由于该机是在高速运动撞击中进行粉碎，故进料切不可过量，以免造成机温升高，粉料变质，机件磨损。同时，使用完毕后，应将机内余粉清除干净。

② 振动磨 振动磨是利用研磨体在磨机筒体内做高频率振动将物料磨细的一种微细粉碎设备。该机构造为一卧式圆筒形磨机，筒体里面装有研磨体和物料，筒体中心装有一回转主轴，轴上装有不平衡重物，筒体由弹簧支承。当主轴按1500～3000r/min的速度旋转时，由于不平衡物所产生的惯性离心力使筒体产生高频振动、使研磨体对物料产生冲击、摩擦，从而物料得以粉碎。该机的粉碎效率较高，但由于高频振动所产生的噪声，以及研磨体在粉碎过程中磨损而在粉料内混入杂质等，影响了振动磨的使用范围。

③ 气流磨 气流磨是利用高速气流促使固体物料自行相互击碎的超细粉碎设备。气流磨可制得微细而均匀的制品，制品的纯度较高，可以在无菌条件下操作，适宜于热敏感及易燃、易爆物料的粉碎。

3．调和机

调和机是固体物料与少量黏稠性的液体物料进行混合或黏稠性液体相互混合的设备。物料间的调和过程是由运动机件产生的剪切力对物料不断进行强有力的压延、压缩、剪断和折合来实现的，使混合物料连续变形，经反复多次，以达到混合均匀的目的。调和机的结构比较复杂，主要是借助旋转方向相反的特殊形状的叶片在容器内的不断运动，以达到调和的目的。在化妆品的制备中常用的调和机有以下几种。

（1）三辊研磨机 三辊研磨机在化妆品制造过程中是一种应用比较广泛的设备。如冷霜、粉霜、唇膏等产品制造生产均可采用三辊研磨机。

三辊研磨机见图7-8，在铸铁的机架上装有三只不同转速的、用花岗石（或不锈钢）制成的轧辊，在辊轴的两端装有大小齿轮变速。前后两轧辊在手轮的调节下，可以前后移动，调整间隙。中间第二只轧辊的位置固定不动，直接连接于转动轴，由电动机带动转动。出料的前轧辊装有刮料刀片，将研磨好的膏料沿着轧辊的表面刮除到料斗内，流入料筒，并用泵输送到储存容器内，或送到脱气设备中进行脱气。

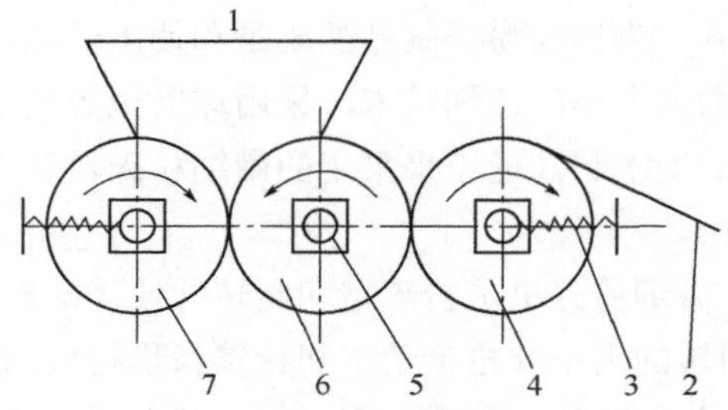

图 7-8　三辊研磨机

1—料斗；2—刮料刀片；3—调节器；4—前轧辊；5—轴承；6—中轧辊；7—后轧辊

需要研磨的物料可以采用人工（或泵）送入后轧辊和中轧辊的两块夹板间。轧辊转动时，物料从第一与第二只轧辊间加入进行压轧、研磨，并带至第二与第三只轧辊间进一步压轧，物料转至第三轧辊边缘处，被装置的刮刀刮下流至料筒内，这样使物料间得到了延压、捏合。物料通过紧贴而方向相反旋转的轧辊，利用两轧辊速度差产生的剪切力和研磨以获得细腻的物料。如在化妆品唇膏的配制中，需对固体油、脂、蜡成分与粉料进行捏合，压轧时需用蒸汽对轧辊进行预热，将温度调至物料（脂、蜡）的熔点以上，使熔化了的物料与粉料进行辊轧。

由于三辊辊材精度较高，在使用时必须严格遵守安全操作规程和润滑保养制度。在开机时需对轧辊、料体仔细检查，切不可有坚硬杂质以免损坏轧辊。铲刀铲料时应与辊转方向相反，千万不可直立插到轧辊缝边，防止轧入轧辊内损坏机器。操作人员操作时要扎紧衣袖，不得戴手套以免造成工伤。工作完毕后，先松开前轧辊上的刮料刀片，后松开前轧辊和后轧辊，并使用漆刷蘸溶剂洗刷、擦净，擦净时需使用团状布，不得拖条挂须，以免轧入轧辊内。

（2）密闭式捏合机　由混合箱及重量锤构成，混合箱内装有两个特殊形状的叶轮，按相反的方向旋转，对物料进行捏合。混合箱外部装有夹层，通入热蒸汽加热或冷媒冷却。混合箱上部装有用压缩空气驱动的重量锤，将物料压入叶轮中间进行定时的捏合。成品从底部的出料口放出。这类捏合机适用于高黏度物料的捏合。

4．粉料充填设备

粉料的充填有容积法和称量法。对于定量灌装结构的要求是：应有较高的定量精度，结构简单，并可根据定量要求进行调节。粉状的容积定量法充填设备的结构比称量法的简单，且具有定量速度快、造价低等优点，适用于低重量和视密度比较稳定的粉料充填，一般应用于计量精度不十分严格的计量场合。

第二节　蜡基化妆品

本节主要介绍以蜡基为基础原料的产品，标志性产品是口红。口红又称唇膏，是锭状的唇部美容化妆品。使用唇膏可勾勒唇形，润湿、软化唇部，保护唇部不干裂。唇膏的使用极为普遍，消费量较大。

唇膏应具备的特性：

① 对口唇无刺激、无害和无微生物污染，唇膏最容易随着唾液或食物进入体内，因此，唇膏所用的原料应该是可食用的（食品级原料）。

② 具有自然、清新愉快的味道和气味，一般使用食品香料，令人产生可食的舒适感或清爽感，同时长期使用也不致有厌恶感。

③ 外观诱人、颜色鲜艳和均匀，色调符合潮流，符合消费者需要。

④ 涂抹时平滑流畅，上色均匀，涂抹后不发生溶合或漂移。

⑤ 有较好的附着力，能够保持较长时间，但不至于很难卸妆除去。

⑥ 唇部皮肤感到润湿和舒适。

⑦ 品质稳定，不会因油脂和蜡类原料氧化产生异味或“发汗”等，在保管和使用时不会折断、变形和软化，能维持其圆柱状，有较长的货架寿命。

一、唇膏的组成成分

唇膏一般分为两类：经典唇膏和挥发性唇膏。经典唇膏不含挥发性溶剂，对包装的密闭性要求不如挥发性唇膏高，但其生产工艺是相似的。表 7-8 和表 7-9 为两种类型唇膏的结构组成和使用原料。

表 7-8 经典唇膏的结构组成和使用原料

结构组成	代表性原料	含量/%	
		光亮型	哑光型
润滑剂	蓖麻油、酯类、羊毛脂/羊毛油、油醇（辛基十二醇）、苯基聚三甲基硅氧烷、烷基聚二甲基硅氧烷、霍霍巴油、三甘油酯类	50～70	40～55
蜡类	小烛树蜡、巴西棕榈树蜡、蜂蜡及其衍生物、微晶蜡、地蜡、石蜡、合成蜡、聚乙烯	10～15	8～13
增塑剂	鲸蜡醇乙酸酯、乙酰化羊毛脂、油醇、乙酰化羊毛脂醇、矿脂	2～5	2～4
着色剂	CI 15850：1 和 Ca 色淀、氧化铁、二氧化钛、氧化锌等	0.5～3.0	3.0～8.0
珠光剂	二氧化钛/云母	1～4	3～6
活性物	生育酚乙酸酯、透明质酸钠、芦荟提取物等	0～2	0～2
填充剂	云母、硅石、PMMA、聚四氟乙烯、组合粉体、丙烯酸酯聚合物	1～3	4～15
香精	按市场和消费群体需要确定	0.05～0.1	0.05～0.1
防腐剂/抗氧化剂	羟苯甲酯、羟苯丙酯、BHT、生育酚等	0.5	0.5

表 7-9　挥发性唇膏的组成和使用原料

结构组成	代表性原料	含量/%
溶剂	异十二烷、烷基聚硅氧烷、环聚甲氧硅氧烷	25～60
润滑剂	苯基聚三甲基硅氧烷、烷基聚二甲基硅氧烷、植物油	1～30
蜡类	聚乙烯、合成蜡、小烛树蜡、地蜡、蜂蜡、烷基聚二甲基硅氧烷	10～25
固色剂	聚硅氧烷树脂、聚硅氧烷加聚合物（SA 70-5，VS 70-5）	0～10
着色剂/珠光剂	CI 15850 和 Ba 色淀、氧化铁、二氧化钛、氧化锌、二氧化钛/云母	1～15
活性物	生育酚乙酸酯、透明质酸钠、芦荟提取物等	0～2
填充剂	云母、硅石、PMMA、聚四氟乙烯、组合粉体、丙烯酸酯聚合物	1～15
香精	按市场和消费群体需要确定	0.05～0.1
防腐剂/抗氧化剂	羟苯甲酯、羟苯丙酯、BHT、生育酚等	0.5

在生产过程中，唇膏主要有基质和色料两部分组成，此外还包括香料等，其中基料主要包括油及油脂和蜡类，含量约为 85%～89%；色料主要包括色素和颜料，含量约为 10%；此外还包括香料及其他——掩饰原料味道给人以愉悦感的成分，含量约为 1%。

1．油脂、蜡类

油脂、蜡类是唇膏的基本原料，含量一般占 90%左右。各种油脂、蜡类用于唇膏中，使其具有不同的特性，以达到唇膏的质量要求，如黏着性、对染料的溶解性、触变性、成膜性以及硬度、熔点等方面的要求。制备唇膏常用的油脂、蜡类原料如下。

（1）口红中常用蜡　可分为以下几类：植物蜡，如巴西棕榈蜡、小烛树蜡、霍霍巴蜡（油）；动物蜡，如蜂蜡、羊毛脂（蜡）、鲸蜡；化石矿物蜡，如地蜡；合成蜡，如聚乙烯、硬脂酮、氧化聚乙烯（cardis wax）、PEG-*n*（carbowax）。

① 巴西棕榈蜡　INCI 名称：巴西棕榈蜡（carnauba wax）。CAS 编号：8015-86-9。

组成：烷基蜡酸酯［主要是蜡酸蜂花酯（$C_{26}H_{53}COOC_{30}H_{61}$）和蜂酸蜡酯（$C_{26}H_{53}COOC_{26}H_{53}$）］84%～85%，游离蜡酸 3%～3.5%，$C_{28}$、$C_{30}$和 C_{32}的烷醇 2%～3%，内酯（lactones）2%～3%，碳氢化合物 1%～3%，醇不溶的树脂 4%～6%。

巴西棕榈蜡精制品为淡棕色至灰黄色粉末、薄片或形状不规则且质地硬脆的蜡块。质硬，具有韧性和光泽，有光滑断面。为高熔点的质硬而脆的不溶于水的固体，是化妆品原料中硬度最高的一种。可与所有植物、动物和矿物蜡配伍，也可与各种天然和合成树脂、脂肪酸、甘油酯和碳氢化合物配伍。添加到其他蜡类中，可提高蜡质的熔点，增加硬度、韧性和光泽，也有降低黏性、塑性和结晶的倾向，可用于口红、睫毛膏、眼影、脱毛蜡等需要较好成型的制品，在唇膏中作硬化剂，用以提高产品的熔点而不致影响其触变性，并赋予光泽和热稳定性，因此对保持唇膏形体和表面光亮起着重要作用。其用量过多会引起唇膏脆化，一般用量在 1%～3%，不超过 5%。引起的唇膏脆性现象也可通过加入蜂蜡得以缓和。

② 小烛树蜡：INCI 名称：小烛树（euphorbia cerifera）蜡（candelilla cera）。

组成：羟基蜡酸酯类约 30%，碳氢化合物约 50%，内酯 5%～6%，游离蜡酸 10%～15%。

灰色至棕色蜡状固体，脆硬，有光泽，带芳香气味，略有黏性，为碱性染料很好的溶剂。可用于唇膏、眼影、眼线膏、胭脂、晒黑制品、染发制品、头发调理剂、指甲油等。乳化稳定剂、成膜剂、吸留性保湿剂、非水增黏剂、香精组分常和巴西棕榈蜡一起使用降低成本，也用于提高熔点的棒状产品，较易乳化和皂化。熔融后，凝固很慢，有时需要几天才可达到其最大硬度，加入油酸等可延缓其结晶和使其很快变软。可用作蜂蜡和巴西棕榈蜡的代用品，用以提高产品热稳定性，也可作为软蜡的硬化剂。

③ 蜂蜡　能提高唇膏的熔点而不明显影响硬度，具有良好的相容性，可辅助其他成分成为均一体系，并同地蜡一样，可使唇膏容易从模具中脱出。

④ 鲸蜡和鲸蜡醇　鲸蜡的熔点低，在唇膏中可增加触变性，但不增强唇膏的硬度；鲸蜡醇在唇膏中具有缓和作用并可溶解溴酸红染料，但因可使唇膏涂敷后的薄膜形成失光的外表面而应用受限。

⑤ 天然地蜡　INCI 名称：天然地蜡（ozokerite）。CAS 编号：12198-93-5。

组成：环状及 C_{37}～C_{53} 石蜡碳氢化合物，分子量高。

微针状白色、黄色至深棕色硬的固体。为具有较好展性的无定形蜡，不如石蜡滑润，并略带黏性，可用于唇膏、染发膏、眼部化妆品等固融体软膏制品。用作唇膏的硬化剂，有较好的吸收矿物油的性能，可使唇膏在浇注时收缩而易于脱出，但用量过多，则会影响唇膏的表面光泽。

（2）口红中常用油脂　可分为以下几类：植物油脂，如蓖麻油、橄榄油、可可脂；动物油脂，如无水羊毛脂；矿物油，如凡士林、白油；合成油脂，如肉豆蔻酸异丙酯、单硬脂酸甘油酯。

① 蓖麻油　无色至微黄色透明油状液体，属于不干性油，几乎不发生氧化酸败，储藏稳定性好，是唇膏中最常用的油脂原料，可赋予唇膏一定的黏度，以增加其黏着力。蓖麻油还对溴酸红染料有较好的溶解性，但其与白油、地蜡的互溶性不好。其用量一般为 12%～50%，以 25%较适宜，不宜超过 50%，否则易形成黏稠油腻膜。它的缺点还包括有不愉快的气味和容易产生酸败，因此原料的纯度要求较高，不可含游离碱、水分和游离脂肪酸。

② 橄榄油　橄榄油为脂肪酸甘油酯的混合物，淡黄色或黄绿色透明液体，具有较低碘值，温度低于 20℃还能保持液体状态，含有较高比例不饱和脂肪酸，较容易被氧化，可用来调节唇膏的硬度和延展性，可作为颜料分散剂。

③ 可可脂　因其熔点接近体温，可在唇膏中降低凝固点，并增加唇膏涂抹时的速熔性，可作唇膏优良的润滑剂和光泽剂。其用量一般为1%～5%，最高的用量一般不超过8%，过量则易起粉末而影响唇膏的光泽性并有变得凹凸不平的倾向。

④ 无水羊毛脂　具有良好的相容性、低熔点和高黏度，可使唇膏中的各种油、蜡黏合均匀，羊毛脂对防止油相的油分析出及对温度和压力的突变有抵抗作用，可防止唇膏“发汗”、干裂等。羊毛脂还是一种优良的滋润性物质。与蓖麻油一样，均是唇膏不可缺少的原料。由于气味不佳，其用量不宜过多，一般为10%～30%。现也多采用羊毛脂衍生物替代羊毛脂以避免此缺点。

⑤ 单硬脂酸甘油酯　是唇膏配方中主要的原料，它对溴酸红染料有很高的溶解性，且具有增强滋润及其他多种作用。

⑥ 肉豆蔻酸异丙酯　作为唇膏的互溶剂及润滑剂，可增加涂擦时的延展性，用量约为3%～8%。

⑦ 凡士林　在唇膏中的用量不宜超过20%，以避免阻曳现象。

⑧ 白油　具有相对密度低、黏度高、无异味的特点，可作唇膏的润滑剂，但常会影响产品的黏着性及附着力，遇热还会软化，析出油分，在制品中的使用逐渐减少。

2．着色剂

着色剂也称色素，是唇膏中最主要的成分。在唇膏中很少单独使用一种色素，多数是两种或多种调配而成。唇膏中的着色剂一般可分为四类：有机着色剂、矿物着色剂、珠光颜料、溴酸染料。

（1）有机着色剂　有机着色剂一般是铝、钙或钡色淀，如CI 15800（颜料红51）、CI 15850（颜料红57）等。由于世界各国化妆品法规不同，允许在唇用美容化妆品中使用的着色剂是有差别的。

（2）矿物着色剂　使用量最大的一类着色剂，占唇膏总着色量的70%，如二氧化钛、氧化铁。

（3）珠光颜料　珠光颜料多采用合成珠光颜料，如氢氧化铋、二氧化钛覆盖云母片等，随膜层的厚度不同而显示不同的珠光色泽。二氧化钛覆盖云母片对人体及皮肤无毒、无刺激性，产品有多种系列。

（4）溴酸染料　主要包括二溴荧光素、四溴荧光素和四溴四氯荧光素。溴酸荧光素不溶于水，制成唇膏外表呈橙色，当涂敷于嘴唇上时，由于pH改变而变为鲜红色，色泽很牢固且持久。在低成本唇膏中，色泽的附着性主要是依靠溴酸染料，唇膏中单独使用溴酸染料而不加其他不溶性颜料的称为变色唇膏。溴酸红在一般的油、脂、蜡中的溶解性很差，必须有优良的溶剂才能产生良好的显色效果。

3．香精

香精是唇膏的香料，既要芳香舒适，又需口味和悦，还要考虑其安全性。消费者对唇膏品种的喜爱与否，制品的口味是其中很重要的因素。因此，唇膏的香料要求是：既要完全掩盖油脂和蜡的气味，还要体现淡雅的清香气味，可被消费者普遍接受。唇膏经常使用一些清雅的花香、水果香和某些食品香料品种，如橙花、茉莉、玫瑰、香豆素、香兰素、杨梅等。许多芳香物会对黏膜产生刺激，不适宜用于唇膏中；有苦味和不适口味的芳香物，极易引起身体的不良反应，也不宜用于唇膏中。香精在唇膏中的用量约为2%～4%。

二、唇膏的配方与制备工艺

1. 唇膏配方

表 7-10～表 7-14 为唇膏配方举例。

表 7-10 唇膏的一般配方举例

结构组成	原料名称	质量分数/%	作用
基料	蓖麻油	45.0	赋予唇膏一定的黏度
	十六醇	25.0	润滑、不油腻
	羊毛脂	4.0	防“出汗”，提高产品稳定性
	蜂蜡	5.0	提高产品熔点，保持棒的形状
	小烛树蜡	4.0	提高产品熔点，保持棒的形状
	巴西棕榈蜡	5.0	提高产品熔点，保持棒的形状
	BHT	适量	防止油脂酸败
	防腐剂	适量	保证产品质量
色料	二氧化钛	2.0	提高覆盖力
	色浆	6.0	赋予产品不同颜色
香料	香精	适量	掩盖基料的不良气味

表 7-11 唇膏配方一（普通唇膏）

组分	质量分数/%	组分	质量分数/%
蓖麻油	44.5	无水羊毛脂	4.5
单硬脂酸甘油酯	9.5	鲸蜡醇	2.0
棕榈酸异丙酯	2.5	溴酸红	2.0
蜂蜡	20.0	色淀	10.0
巴西棕榈蜡	5.0	香精、抗氧剂	适量

该配方（表 7-11）为普通唇膏，也称原色唇膏。其色泽可分为四大基色，即大红、宝红、赭红、玫瑰红，主要特点是涂于口唇后，色泽不变。

表 7-12　唇膏配方二（透明护肤唇膏）

组分	质量分数/%	组分	质量分数/%
地蜡	12.0	橄榄油	5.0
蜂蜡	18.0	肉豆蔻酸异丙酯	10.0
微晶蜡	6.0	羊毛酸	2.0
白凡士林	20.0	聚乙二醇羊毛酸酯	2.0
可可脂	10.0	香精、抗氧剂	适量
白油	15.0		

表 7-13　唇膏配方三（变色唇膏）

组分	质量分数/%	组分	质量分数/%
蓖麻油	44.8	巴西棕榈蜡	10.0
肉豆蔻酸异丙酯	10.0	钛白粉	4.2
羊毛脂	11.0	曙红酸	3.0
蜂蜡	9.0	香精、抗氧剂	适量
固体石蜡	8.0		

表 7-14　唇膏配方四（防水唇膏）

组分	质量分数/%	组分	质量分数/%
蓖麻油	30.0	巴西棕榈蜡	10.0
白油	15.0	地蜡	10.0
蜂蜡	15.0	二甲基硅氧烷	10.0
白蜡	10.0	香精、抗氧剂	适量

表 7-15　唇膏配方五（耐转印唇膏）

组分	质量分数/%	组分	质量分数/%
聚二甲基硅氧烷（DM-300000）	10.0	CI 15850：1（红色，钙色淀）	10.0
异十二烷/二硬脂二甲铵锂蒙脱土/碳酸丙二醇酯	20.0	云母/二氧化钛	6.0
异十二烷	30.0	二氧化钛	3.0
三甲基硅烷氧基硅酸酯	20.0	CI 77499（氧化铁类，黑色颜料）	1.0

该配方（表 7-12）是透明唇膏，是不含不溶性乳白颜料和色淀的制品，润肤的油脂含量较高。主要是利用可溶性或加溶性染料产生颜色，形成透明的覆盖层，光透过时有闪光层，使唇部产生润湿的外观，防止干裂。

该配方（表 7-13）为变色唇膏，又称双色调唇膏。其使用时可在数秒内由淡橙色逐渐变为玫瑰红色。所使用的染料为曙红酸，又名四溴荧光素或四溴荧光黄，其在酸性或中性条件下为淡橙色，在唇部略带碱性的环境中变为曙红，呈现玫瑰红色。

变色唇膏除要求使用特定染料外，其油脂成分的色泽要求较浅，且符合酸度要求。

该配方（表 7-14）为防水唇膏，其中添加了抗水性的硅油组分，涂布后形成憎水膜，化妆效果的保留时间较长。

近年来，一些公司开发耐转印（或转移）唇膏（transfer-resistant lip），即饮水时唇膏不会转印在水杯玻璃上，接吻时不会印在对方唇上，不会沾污衣物，表 7-15 为其配方实例。

2．唇膏的制备工艺

唇膏的生产工艺一般包括：颜料混合和研磨、颜料相与基质混合、灌注成型、火焰表面上光。

（1）颜料混合和研磨　目的为破碎颜料的结块，使色浆均匀，无结块或团粒，颜料必须用基质中一种液态组分或多种液态组分混合物润湿，市售唇膏中大多数配方是使用蓖麻油或羊毛脂作为研磨介质。根据经验，最佳颜料/油比率是 1∶2，有机颜料特别高的配方可能需要增加油量，使色浆均匀，无结块，充分显色，经研磨后的色浆，一般需通过 20 目标准的油漆筛网过滤，制得颗粒大小均匀一致的色浆。研磨制备色浆可采用球磨机，其较安全，容易使用，可增加有机颜料的显色，然而球磨亦可能过度研磨矿物颜料，引起颜色强度损失。

（2）颜料相与基质混合　在制备过程中，颜料容易在基质中出现聚集结团现象，较难分布均匀。为此，通常先将颜料用低黏度的油浸透，然后再加入较稠厚的油脂进行混合，并通常在油脂处于较好的流动状态下（约高于脂、蜡基的熔点 20℃）趁热进行研磨，以防止在研磨之前颜料沉淀。此时研磨的作用并非是使颜料颗粒更细，而主要是使粉体分散。膏料中如混有空气，则在制品中会有小孔。在浇注前通常需加热并缓慢搅拌以使空气泡浮于表面除去或采取真空脱气方法，排出空气。另外注意产品的色调核对，应该在正式生产前用该批次颜料和基质配成小样，然后与标样对照，如色调有偏差，可及时调整，避免正式生产出产品再进行色调调整。

（3）灌注成型　大多数唇膏在 75～80℃灌注成型，模具加热至 35℃左右避免在唇膏上形成“骤冷标记”，使模具与垂直方向有一个小的角度，可避免带入空气。同样的理由，熔化了的物料不要直接倒入腔中，当物料倒入模具后，迅速冷却是最重要的，首先，这样可产生较细且较均匀的结晶结构；其次，有较好的稳定性和光泽。冷却后，将模具打开，唇膏棒脱落在盘内或其他合适容器中，准备装管和火焰表面上光。唇膏灌注成型的方法包括：手工灌装成型，手工/半自动灌注成型，全自动唇膏生产机器，还有直接在塑料包装容器内直接灌注成型。

（4）火焰表面上光　将已成型的唇膏棒通过气体喷灯火焰产生的局部热气流，使唇膏棒表面熔化，形成光洁表面，需小心调节火焰强度，使之可使唇膏表面刚好熔化，但不会使唇膏变形。

火焰表面上光也可采用电热气流，耐转印的唇膏含有挥发性成分，不能采用加热方法表面上光，只能使用表面高光洁度的模具，小型唇膏也不能用火焰表面上光的方法。在欧洲，很多唇膏制造商在模具上喷射聚硅氧烷，达到使唇膏表面光滑，然而聚硅氧烷光泽是不持久的，过量喷剂会引起表面斑点和过后呈现白霜。

三、唇膏的质量控制指标要求

唇膏的质量指标应符合我国行业标准 QB/T 1977—2004《唇膏》的规定。此标准适用于油、脂、蜡、色素等主要成分复配而成的护唇用品。

1．熔点

唇膏熔点范围直接影响唇膏的热稳定性，涂抹特性和用后感，对唇膏熔点的测定和控制是很有必要的，可接受唇膏熔点范围 55～65℃，可通过改变蜡类的品种和含量调节唇膏的熔点。

2．热稳定性

热稳定性是确保唇膏在市场所遇到的各种温度下，保持固体状态的一种性质，唇膏必须耐受储存、运输、销售时极端温度条件，符合我国唇膏行业标准 QB/T 1977—2004 的规定。

国外一些唇膏生产厂家设计了一些热稳定性评估方法：将唇膏水平放在 25℃、35℃、45℃、55℃的恒温箱内进行稳定性试验，唇膏在 55℃时，24h 后不下垂，或不变形。唇膏至少在 45℃保持稳定和不扭曲，并且应在 2 个月后 35℃可以使用，25℃的样品将用作对照样品，这些样品必须每 6 个月检查一次，确保质地和硬度没有变化。低温稳定性在-25℃试验，2 个月后唇膏表面不应有结晶形成，亦可在温控箱内，-25～25℃之间，每隔 24h 观察表面是否有结晶形成，并试验在这段时间间隔内硬度和质地是否有改变，经过 20 次冻-融循环，在可接受范围内的唇膏不会变化，或显示出任何表面的改变。

3．硬度试验

唇膏被放置在两个固定器中，在固定器上有唇膏的部位放置砝码，每隔 30s 放置一次直至口红断裂或破裂，随后检查压力是否符合生产商设定的标准。

此外，可使用压力仪准确测定唇膏的硬度，压力计可读出正好在破裂发生前压力计最高压力，用这压力值作为硬度的量度，一般在 15～30℃温度范围内进行测量。

综上，同时试验硬度、熔点、热稳定性是必要的，在设计和改进配方时，应综合考虑这三方面的因素，如果只调整熔点，硬度可能会过高。

总而言之，唇膏的质量控制应包括：

① 色彩评估和调节；

② 感官性能控制和评估（气味）；

③ 风味控制和评估；

④ 熔点的控制；

⑤ 硬度的控制。

4．技术要求

① 原料　使用的原料应符合《化妆品安全技术规范》（2015年版）规定。

② 感官、理化、卫生指标应符合表7-16的要求。

表7-16　唇膏的质量控制要求（修订）

项目		要求
感官指标	外观	表面平滑无气孔
	色泽	符合规定色泽
	香气	符合规定香型
理化指标	耐热	(45±1)℃保持24h，恢复至室温后，无明显变化，能正常使用
	耐寒	−5～−10℃保持24h，恢复至室温后，能正常使用
微生物指标	细菌总数/(CFU/g)或(CFU/mL)	≤500
	霉菌和酵母菌总数/(CFU/g)或(CFU/mL)	≤100
	耐热大肠菌群/g或mL	不得检出
	金黄色葡萄球菌/g或mL	不得检出
	铜绿假单胞菌/g或mL	不得检出
有毒物质限量	铅/(mg/kg)	≤10
	汞/(mg/kg)	≤1
	砷/(mg/kg)	≤2
	镉/(mg/kg)	≤5

四、蜡基化妆品的生产设备

蜡基化妆品的单元操作分为粉体混合、溶解、固体粉末分级、热交换、无菌、消毒、压制、打码和包装、计量和检测，其对应的生产设备见表7-17。

表7-17　蜡基类化妆品的生产设备

单元操作	生产设备	单元操作	生产设备
溶解	各类搅拌设备	无菌、消毒	紫外线消毒器
	真空乳化机		环氧乙烷消毒器
	胶体磨		超滤去菌
	匀浆机	压制	成型机
	砂磨机	打码和包装	打码机
	超声波乳化机		打包机
热交换	蒸汽夹层锅	计量和检测	各种计量检测设备
	冷却浴（低于0℃）		

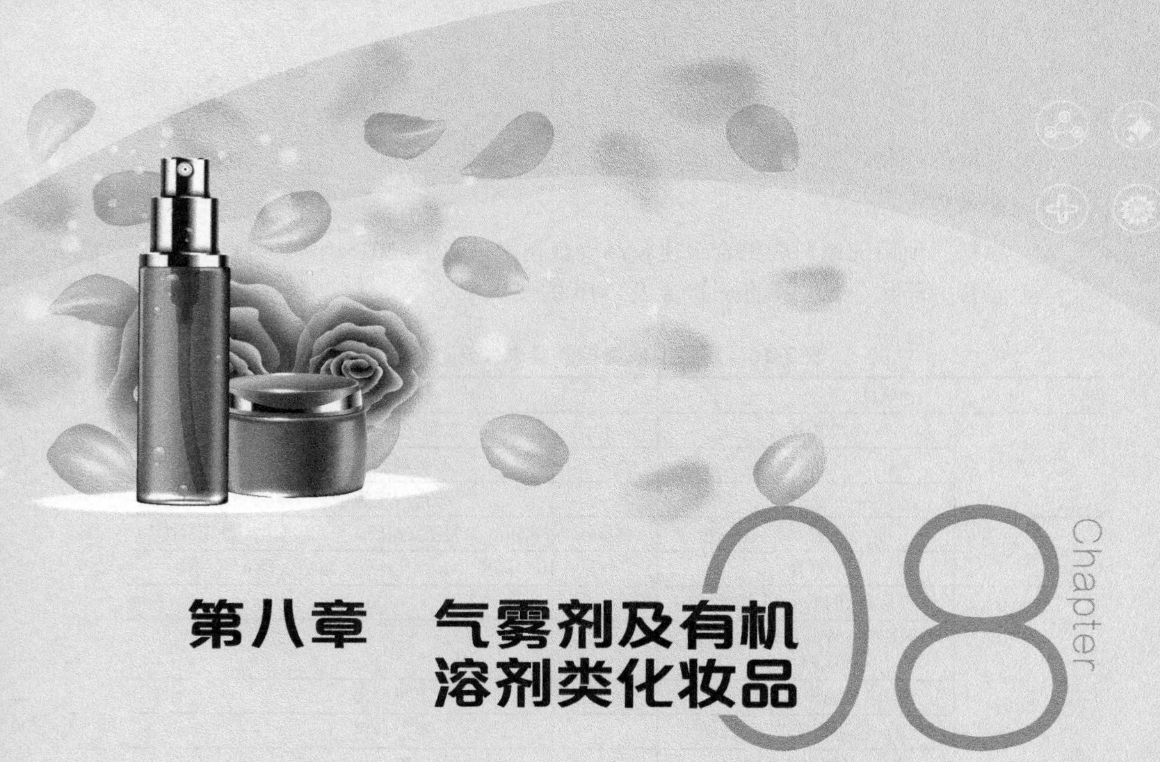

第八章 气雾剂及有机溶剂类化妆品

第一节 气雾剂类化妆品

气雾剂是指固体或液体的微粒在空气或气体中的胶体状态的分散体系。早期开发的气雾剂制品是指杀虫剂和喷发剂等，然而，随着气溶胶制品工艺和设备的发展，出现了泡沫和其他喷射式的制品。因此，现在把利用气体压力将封入耐压容器中的液体或流动性软膏、乳液或粉剂喷出分散为细微雾状物或均匀泡沫的制品统称为气溶胶（或气雾剂制品）。

气雾剂制品的一般制备原理是将产品基质和推进剂（液化气体或气体）一同封入耐压密封容器中，依靠推进剂的压力将内容物均匀地喷射出来或喷出泡沫。由于推进剂的压力使容器内处于加压状态，当按压上部按钮时，喷射装置开通，将液层（原液和推进剂）喷射出，松开按钮，喷射装置关闭，喷射停止。

一、种类、特性和发展

1．气雾剂类化妆品的分类

气雾剂类化妆品依据不同的标准主要分为五大类，分别是空间喷雾制品、表面成膜制品、泡沫制品、气压溢流制品和粉末制品。空间喷雾制品主要是指能喷出细雾，颗粒小于 50μm 的产品，如古龙水、空气清新剂等。表面成膜制品是指喷出来的物质颗粒较大，能附着在物质的表面上形成连续的薄膜的产品，如亮发油、去臭剂、喷发胶等。泡沫制品是指压出时立即膨胀，产生大量泡沫的化妆品，如剃须膏、摩丝、防晒膏等。气压溢流制品是单纯利用压缩气体的压力使产品自动压出而形状不变的产品，如气压式冷霜、气压式牙膏等。粉末制品是指粉末悬浮在喷射剂内，和喷射剂一起喷出后喷射剂立即挥发留下粉末的产品，如气压式爽身粉等。

2．气雾剂的特点

（1）优点

① 密封性好　所填充的内容物不会蒸发，不会受外界微生物和灰尘的沾污，可防止产品氧化，只要内容物对罐体无腐蚀作用，可较长期储存而不变质，货架寿命可长达 3～30 年。由于密封性能良好，即使容器倒置或翻倒产品也不会泄漏，并可制成不同大小的包装，便于携带和存放。

② 使用方便　一些具有深颜色、碱性和化学活性的产品不需与人体其他部位接触即可喷射到皮肤表面，达到较好的效果。

③ 可控制阀门开启时间来控制喷出量。

④ 雾化好　一般情况下，液滴直径可达 10～50μm。

⑤ 随着制罐和填充工艺的发展，其成本具有较强竞争力。

（2）缺点

① 雾化效果好，使用者可能会吸入体内，引起刺激作用。

② 属于易燃易爆品，加热至 60～105℃时，容器压力会超过安全值或被破坏，一些气雾剂制品具有可燃性，运输过程中应以危险品处理。

③ 使用时，特别是含有黏胶和树脂的制品，有时阀门容易堵塞，喷雾效果不好，由于容器内具有 0.2～0.6MPa 压力，在生产和运输过程中，偶尔发现推进剂会有慢慢泄露现象，使瓶中压力下降，为此要求生产工艺和产品检验应更为严格。

④ 生产过程中耗能较大。

⑤ 向空气中释放出气体和有机化合物蒸气对空气造成一定污染。

3．发展历史

在气雾型化妆品出现以前，人们用喷雾器或雾化器分别获得喷雾状或雾化状的产品。但是这些雾状物的获得需要靠手动打气或靠容器外的手工压力才能达到，所以使用起来并不是很方便。1931 年，挪威人艾立克•罗西姆开始研究并在 1933 年获得了世界上第一个气雾剂的专利。在第二次世界大战时期，美国驻在国外的军队应用杀虫气雾剂驱除蚊蝇。到 1945 年，美国将杀虫气雾剂由军用转为民用并开始在市场上销售。但是到了 1946 年，美国市场上仅有一种杀虫气雾剂，两年后，增加了室内消毒气雾剂和汽车用气雾剂。到了 20 世纪 80 年代初，杀虫气雾剂和发用摩丝几乎同步进入中国市场，并且受到了人们的普遍欢迎，大量的市场需求促进了气雾剂工业在国内的发展。2017 年中国气象剂制品产量位于全球第三。

二、气雾剂组成及配方实例

1．气雾剂类化妆品的构成

气雾剂制品主要是由基质（内容物）、推进剂、容器和合适的阀门构成。

（1）基质　产品的主体，溶液、分散体系、半固体型乳液等主要起功效作用的物质。

（2）推进剂　气雾剂制品主要依靠压缩或液化的气体压力将物质从容器内推压出来，这种供给动力的气体称为推进剂，也称为抛射剂。推进剂的作用是确保在压力容器内有一定压力，将内容物通过阀门喷嘴从容器中呈雾状或泡沫状喷出。其推进剂可分为两大类：一类是压缩气体，一类是液化气体。当使用液化推进剂时，液相和气相之间建立平衡，在使用后，容器内仍保持较为恒定的压力，相反当使用压缩气体时，随着气体消耗，容器内压力下降。

压缩气体目前使用较多的有二氧化碳、氮气、氧化亚氮、氧气等。气体在压缩的状态下注入容器中，与有效成分不相混合。这类喷射剂虽然是很稳定的气体，但使用时会导致罐内压力下降太快。而且使用时罐内初始压力太高会导致安全问题，使用过程中还会出现喷雾性能下降等问题。

液化气体能在室温下迅速汽化，除了供给动能外，能和有效成分混合在一起，成为溶剂或冲淡剂。和有效成分一起被喷射出来后，由于迅速汽化膨胀而使产品不同区域出现不同的性质和形状。目前使用较多的液化气体有低级烷烃（丙烷、正丁烷和异丁烷）和醚类（二甲醚，DME）两大类。低级烷烃主要优点就是气味较小，而且价格低廉，其作为推进剂广泛应用于水基制品，如剃须泡沫、窗户玻璃清洁剂、居室除臭剂和杀虫剂等。这类推进剂在产品中的浓度较低，可燃性减小，常互配成复合体系，或与其他不可燃的抛射剂复配使用。沿用时间最长的混合物为丙烷和异丁烷的混合物，混合物抛射剂在使用过程中，随着产品的排放，容器压力也会下降，这主要是由于蒸气压高的组分会通过阀门逸至大气中，使容器内组分变化，例如，根据推进剂组分不同，当内容物被排出 75%时，压力可能下降 30%～45%。二甲醚（DME）对臭氧层无破坏作用，温室效应作用低、低毒，不易爆炸，溶解能力强，在室温下蒸气压力为 0.4MPa，适用于气溶胶。二甲醚的主要缺点是对气溶胶罐有腐蚀作用和对橡胶密封片有溶胀，并具有可燃性，本身属于挥发性有机化合物，二甲醚可单独使用或与碳氢化合物复配使用。

（3）容器　器身材料有金属、玻璃和塑料等，其中马口铁三片气雾罐占的比例最大，依次顺序是二片镀锡铁罐、铝罐、玻璃瓶。塑料容器占比很少，多用于手按泵式气雾剂制品，气雾剂制品容器制造和灌装是制造工业的关键技术，也是投资最大的部分。

① 单片铝气雾罐　由铝锭经退火，润滑，挤压成型，脱膜，清洗去油，内涂层，涂外底层，烘干，外装饰印刷，烘干，收颈和翻口，检查等工艺过程制作而成。铝气雾罐与马口铁气雾罐相比较成本略高，但它由于耐爆破强度较高、印刷效果好、不易被氧化、不易被腐蚀、重量较轻，运输成本低等优点，目前被广泛使用。

② 玻璃气雾罐　具有化学惰性、耐腐蚀、易清洗、易消毒、不泄露、成本低、较易制成各种大小形状、外形新颖等优点，其缺点是易碎。主要被用于黏度较低，压力要求不高的产品，包括古龙水、花露水、香水和药用制品等。

③ 塑料气雾罐　耐腐蚀、成本低、耐摔而且使用安全，可制成透明或半透明气雾罐。但由于推进剂和活性物对其有渗透性，且耐压较低，容量和大小受限制，可燃易变性等，所以使用较少。

（4）阀门　阀门是整个气雾剂产品包装最重要的部件，是控制气雾剂产品内容物的喷射状态和喷射量的装置。不同类型的产品需要选择不同类型的阀门才可达到最佳效果，其主要部件包括阀门固定盖、外密封圈、内密封圈、阀杆、弹簧、阀室和引液管等。各类型阀门的差别主要在于阀杆、阀室和促动器及喷嘴。

2．气雾剂化妆品配方举例

下面以喷发胶为例，说明气雾剂化妆品的配方。

喷发胶的主要作用是定型和修饰头发，以满足各种发型的需要。喷发胶呈雾状均匀地喷洒在干发上，在每根头发表面覆盖一薄层聚合物，这些聚合物将头发黏合在一起，当溶剂蒸发后，聚合物薄膜具有一定的坚韧性，使头发牢固地保持设定的发型。在选择聚合物的时候要考虑到聚合物要与推进剂的配伍性良好，尽可能使雾滴细腻，在湿度较大的情况下仍然能具有较大的卷曲保持率。而且要易于清洗，不会在头发上积累，聚合物产品的质量要稳定，能及时供应，经济成本要符合要求。最重要的是，通过毒理学试验，证明对人体安全无害。主要活性物包括非离子、阳离子和两性聚合物，如果有需要时必须进行中和，常见聚合物如下：

① 聚乙烯吡咯烷酮（PVP）　在头发上能形成光滑且有光泽的透明薄膜，但有吸湿性，当相对湿度较高时能吸收空气中的水分而使薄膜强度降低，以至于发黏，使发型变化。

② *N*-乙烯吡咯烷酮/醋酸乙烯酯共聚物（PVP/VA）　对湿度敏感性比 PVP 低，可获得更好的定发效果，即使在高湿环境下，也能保持发型不变和减少黏性。形成的透明薄膜柔软且富有弹性。

③ 乙烯基己内酰胺/PVP/二甲基胺乙基甲基丙烯酸酯共聚物　对水的敏感度比 PVP 低得多，成膜性能也比 PVP 好，具有定发和调理双重功效和良好的水溶性及在

高湿下的强定发能力。

④ *N*-叔丁基丙烯酰胺/丙烯酸乙酯/丙烯酸共聚物　丙烯酸部分需用碱中和，中和度为 70%～90%时成膜性能最佳，膜硬度适中，易于洗掉，在潮湿空气中能保持发型不变。可用丙烷/丁烷作推进剂。

⑤ 丙烯酸酯/丙烯酰胺共聚物　与丙烷/丁烷相容性好，有很好的头发定型作用，即使在潮湿空气中也能保持良好发型。但该聚合物薄膜较硬，稍脆，应加增塑剂改善膜弹性。

⑥ 乙烯基吡咯烷酮/丙烯酸叔丁酯/甲基丙烯酸共聚物　需用氨基甲基丙醇中和，中和度以 80%~100%为佳，不会发黏，成膜弹性很强，无需增塑剂，与丙烷/丁烷相容性好，潮湿空气下仍能保持发型。

喷发胶的配方见表 8-1。

表 8-1　喷发胶的配方组成

组成	原料举例	主要功能	质量分数/%
聚合物	聚乙烯吡咯烷酮（PVP），*N*-乙烯吡咯烷酮/醋酸乙烯酯共聚物（PVP/VA），乙烯基己内酰胺/PVP/二甲基胺乙基甲基丙烯酸酯共聚物	头发定型、抗静电	5~10
溶剂	乙醇、去离子水	溶解作用、黏度调节、雾化程度调节、干燥速度调节、VOCs 含量调节	10～40
中和剂	氨甲基丙醇（AMP）、三乙醇胺（TEA）、三异丙醇胺（TIPA）、二甲基硬脂醇胺	中和树脂有机酸、改变聚合物溶解度、影响其他功能	适量
增塑剂	酯类（一般为液态）、水溶性硅油、蛋白质、多元醇、羊毛脂衍生物等	改善聚合物膜的柔韧性	聚合物干基质量分数的 5%
香精	依据产品特性及消费者需求	赋香	适量
其他添加剂	氨基酸、维生素和植物提取物，紫外线吸收剂等		适量
推进剂	丙烷、正丁烷和异丁烷，二甲醚	产生气雾	15～30

目前市场上较多的发胶有两种，气雾型喷发胶和泵式喷发胶，其配方见表 8-2，表 8-3。气雾型喷发胶（aerosol hair sprays）含有推进剂，不环保，但雾化效果好。而

表 8-2　气雾型喷发胶配方

组分	质量分数/%			
	1	2	3	4
PVP	2.5			
PVP/VA		2.5		
丙烯酸酯/丙烯酰胺共聚物				5
N-叔丁基丙烯酰胺/丙烯酸乙酯/丙烯酸共聚物			2.8	

续表

组分	质量分数/%			
	1	2	3	4
氨基甲基丙醇			0.3	0.4
柠檬酸三乙酯				1
十六醇			0.05	
硅油			0.1	
蓖麻油			0.25	
月桂酸聚乙二醇酯		0.1		
羊毛脂	0.1	0.1		
鲸蜡醇	0.2			
聚乙二醇	0.1			
香精	适量	适量	适量	适量
无水乙醇	31.9	31.8	32.1	34.4
LPG	余量	余量	余量	
正丁烷				余量

表 8-3　泵式喷发胶配方

组分	质量分数/%			
	1	2	3	4
聚乙烯吡咯烷酮	3		1	
聚丙烯酸树脂			0.5	3
丙烯酸酯/丙烯酰胺共聚物		3		
聚氧乙烯（20）十八醇醚	1.5			
聚氧乙烯（20）羊毛醇醚			2	
丙二醇	2			
柠檬酸三乙酯		0.5		
甘油			0.5	2
乙醇	10	40	10	30
三乙醇胺		0.5	0.1	0.4
聚乙二醇		0.7		
香精、防腐剂	适量	适量	适量	适量
去离子水	余量	余量	余量	余量

泵式喷发胶（pump hair sprays），由于不加任何喷射剂，不会对大气产生影响。泵式喷发胶中所用的高聚物与气雾型喷发胶大体相同。但泵式喷发胶的喷雾速度较低，雾化效果较差，如果获得与气雾型喷发胶相同的定发效果，则需提高聚合物含量。

气雾型喷发胶制作方法：先将无水乙醇加入搅拌锅中，依次加入辅料和高聚物，搅拌使其充分溶解（必要时可加热），然后加入香精，搅匀后经过滤制得原液。按配方将原液充入气雾容器内，安装阀门后按配方量充气即可。

泵式喷发胶制作方法：将乙醇加入搅拌锅中，然后将各种辅料加入搅拌锅中，搅拌溶解后，加入高聚物等胶性物质，搅拌使其溶解均匀后，再加入去离子水，最后加入香精及防腐剂混合均匀即可灌装。

三、气雾剂化妆品生产工艺

1．生产工艺流程

容器输入→容器清洗→基料填充（基料充填量需检测）→装阀门→压罐充气（罐内压强和阀门内径需检查）→重量检测→检漏→吹干→加按钮→加盖帽→打码（内部压强和易燃性检查）→外包装（见图 8-1）。

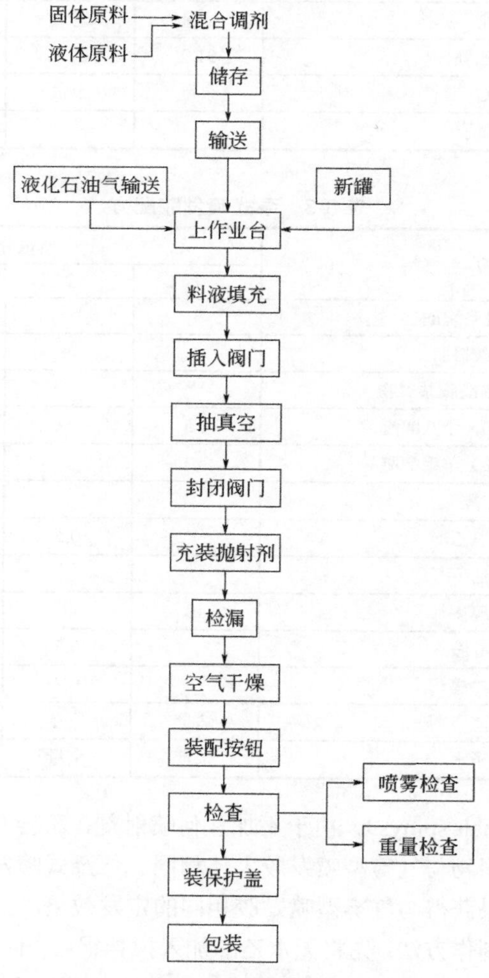

图 8-1　气雾剂化妆品生产工艺流程

2．灌装方式

气雾制品的灌装基本上可分为两种方法，即冷却灌装和压力灌装。

（1）冷却灌装　即将主成分和喷射剂冷却后灌入气压容器内的方法。喷射剂一般被冷却到压力只有 $0.7kgf/cm^2$（68.6465kPa）时的温度，主成分一般冷却至较加入喷射剂时的温度高 10～20℃，但应保持主成分中各种成分不能沉淀出来。主成分可以和喷射剂同时灌入容器内，也可先灌入主成分，然后灌入喷射剂。靠喷射剂产生的蒸气可将容器内的大部分空气逐出。如果产品是无水的，灌装系统应有除水装置，以防冷凝水进入产品中影响产品质量，产生腐蚀及其他不良影响。将主成分及喷射剂装入容器后，应立即加上带有气阀的盖并接轧好，此操作必须迅速，以免喷射剂吸收热量，挥发损失。接轧好的容器在 55℃的水溶液内检漏，然后再经喷射试验检查压力与气阀是否正常，最后盖好保持盖帽。冷却灌装的优点就是操作迅速，空气易排除。但是也有较多缺点，比如易进入冷凝水，设备投资大，操作工人操作需熟练，且必须是主成分冷却后质量不受影响的制品，因此其应用受到限制，现不常用。

（2）压力灌装　首先要在室温下先灌入主成分，将带有气阀系统的盖接轧好。然后用抽气机将容器内的空气抽去，再从阀门灌入定量的喷射剂，最后经 55℃水浴漏气检查和喷射试验。相比较冷却灌装，压力灌装对生产和配方提供了较大的伸缩性，调换品种时设备清洗简单，而且产品中不会有冷凝水混入，设备投资也较少。但是压力灌装的操作速度慢，容器内的空气不易抽除干净，并且有产生过大内压和发生爆炸的危险。

3．生产注意事项

（1）喷雾状态　喷雾的性质（干燥的或潮湿的）受不同性质和不同比例的喷射剂、气阀的结构及其他成分（特别是酒精）的存在所制约。低沸点的喷射剂形成干燥的喷雾，因此如要产品形成干燥的喷雾，可以在配方中增加喷射剂的比例，减少其他成分（即酒精），但这样会使压力改变，所以应该和气压容器的耐压情况相适应。

（2）泡沫形态　泡沫形态由喷射剂、有效成分和气阀系统所决定。当其他的成分相同时，高压的喷射剂较低压的喷射剂所产生的泡沫坚韧而有弹性。

（3）化学反应　要注意配方中的各种成分之间应不起化学反应，同时要注意组分与喷射剂或包装容器之间不起化学反应。

（4）溶解度　各种化妆品成分对各种不同的喷射剂的溶解度是不同的，选择配方时应尽量避免溶解度不好的物质，以免在溶液中析出，阻塞气阀，影响使用性能。

（5）腐蚀作用　化妆品的成分和喷射剂都有可能对包装容器产生腐蚀，选择配方时应加以注意，对金属容器进行内壁涂覆和注意选择合适的洗涤剂可以减少腐蚀的产生。

（6）变色　酒精溶液的香水和古龙水，在灌装前的运送及储存过程中容易受金属杂质的污染，灌装后即使在玻璃容器中，色泽也会变深，应注意避免。泡沫制品较易变色。

（7）香气　香味变化的影响因素较多。制品变质、香精中香料的氧化以及和其他原料发生化学反应，喷射剂本身气味较大等都会导致制品香味变化。从香气角度选择喷射剂，以二氯四氟乙烷和一氯二氟乙烷的气味最小，对大多数的芳香油几乎无影响。

（8）低温考验　采用冷却灌装的制品应注意主成分在低温时不会出现沉淀等不良现象。

（9）环保和安全　低级烷烃和醚类是易燃易爆物质，在生产和使用过程中应注意安全。

第二节　有机溶剂类化妆品

有机溶剂类化妆品是指含有大量挥发性有机溶剂的液态产品。此类有机溶剂包括：醇类，乙醇、异丙醇、正丁醇；酮类，丙酮、丁酮；醚、酯类，二乙醇单乙醚、乙酸乙酯、乙酸丁酯、乙酸戊酯；芳香族，甲苯、二甲苯、邻苯二甲酸二甲酯。这类产品的主要代表是香水和指甲油。

一、香水

香水是将香料溶解于乙醇中的制品，有时根据需要，还可加入微量色素、抗氧化剂、杀菌剂、甘油、表面活性剂等添加剂。按照香精和乙醇含量的不同可分为香水、古龙水和花露水。按产品形态不同可分为酒精液香水、乳化香水和固体香水三种。按香气可分为花香型香水和幻想型香水两类。花香型香水的香气，大多模拟天然花香配制而成，主要有玫瑰、茉莉、水仙、玉兰、铃兰、栀子、橙花、紫丁香、紫罗兰、晚香玉、金合欢、金银花、风信子、薰衣草等；幻想型香水是调香师根据自然现象、风俗、景色、地名、人物、情绪、音乐、绘画等方面的艺术想象，创造出的新香型，往往具有美好的名称，如素心兰、香奈儿五号、夜航、夜巴黎、圣诞节之夜、沙丘等。

好的香水，必须满足以下必要条件：

（1）有美妙的香气，优雅和高情调的芳香。

（2）有芳香特征。

（3）各种香气得到协调平衡。

（4）芳香的扩散性好。

（5）香气有适度的强持续性。

（6）香气与制品的内含概念相一致。

1．香水的起源及发展

香料历史悠久，可追溯到五千年前，早在黄帝神农时代，就有采集树皮草根作为医药用品来祛疫避秽，预防鼠疫或霍乱等疾病。当时人类对植物挥发出来的香气已非常重视，又加以自然界花卉的芳香，对它就产生爱好。因此在上古时代就把这些有香物质作为敬神拜佛、清静身心之用，同时用于祭祀、敬天、丧葬、占卜星相和魔术方面，后来才逐渐用于饮食、装饰和美容上。

人类最早的香水是埃及人发明的可菲神香。12 世纪，第一批现代香水被创造出来，它由一种香精和乙醇混合而成，这是受匈牙利的伊丽莎白女王之命而研制的。1709 年，意大利约翰·玛利亚·法丽纳在德国科隆用紫苏花油、摩香草、迷迭香、豆蔻、薰衣草、乙醇和柠檬汁制成了一种异香扑鼻的神奇液体，1756～1763 年德法战争期间，法国士兵将其带回法国，起名为 Eau de Cologne(古龙水)，一直沿用至今。到了 19 世纪下半叶，由于挥发性溶剂取代了早期的蒸馏法尤其是人造合成香料在法国的诞生，使香水不再局限于单一的天然香型，香水家族也由此迅速壮大，并奠定了现代香水工业的基础。第一次世界大战后，女性社会地位有所提升，作风较之前大胆，这个年代的香水倾向于浓郁的花香，所以在 20 世纪 20 年代，法国时装大师香奈儿（Chanel）创造了世界上第一款加入乙醛的花香香水——Chanel NO.5。1978 年，雅诗兰黛推出的白麻(White Linen)加入了茉莉、玫瑰、铃兰和柑橘等香料，成为高贵而爽朗的香水，让人醒觉到香水也可以是日常用品，并非特别场合才可以使用。到 20 世纪 90 年代，男女通用香水成为时尚。

2．香水的配方与工艺

（1）香水配方组成及举例　香水主要由香精（香料）、定香剂、乙醇、去离子水及其他类成分组成。

① 香精（香料）　香精的搭配适当与否对香水的质量有重大影响。按照调香时的作用和用途，香精可分为：主香剂、调和剂、修饰剂。主香剂为香精主题香的基础，在整个配方中用量最大，它的气味形成调和香气的主体和轮廓，奠定了香气类型的特征。调和剂用于调和主香剂的香味，使得香气浓郁而不刺激，用量很少。修饰剂也称变调剂，可以弥补主香剂香气上的不足，使香气更加协调，与调和剂没有本质区别。通常在香水中香精的含量较高，一般在 15%～25%之间，所用香料也较为名贵。古龙水和花露水中香精含量则相对较低，一般在 2%～8%之间，香味不如香水浓郁。

② 定香剂　定香剂使全体香料紧密结合在一起，调节各种香料的挥发速度，保持香气持久性，使香气稳定。常选用一些沸点高、分子量大的物质。

定香剂按香气强弱，可分为：

a．有芳香的定香剂，如洋茉莉香醛；

b．有弱香或几乎无香的定香剂，如香荚兰素麝香。

定香剂按照原料种类，可分为：

a．植物性定香剂，如秘鲁香胶、乳香、安息香等；

b．动物性定香剂，如麝香等；

c．合成定香剂，如香荚兰素、酮麝香等。

③ 乙醇　乙醇是香精的溶剂，对各类香精都具有良好的溶解性，还可以帮助香精挥发，增强芳香性。乙醇对香水的质量影响很大，所以对乙醇的外观、色泽、气味及微量杂质等都有一定的控制要求，尤其对甲醛含量有明确规定。用于香水类制品的乙醇应不含低沸点的乙醛、丙醛及较高沸点的戊醇、杂醇油等杂质。

香水内香精含量较高，乙醇含量就需要高一些，否则香精不易溶解，溶液就会产生浑浊现象，通常乙醇的含量为95%。古龙水和花露水内香精含量较香水低一些，因此乙醇的含量亦可以低一些。古龙水的乙醇含量为75%～90%，如果香精用量为2%～5%，则乙醇含量可为75%～80%。花露水香精用量一般在2%～5%之间，乙醇含量为70%～75%。

④ 去离子水　不同产品的含水量不同，香水中含有较多香精，所以水只能少加或不加，否则香精不易溶解，溶液容易生产浑浊。古龙水和花露水中香精含量较少，则可以适当加入一定量的水代替乙醇，既可以降低成本，又能使香精的挥发性下降，留香持久。水质的优劣影响香水的质量：水中若含有金属离子，会加速香精氧化，引起香水变味；水中若含有微生物，微生物会被乙醇杀死而产生沉淀，且会产生令人不愉快的气息而损害产品的香气。

⑤ 其他　为保证香水类产品的质量，一般需加入金属离子螯合剂或抗氧化剂如二叔丁基对甲酚等，或是为了使香气更加持久，可加入适量肉豆蔻酸异丙酯。另外还会根据特殊的需要加入色素等。

香水的配方举例如表 8-4～表 8-7 所示。

表 8-4　香水配方举例（紫罗兰香型）

组成	质量分数/%	组成	质量分数/%
紫罗兰花油	14.0	乙醇（95%）	80
金合欢油	0.5	灵猫香油	0.1
玫瑰油	0.1	麝香酮	0.1
龙涎香酊剂（3%）	3	檀香油	0.2
麝香酊剂（3%）	2		

表 8-5　香水配方举例（茉莉香型）

组成	质量分数/%	组成	质量分数/%
苯乙醇	0.9	乙醇（95%）	80.0
羟基香草醛	1.1	α-戊基肉桂醛	8.0
香叶醇	0.4	乙酸苄酯	7.2
松油醇	0.4	茉莉净油	2.0

表 8-6　香水配方举例（古龙水型）

组成	质量分数/%		组成	质量分数/%	
	1	2		1	2
香柠檬油	2.0	0.8	柠檬油		1.4
迷迭香油	0.5	0.6	乙酸乙酯	0.1	
薰衣草油	0.2		苯甲酸丁酯	0.2	
苦橙花油	0.2		甘油	1.0	0.4
甜橙油	0.2		乙醇（95%）	75.0	80.0
橙花油		0.8	去离子水	20.6	16.0

表 8-7　香水配方举例（花露水型）

组成	质量分数/%	组成	质量分数/%
橙花油	2.0	安息香	0.2
玫瑰香叶油	0.1	乙醇（95%）	75.0
香柠檬油	1.0	去离子水	21.7

（2）香水生产工艺　香水的制造是将调和香料与乙醇按一定比例混合，使香精在乙醇中溶解均匀，由于通常不使用其他溶剂，香精仅溶解于乙醇中，所以要充分考虑香精的溶解性后，决定乙醇的使用量。乙醇的含量根据各种香水的配制要求在 75%～95%不等，乙醇的含量除了与香精用量有关，还与香水配方有关，乙醇含量较高的香精使用的乙醇溶剂含量可以低一些（即含水量高一些），当然香水制造厂是不可能得到香精配方的，可以用实验来确定香精的乙醇含量，先把香精按比例溶解于 95%乙醇中，再慢慢滴加纯净水（同时搅拌）至浑浊为止，计算出水“饱和”时的乙醇含量，实际配制时加水量要低于“饱和”用量，以免配制好的香水在气温低时出现浑浊和分层。

混合后，将香水放入不锈钢等稳定材料制的密闭容器中，在冷的暗处陈化一段时间，陈化时间因香气的类型不同而异。陈化后要过滤将沉淀物除去，透明的部分放入容器中储存，或进一步进行冷却过滤，在过滤时一般采用过滤助剂加压过滤的方法，过滤条件因香水不同而有所变化。

刚配制的香水有醇类的刺激性臭味，“陈化”（maturing，或称“熟化”）可使刺激性臭味消失，具有圆润和柔和的芳醇香，在陈化的过程中发生酯的生成、酯交换、缩醛生成、缩醛交换、自动氧化、聚合等各种化学反应，并且这些反应复杂地交织在一起。虽然各种反应是极其微量的，但在陈化过程中发生的变化是积累的，这些都与具有柔和的圆润芳醇香有关联。一般含水较多的体系，陈化较容易进行。为了减少陈化时间，可以采用让乙醇预先陈化的办法，即工厂把刚购进的乙醇通通加入陈化剂搅拌均匀，配制香水时用已经陈化多时的乙醇将香精溶解，陈化较短的时间，就可以在冷冻过滤后马上装瓶发货，减少流动资金在仓库里的积压。由于高级香水的赋香率较高，所以要注意变色情况，虽然通常不使用着色剂，但必要时也进行着色处理。

总而言之，香水生产过程主要包括预处理、混合、陈化、冷冻、过滤、调整、产品检验及装瓶几个过程。

① 预处理　制造香水的原料、乙醇、香精和水必须纯净，不能带有杂质，所以使用前必须经过预处理，这样才能保证产品外观清澈、气味醇和、香味圆润。

乙醇的预处理：包括纯化和陈化。

香精的预处理：在香精中加入少量预处理的乙醇，陈化 1 个月后使用。

水的预处理：蒸馏或灭菌去离子，通常用柠檬酸钠或 EDTA 来去除金属离子。

② 混合　将乙醇、香精和水按照一定的比例放入不锈钢或搪瓷、搪银、搪锡的容器中，搅拌混合放置一段时间，让香精中的杂质充分沉淀，这样对成品的澄清度及在寒冷条件下的抗浑浊能力都有改善。

③ 陈化　混合好的香水要静置在密闭容器中经过至少 1～3 个月的低温陈化，这是香水配制过程中的重要步骤之一。它是指香精与乙醇混合后放置于低温密闭容器中，因为刚制成的香水，香气未完全调和，需要放置较长时间，这段时间称为陈化期，也叫成熟或圆熟。

④ 冷冻　香水碰到较低温度，就会变成半透明或雾状物，此后如再升温也不再澄清，就此始终浑浊，因此，香水必须冷冻后再进行过滤。

⑤ 过滤　陈化及冷冻后有一些不溶性物质沉淀出来，必须过滤去除以保证其透明清晰。

⑥ 调整　经过过滤后，香水色泽可能会被助滤剂吸附而变浅，乙醇也可能挥发，所以需在后期调整色泽和乙醇的含量。

⑦ 产品检验　用仪器对比色泽、测定密度及折射率，用常规方法测定乙醇含量等。

⑧ 装瓶　瓶子要用蒸馏水进行水洗，装瓶时应在瓶颈处留出一些空隙，防止储藏期间瓶内溶液受热膨胀使瓶子破裂。

3．香水的质量控制

（1）香水的行业标准　香水的感观、理化、卫生指标见表 8-8。

表 8-8　香水的感观、理化、卫生指标

项目		要求
感观指标	色泽	符合规定色泽
	香气	符合规定色泽
	清晰度	水质清晰，不应有明显杂质和黑点
理化指标	相对密度	规定值±0.02
	浊度	5℃水质清晰，不浑浊
	色泽稳定性	(48±1)℃保持 24h，维持原有色泽不变
卫生指标	甲醇含量/(mg/kg)	≤2000

（2）香水主要质量问题及原因

① 浑浊和沉淀　可能的原因配方设计不合理；所用原料不合要求；生产工艺和生产设备的影响。

② 变色变味　可能的原因乙醇质量不好或预处理不好；水质处理不好；空气、热或光的作用；碱性作用。

③ 刺激皮肤　可能的原因原料本身刺激性过大；发生变色变味时，刺激性会变大。

④ 严重干缩至香精析出分离　可能的原因包装不严，导致乙醇挥发过多，香精析出。

二、指甲油

指甲油是用来修饰和增加指甲美观的化妆品，它能在指甲表面上形成一层耐摩擦的薄膜，起到保护、美化指甲的作用。指甲油（nail enamel, nail lacquer）在结构组成上与硝化纤维素漆相似，从历史上看，1920 年汽车油漆的发展为现代指甲油的发明创造提供了新的思路，直到现在，尽管指甲油配方有不少改进，但超过这种类型特性的物质实际上还没有出现。

理想指甲油应具备的性质：

（1）指甲油必须是安全的，对皮肤和指甲无害，不会引起刺激和过敏；

（2）指甲油应有合适的黏度和流变特性，容易在支架上涂布和流平；

（3）色调鲜艳、符合潮流、有较好的光泽，不会因光照、日晒变色或失去光泽，色调均匀；

（4）较快的干燥速度（3～5min），涂布时形成润湿，易流平的液膜，干燥后形成均匀涂膜，不产生浑浊和“发霜”（blooming），无小针孔；

（5）颜料分散均匀，形成的涂膜均匀，有一定的硬度和韧性，不会成片，对指甲有好的黏着性，不容易从指甲上撕下，日常工作中不易脱落，耐久性好（一般可保持 5～7d），不会使指甲染色，涂膜质地滑而不黏，耐潮气，可透过水蒸气，有较好的光稳定性；

（6）使用指甲油清除剂等卸妆时能够很容易进行，并且能很干净地除去，不会对甲板和护皮造成损害；

（7）有较长的货架寿命，质地均匀，不会离浆或沉淀，不会变色，组分之间不会相互作用，不会氧化酸败，微生物不会使其变质。

1. 指甲油的起源及发展

指甲化妆品的使用可追溯至古代，在公元前 3000 年，我国古人用草本提取物和阿拉伯胶、蛋白、明胶和蜂蜡等制成了“装饰指甲”；在公元前 1500 年古埃及人使用指甲花将指甲染成深红色，作为最高级社交场合妇女身份的象征，在古代中国和埃及皇室妇女多使用红色和黑色。

1920 年，受到汽车喷漆的启发，露华浓发明了现代意义上第一瓶指甲油。几十年的发展中，因为考虑到指甲油中有害成分的影响，指甲油更新了无数次配方。1980 年，Tinkerbell 公司发明了第一款 bo-po（涂上去，撕下来）指甲油，并成为了那个时代女孩们最渴望拥有的彩妆产品。直到今天，In the Mood 已经生产出了会根据你的体温和周围环境而改变颜色的指甲油，该产品一经推出就在市场上热卖，不得不说它把指甲油的特殊效果提升到了新的高度。

2．指甲油的配方组成及举例

指甲油的配方组成如表 8-9 所示。

表 8-9　指甲油配方组成

结构组分	主要功能	代表性原料
成膜组分	主要成膜剂	硝化纤维素
	树脂-辅助成膜剂	甲苯磺酰胺树脂、醇酸树脂、丙烯酸树脂等
	增塑剂	樟脑、柠檬酸酯、邻苯二甲酸酯等
溶剂组分	真溶剂	乙酸乙酯、乙酸丁酯等
	助溶剂，或偶联剂	异丙醇、丁醇等
	稀释剂	甲苯等
着色组分	色料	有机颜料、无机颜料、染料等
	珠光颜料	合成珠光粉、铝粉等
悬浮剂组分	增稠剂	有机阳离子改性黏土类
活性组分	营养成分	明胶、蛋白质、维生素等

（1）成膜剂

① 主要成膜剂　主要成膜剂提供指甲油所需的许多特性，一般为合成或半合成的聚合物，所选的主要成膜剂必须溶于化妆品可接受的溶剂，且具有可形成快干、平滑、光亮膜等性质，同时有优良的黏着性，理想情况下，形成硬的、柔韧的膜，均匀涂布在指甲上，不会下陷或结块；聚合物必须对着色剂有良好的润湿能力，可形成良好遮蔽力的、亮的色层。此外，选择聚合物的单体含量要低，以避免引起皮肤过敏和对皮肤产生刺激作用。

主要成膜剂的分子量将影响指甲油的黏度，亦影响所成膜的柔韧性，强度和耐化学性。在相同溶剂体系和浓度条件下，硝化纤维素聚合度越高（即链长越长），形成膜后柔韧性越好，溶解度越低，相反聚合度越低（即链长越短），成膜后脆性越大，溶解度越大。一般来说，成膜剂是由一些不同黏度等级的聚合物组成，聚合物链长和浓度对产品黏度产生较大作用，由于交联作用，或改变聚合物溶液的性质，与聚合物缔合官能团的数目和类型亦对指甲油的流变特性存在影响。

自从硝化纤维素应用于指甲油以来，至今仍然是指甲油主要的成膜剂。硝化纤维素的优点是能在指甲表面产生黏着性好的光亮、韧性硬膜，涂膜快干、透明、有良好的可涂刷性，不倾向形成纤维质，有很好的流平性，可透过水蒸气、无毒，与其他成膜剂相比，成本较低，其缺点是易燃，属危险品，耐久性差，光泽低；如果残留酸含量高，与铁、青铜、铜和某些颜料反应，引起褪色或降解，配制好的溶液久置会降解，使黏度下降。另外，硝化纤维素膜较硬，需要添加树脂和增塑剂改性。

② 辅助成膜剂　可改善指甲油基质涂料和指甲油最终产品成膜特性的制剂，因而将辅助成膜剂称作改性树脂较为合适。单独使用硝化纤维素容易产生光泽度较低的膜，膜倾向变脆和变皱，大多数膜表面只有中等黏着作用，对水和化学品较敏感，添加含有官能团的树脂可改善其耐久性，引入有扁平立体化学结构的聚合物或低聚物可使膜获得良好的光泽，含有环状结构的化合物对增加膜光泽特别有用，添加树脂增加基料的固含量，可增加膜的厚度，但不会使黏度增加，改善成膜特性。

此外，辅助成膜剂可改善膜的耐水性且具有一定的增塑性，应该注意到有些影响不是立刻发生，而是经过一定的时间后才显现出来。另外，有些树脂会使膜变脆，这些影响可通过选择合适的增塑剂进行调节，辅助成膜剂选择不当可能导致最终产品的质量下降。

辅助成膜剂必须与硝化纤维素以及配方中其他组分配伍（如溶剂和增塑剂）。辅助成膜剂/硝化纤维素比例必须合适，否则生成的膜会太软或太硬，正确的比例取决于辅助成膜剂类型，辅助成膜剂过量可能导致膜干得慢和太柔软。

最常用的辅助成膜剂为甲苯磺酰胺甲醛树脂（TSFR），自20世纪90年代以来，公众对TSFR中百万分之几的残留甲醛日益关注，对TSFR的使用安全性提出质疑，近年来开发了一些TSFR的替代品，其中包括不含甲醛的甲苯磺酰胺/环氧化合物共聚物（TSER）、聚酯、丙烯酸酯类/甲基丙烯酸酯类共聚物、聚乙烯缩丁醛。

③ 增塑剂（plasticizer）　又称增韧剂。硝酸纤维素所生成的膜，在不含增塑剂时，硬而脆，易致脱薄，为了改进这一缺点，使成膜有柔软性和耐久性，就必须添加增塑剂，使膜具有柔韧性、耐磨及耐撞击性。在选择指甲油所使用的增塑剂时，还须要求增塑剂与溶剂、硝酸纤维素和树脂的溶解性好，挥发性小，稳定、无毒、无臭味，且要与所使用的颜料间的溶解性好。增塑剂不仅可以改变成膜的性质，亦可增加成膜光泽性，但含量过高，会影响成膜附着力。指甲油中的增塑剂可分为两类：一类是溶剂型增塑剂，其本身既是硝化纤维素的溶剂，也是增塑剂，主要包括分子量低的、有较高沸点和低挥发性的酯类，如邻苯二甲酸二丁酯、邻苯二甲酸酯二辛酯、邻苯二甲酸酯二乙酯、三甲苯基磷酸酯、乙酰基三乙基柠檬酸酯、二异丁基己二酸酯、丁基辛基己二酸酯等，这类是真正的增塑剂；另外一类是非溶剂型增塑剂，也称为软化剂，主要包括蓖麻油和樟脑，其不与硝化纤维配伍，必须与聚合物溶剂一起使用，使其保持在膜内。增塑剂的用量一般为硝化纤维素干基质量的25%～50%。

（2）溶剂（solovents）　指甲油中所使用的溶剂的作用是溶解硝酸纤维素、树脂和增塑剂，调整黏度，使其具有适当的使用性能，并具有适度的挥发速度。溶剂的选择和复配直接影响指甲油的质量和使用性能，如可改善膜的流平性、干燥时间、柔韧性、硬度、光泽、稳定性和耐久性等。

溶剂的挥发性对指甲油膜形成与膜性质均有重要影响，挥发性太大，会影响指甲油的流动性；挥发太快，会降低温度，空气中水分可冷凝在膜表面，使膜失去光泽；而挥发太慢，会使流动性太大，成膜不匀，使成膜干燥时间长。因此指甲油用溶剂多数为多种溶剂配伍而成，单独使用某一种溶剂无法满足品质方面的要求。

指甲油中使用的溶剂主要包括醇类、酯类和酮类。按照溶解能力，对于某种被溶解的物质而言，指甲油的溶剂成分由主溶剂、助溶剂和稀释剂三部分组成。主溶剂为能完全溶解硝酸纤维素的溶剂，其溶解力最强，如丙酮、低碳酯等。助溶剂与硝酸纤维素有亲和性，单独使用时没有溶解性，但与主溶剂混合使用时，增加对硝酸纤维素的溶解性，有提高使用感的效果，常使用的助溶剂有乙醇、丁醇等醇类。稀释剂单独使用时对硝酸纤维素完全没有溶解力，但配合到溶剂中可增加对树脂的溶解性，还可调整使用感，常用的有甲苯、二甲苯等烃类，稀释剂价格低，增加它的用量可降低成本。

（3）着色剂　指甲油所有的着色剂必须符合国家有关规定，现在随着色剂的发展和时尚流行趋势的变化，指甲油的色彩也千变万化，指甲油的着色剂主要包括：无机颜料、有机颜料、珠光颜料。无机颜料是完全不透明的，常含有黑色或棕色的杂质，颜色显得较暗淡和“浑浊”；有机颜料是有很明亮色彩的物质，可赋予指甲鲜艳色彩，二氧化钛覆盖云母制成的干涉型珠光颜料是当今品种最多和最重要的珠光颜料，这类颜料的光学性质取决于化学组成、晶体结构、覆盖层的厚度、云母粒子大小和生产工艺。

（4）其他功效添加剂　一些功效添加剂可赋予指甲油一些独特的性质（例如黏度改善、预防紫外线等），或容许市场上对产品的宣称（如指甲加固、补充维生素、保湿）等。指甲油的配方如表 8-10～表 8-12 所示。

表 8-10　指甲油配方（一）

组成	质量分数/%	组成	质量分数/%
硝基纤维素	21.0	乙酸乙酯	28.0
邻苯二甲酸二丁酯	6.0	Aerosil 200	1.0
甲苯磺酰胺树脂	10.0	乙醇	4.0
醋酸正丁酯	10.0	甲苯	20.0

表 8-11　指甲油配方（二）

组成	质量分数/%	组成	质量分数/%
硝化纤维素（1/2s）	10.0	乙醇	5.0
醇酸树脂	10.0	甲苯	35.0
柠檬酸乙酰三丁酯	5.0	颜料	适量
乙酸乙酯	20.0	防沉淀剂	适量
乙酸丁酯	15.0		

表 8-12　指甲油配方（三）

组成	质量分数/%	组成	质量分数/%
硝酸纤维素	11.5	乙酸乙酯	31.6
磷酸三甲苯酯	8.5	乙酸丁酯	30.0
邻苯二甲酸二丁酯	13.0	着色剂	0.4
乙醇	5.0		

3．指甲油的生产工艺及质量评估

（1）生产工艺

指甲油的生产工艺对产品品质具有很大影响，多数指甲油的功能差别被认为是生产工艺不同造成的，生产工艺直接影响光泽、沉积和过度胶凝作用，也就是说，完全相同的配方生产工艺不同可能产生不同的结果。

由于指甲油生产包括大量易燃易爆的原料，这些原料是大多数化妆品配方师所不熟知的，需要特别注意厂房建筑、配电、照明和通风应符合防火及防爆的技术标准。指甲油生产工艺如图 8-2 所示。

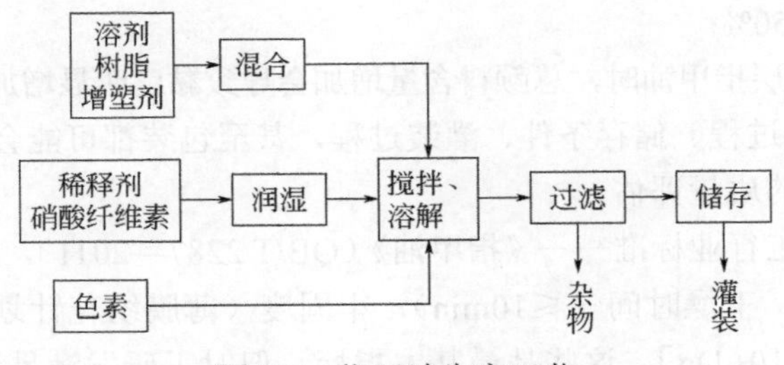

图 8-2　指甲油生产工艺

将颜料、硝酸纤维素、增塑剂和足够的溶剂调成浆状，然后研磨数次达到所需细度备用。制造透明指甲油不加颜料，先将一部分稀释剂加入容器中，不断搅拌，加入硝酸纤维素全部润湿，然后依次加入溶剂、增塑剂和树脂，搅拌数小时使有效成分完全溶解，经压滤除去杂质和不溶物，储存备用。制造不透明指甲油时在搅拌条件下，把上述制备好的颜料浆加进去，搅匀即可。

在指甲油生产过程中，颜料的制备是最重要的一步，颜料色浆研磨得越细，将达到越高光泽。指甲油颜料一般预先加工成颜料小片，将所需的颜料与硝化纤维填入有机黏土溶液和增塑剂等的混合物中混合，然后将所得的混合物研磨，干燥和粉碎成片。尽管最终获得的碎片是稳定的，但加工过程是十分危险的，大多数指甲油生产商喜欢购买这类预制好的指甲油着色剂碎片。在生产时，将着色剂碎片按配方配制成所希望色调的混合物，在防火的条件下，使用高剪切力的桨叶进行搅拌，将混合着色剂碎片加入硝化纤维素溶液中，必须小心控制温度，避免过度升温，当色调达到均匀后，加入其他溶剂和添加剂，接着加入有机黏土悬浮浆液和漆料，或稀释剂调节黏度，有时还需要添加可以改善黏度的添加剂。

指甲油的配方组分浓度改变比其他化妆品反应敏感，改善产品性质的某一组分的变化有可能对配方另一性质具有不良影响，例如改善光泽可降低黏着作用，调节黏着作用可能对干燥时间有不良的影响，当设计指甲油配方和生产工艺时应考虑如下几方面：

① 所有组分必须配伍；

② 整个配方中，硝化纤维素和树脂、硝化纤维素和增塑剂、固体和溶剂之间必须保持某种比例；

③ 树脂不仅可增加硬度，而且可增加干燥时间；

④ 高浓度的乙酸丁酯和低浓度的乙酸乙酯可增加干燥时间，反之亦然；

⑤ 低凝胶浓度时，高浓度乙酸乙酯可降低黏度和增加干燥时间，反之亦然；

⑥ 高增塑剂浓度使膜变软，但导致黏着作用降低；

⑦ 高浓度的乙酸丁酯加速溶剂分离和某些着色剂在指甲油表面分离（离浆）

⑧ 有些非常规的色调，如蓝色、黄色、橙色和黑色特别配方会加速离浆；

⑨ 总颜料含量（TPC）和珠光颜料含量不应超过最大值，二氧化钛最高含量不超过总颜料含量 50%；

⑩ 当配制单层指甲油时，总颜料含量增加会导致黏度明显增加以及耐久性变差；

⑪ 加工工艺过程、储存条件、灌装过程，甚至包装都可能会影响离浆。

（2）指甲油的质量评估

根据我国轻工行业标准——《指甲油》（QB/T 2287—2011），技术指标包括色泽（符合企业标准），干燥时间（≤10min），牢固度（薄膜绣花针划线法，无脱落），净含量允差［≤(10±1)g］。这些是最基本指标，但对于研发满足消费者需要的产品来说是不够的，一般还应包括表 8-13 中的评估项目。

表 8-13 指甲油的质量评估项目和方法

评估项目	评估方法
固含量	测定溶剂蒸发后的固体含量，在 105℃恒温烘箱中烘 2h，烘前和烘后质量计算固含量
稳定性实验	在 40℃恒温箱中存放，在 1d，2d，3d 时观察瓶中产品是否发生沉降，离浆或分层，试验温度亦可根据产品要求选择 25℃、40℃、45℃、50℃，一般可在荧光灯下进行，同时评估热和光的稳定性，如有需要可进行冻-融循环试验
黏度测量	测量受剪切前（静置后）和后的黏度，估算触变指数
水分含量	测定配方中的水分，用 Karl Fisher 法
挥发性组分含量	证实配方中挥发性组分含量，用气相色谱法

按照《化妆品安全技术规范》（2015 年版）规定，指甲油的感官、理化及卫生指标如表 8-14 所示。

表 8-14　指甲油感观、理化、卫生指标

项目		要求	
		Ⅰ型	Ⅱ型
感官指标	外观	透明指甲油：清晰透明	有色指甲油：符合企业规定
	色泽	符合企业规定	
理化指标	牢固感	无脱落	无脱落
	干燥时间/min	≤8	
有害物质指标	铅/(mg/kg)	≤10	
	汞/(mg/kg)	≤1	
	砷/(mg/kg)	≤2	
	镉/(mg/kg)	≤5	
	甲醇/(mg/kg)	≤2000（乙醇，异丙醇之和≥10%时需测甲醇）	
卫生指标	菌落总数/(CFU/g)或(CFU/mL)	其他化妆品≤1000，眼、唇部、儿童用产品≤500	
	霉菌和酵母菌总数/(CFU/g)或(CFU/mL)	≤100	
	耐热大肠杆菌群/g 或 mL	不得检出	
	金黄色葡萄球菌/g 或 mL	不得检出	
	铜绿假单胞菌/g 或 mL	不得检出	

注：Ⅰ型指甲油不测微生物指标。

指甲油最后评价是评审组的评价和消费者使用评价，这些评价包括感官评价（如色调、光泽、香型等）和使用性评价（如方便使用、附件和包装等）。

第九章　面膜类化妆品

面膜是一种集清洁、护肤和美容为一体的多用途化妆品。它的作用是涂敷在面部皮肤上，经过一定时间干燥后，在皮肤上形成一层膜状物，将该膜揭掉或洗掉后，可达到洁肤、护肤和美容的目的。

面膜的吸附作用使皮肤的分泌活动旺盛，在剥离或洗去面膜时，可将皮肤的分泌物、皮屑、污垢等随着面膜一起被除去，皮肤就显得异常干净，达到满意的洁肤效果；面膜覆盖在皮肤表面，抑制水分的蒸发，从而软化表皮角质层，扩张毛孔和汗腺口，使皮肤表面温度上升，促进血液循环，使皮肤有效地吸收面膜中的活性营养成分，起到良好的护肤作用；随着面膜的形成与干燥，所产生的张力使皮肤的紧张度增加，致使松弛的皮肤绷紧，这有利于消除和减少面部的皱纹，从而产生美容效果。

面膜有多种不同类型，其主要功能包括：

（1）面膜包裹皮肤角质层，为角质层提供水分、保湿剂和软化剂等，同时由于保湿剂和封闭效果，可保持皮肤流出水分，使角质层变得柔软，促进有效成分经皮肤吸收。

（2）成膜剂在干燥过程中，使皮肤产生适度的收缩，干燥后皮肤温度会暂时性上升，促进血液循环。

（3）在面膜剥落和洗脱的时候，通过吸附作用，可除去面部的死皮和皮肤表面污垢，具有良好的清洁作用。

（4）其他功效添加剂赋予面膜不同的功效特点。

第一节 面膜类化妆品的起源、分类及特点

一、面膜的起源及发展

面膜是很早以前就已经被使用的一种化妆品，远在古埃及金字塔时代，已知道利用一些天然原料，如土、火山灰、海泥等敷在面部或身体上，治疗一些皮肤病，发现这些物质具有不可思议的疗效。后来发展到用粗羊毛脂与各种物质，如蜂蜜、植物的花类、蛋类、粗面粉、粗豆类、水仙球根等混合，调成浆状，敷在脸上进行美容和治疗一些皮肤病。

考古学家认为，最早把面膜作为化妆品来修饰个人的是早期的古希伯来人，他们将面膜的制造工艺从埃及带至巴勒斯坦，并使面膜的生产配方有所发展，以后又传至希腊。而希腊人当时也发明了养颜护肤的绝传方法，古罗马人继承了许多希腊的习惯，大约在公元前454年古罗马女人就用牛乳、面包渣和美酒制成美容面膜。举世闻名的埃及艳后晚上常常在脸上涂抹鸡蛋清，蛋清干了便形成紧绷在脸上的一层膜，早上起来用清水洗掉，可令脸上的肌肤柔滑、娇嫩，保持青春的光彩。

我国使用美容面膜也有几千年的历史。如唐代女皇武则天，在80多岁时她面部皮肤细腻，其青春容颜仍存。《新唐书》记载她，“虽春秋高，善自涂泽，不悟世衰”，可见其善于养生，善于美容而永葆青春，武则天后来留世美容秘方有武后神仙玉女粉，即后人常用的益母草驻颜方，就是益母草面膜。中国古代四大美人之一的杨贵妃则用珍珠、白玉、人参适量，研磨成细粉，用上等藕粉混合，调和成膏状敷于脸上。静待片刻，然后洗去。说是能去斑增白，去除皱纹，光泽皮肤。慈禧太后也很早就使用美容面膜。据记载，“光绪三十年六月二十三日，寿药房传出皇太后用祛风润面膜方剂：绿豆粉六分、山药四分、白附子四分、白僵蚕四分、冰片二分、麝香一分共研极细末，再过重筛，兑胰皂四刃敷面用之。”

在20世纪70～80年代，面膜发展慢慢地由只依赖天然移向科学的工艺，90年代以来，消费者对健康非常关注，现今面膜含有各种类型符合消费者诉求的功效成分，面膜的研发工作主要集中在满足市场竞争、化妆品法规和消费者需求方面。

二、面膜的定义、分类及特点

1．定义

面膜为涂或敷于人体皮肤表面，经一段时间后揭离、擦洗或保留，起到集中护理或清洁作用的产品。

2．分类

按照面膜功效可将其分为保湿面膜、美白面膜、控油面膜、抗敏感面膜、抗衰

老面膜。面膜的功效与所添加的活性成分及面膜的种类很多大关系，同一种功效的面膜也可能有多种品类，而不同剂型的面膜代表着不同时期的流行趋势，也象征了面膜的发展历程。

根据产品形态可分为膏（乳）状面膜、啫喱面膜、贴布式面膜、粉状面膜、揭剥式面膜。

（1）膏（乳）状面膜　膏（乳）状面膜是具有膏霜或乳液外观特性的面膜产品。膏状面膜一般不能成膜剥离，而需用吸水海绵擦洗掉。膏状面膜大都含有较多的黏土类成分如高岭土、硅藻土等，还含有润肤剂油性成分，还常添加各种护肤营养物质如海藻胶、甲壳素、火山灰、深海泥、中草药粉等（泥状面膜）。使用膏状面膜涂抹在面部一般都比剥离面膜要厚一些，以使面膜的营养成分充分被皮肤吸收。它使用不便之处是不能将膜揭下，而需用水擦洗掉面部已干的面膜。

（2）啫喱面膜　啫喱面膜是具有凝胶特性的面膜产品。可以用作睡眠面膜。

（3）贴布式面膜　具有固定形状，可直接敷于皮肤表面的面膜产品。由于使用方便、简单而备受消费者的喜爱。贴布式面膜包含面膜布和精华液，面膜布作为介质，吸附精华液，可以固定在脸部特定位置，形成封闭层，促进精华液的吸收，经15～20min 后，面膜液逐渐被吸收干燥，将布取下即可。近几年贴布式面膜飞速发展，在面膜材质和款式上不断创新，开发出各式各样的面膜布类产品。目前市面上的面膜布材质有无纺布、蚕丝、概念隐形蚕丝、纯棉纤维、生物纤维、黏胶纤维、纤维素纤维和竹炭纤维等。

（4）粉状面膜　以粉体原料为基质，添加其他辅助成分配制而成的粉状面膜产品。一种细腻、均匀、无杂质的混合粉末状物质，对皮肤无刺激、安全。使用时将适量的面膜粉末与水调和成糊状，涂敷于面部，随着水分的蒸发，约经过 10～20min，糊状物逐渐干燥，在面部形成一层较厚的膜状物。粉状面膜制造、包装运输和使用都很方便。适宜于油性、干性皮肤者使用。在粉体原料的选用上要求粉质均匀细腻、无杂质及黑点，对皮肤应安全无刺激，用后能迅速干燥，容易洗脱。

（5）揭剥式面膜　揭剥式面膜一般为软膏状和凝胶状。其以增塑聚乙烯醇为成膜基质，使用时将面膜涂敷于面部，待其干后将其揭去，面部的污垢、皮屑也黏附在面膜上同时被揭去，达到清洁皮肤的目的。

第二节　面膜类化妆品的配方与工艺

一、(水洗)膏状面膜

水洗膏状面膜包括以清爽增稠体系为主的睡眠面膜，如表 9-1 所示。

表 9-1 睡眠面膜

组相	组分	质量分数/%	作用
A	水	加至 100	溶剂
	甘油	3	保湿剂
	生物糖胶-1	1	营养剂
	黄原胶	0.1	增稠剂
	EDTA-2Na	0.03	螯合剂
	柠檬酸	适量	pH 值调节剂
B	聚二甲基硅氧烷	0.5	感官修饰剂
	辛酸/癸酸甘油三酯	1.0	润肤油脂
	角鲨烷	0.5	润肤油脂
	聚二甲基硅氧烷醇	0.5	感官修饰剂
	泊洛沙姆 338	1.0	肤感调节剂
	聚丙烯酰基二甲基牛磺酸铵	2.0	增稠剂、乳化剂
C	透明质酸钠（1%）	3	营养剂
	苯氧乙醇	0.5	防腐剂
	辛甘醇	0.5	保湿剂
	香精	适量	赋香剂
	CI 42090	适量	色素
	CI 42053	适量	色素

这类配方最重要的作用是将它的润肤剂输送给皮肤，所期望的效果将由配方中各组分的相互配合决定，起到保湿、软化皮肤、润滑、舒缓过干皮肤、再富脂、增强皮肤屏障功能等作用。当然，保湿剂或其他功效添加剂的添加也很重要，膏状面膜可灵活地用于清洁面部，在皮肤上停留 5～10min，因而皮肤吸收润肤剂、产生舒适、柔软和润湿的感觉，膏霜涂层可用纸巾擦除，或用水冲洗。

制备工艺：加热搅拌 A 相原料至 80℃，搅拌降温至 50℃；称量混合 B 相原料；将 A 相加入 B 相，均质 5min；加入 C 相原料搅拌均匀。

目前大多数水洗膏状面膜为加入高岭土等粉类原料的泥浆面膜，将泥状面膜涂抹在清洁皮肤表面，形成覆盖面部和身体某一部位均匀的膜，让产品干燥 5～10min，当配方中的水分蒸发后，膜收缩，干黏土将可吸收或可吸附的物质抽缩进入黏土，粒子亦起着温和摩擦作用，除去死皮细胞和过剩的油脂，呈现出清洁、平滑皮肤。

泥状面膜的基质是细粒，或微粒固体，如来自不同来源，或矿泉的吸附性黏土、膨润土、水辉石、硅酸铝镁、高岭土、不同颜色黏土、胶体状黏土、滑石粉、碳酸镁或氧化镁、胶体氧化铝、漂（白）土、活性白土、河流或海域淤泥、火山灰、温泉土、二氧化钛、二氧化硅胶体、球状纤维素。

“黏土”来自硅-铝沉积岩，黏土中存在的痕量元素不同导致黏土有不同颜色。黏土呈绿色是由于铁的氧化物的存在；黏土呈红色是由于赤铁矿（一种含铜铁的氧化物）的存在；白黏土或高岭土中铝的含量高，紫色黏土是红色黏土和白色黏土的组合物，在面膜或体外敷膜中，所有黏土的推荐用量约为10%～40%。

添加二氧化钛和氧化锌使产品呈乳白色，并能使灰暗无光泽黏土发亮。此外，产品中添加天然或合成的胶质支撑着高含量固体：如甲基纤维素、乙基纤维素、羧甲基纤维素、PVP、PVP/VA、黄原胶、卡波姆、聚丙烯酸树脂类、海藻酸钠和阿拉伯胶等。面膜配方中亦含有润肤剂、乳化剂和保湿剂。表 9-2～表 9-4 为 3 个水洗泥状面膜配方实例。

表 9-2 泥状面膜配方（一）

组分	质量分数/%	作用
高岭土	30	粉料
甘油	20	保湿剂
膨润土	10	粉料
死海泥	10	粉料
功效添加剂	适量	功效物质
吐温-80	2	表面活性剂
羟甲基纤维素	2	保湿剂
防腐剂	适量	防腐剂
香精	0.3	香精
水	加至 100	水

制备工艺：将羟乙基纤维素加入水和甘油的混合物中高速分散搅拌并加热至80～90℃，加入吐温-80 后再加入其他粉类物料，然后加入防腐剂及各种添加剂，抽真空脱气泡，最后加入香精。

表 9-3 泥状面膜配方（二）

组相	原料名称	质量分数/%	作用
A	硬脂醇聚醚-2	2.00	乳化剂
	硬脂醇聚醚-21	3.00	乳化剂
	硬脂酸	0.50	助乳化剂、润肤油脂
	辛酸/癸酸甘油三酯	3.00	润肤油脂
	棕榈酸乙基己酯	4.00	润肤油脂
	氢化聚异丁烯	3.00	润肤油脂
	聚二甲基硅氧烷	2.00	感官修饰剂
	鲸蜡硬脂醇	3.00	润肤油脂
	甘油硬脂酸酯	2.00	润肤油脂

续表

组相	原料名称	质量分数/%	作用
B	黄原胶	0.20	增稠剂
	甘油	4.00	保湿剂
	丁二醇	3.00	保湿剂
	高岭土	12.00	皮肤调理剂、粉体
	水	加至100	溶剂
C	甲基异噻唑啉酮/碘丙炔醇丁基氨甲酸酯	0.1	防腐剂
	苯氧乙醇/乙基己基甘油	0.60	防腐剂
	香精	适量	赋香剂

表 9-4 泥状面膜配方（三）

组相	原料名称	添加量/%	作用
A	单硬脂酸甘油酯/聚乙二醇100硬脂酸	3.5	乳化剂
	鲸蜡硬脂醇	3.5	固体油脂
	液体石蜡	3.0	液体油脂
	甘油硬脂酸酯	2.0	固体油脂
	氢化聚异丁烯	2.0	液体油脂
	辛酸/癸酸三甘油酯	6.0	液体油脂
	硬脂酸	1.5	固体油脂
	聚二甲基硅氧烷	2.0	肤感调节剂
	生育酚乙酸酯	0.5	抗氧化剂
B	甘油	6.0	保湿剂
	丁二醇	3.0	保湿剂
	黄原胶	0.1	增稠剂
	高岭土	12.0	粉体
	水	加至100	溶剂
C	自制	5.0	保湿剂
	水/甘油/海藻糖/麦冬（*OPHIOPOGON JAPONICUS*）根提取物/扭刺仙人掌（*OPUNTIA STREPTACANTHA*）茎提取物/苦参（*SOPHORA FLAVESCENS*）根提取物	1.0	抗敏止痒剂
	水/甘油/β-葡聚糖	3.0	保湿剂
D	丙二醇/甲基异噻唑啉酮/碘丙炔醇丁基氨甲酸酯/氯化钠	0.1	防腐剂
	苯氧乙醇/乙基己基甘油	0.7	防腐剂

制备工艺：将A相原料称好，加热到80～85℃，保温半小时备用；用甘油和丁二醇将汉生胶预先分散，加入水相中，将B相其他原料称好，加入水相中，加热到80～85℃，保温半小时备用；将B相进行均质（速率6000r/min），将A相缓慢地倒

入 B 相中，均质 5min 左右；搅拌降温，当温度将至 50℃左右，加入 C 相原料；当温度降至 40℃时，加入 D 相原料，搅拌均匀即可。

二、贴布式面膜

贴布式面膜液配方以保湿剂、润肤剂、活性物质、防腐剂和香精等构成的水增稠体系为主。典型面膜液配方与生产工艺见表 9-5 和表 9-6。

表 9-5　面膜液配方

组相	原料名称	质量分数/%	作用
A	黄原胶	0.2	增稠剂
	去离子水	加至 100	溶剂
	丁二醇	2.0	溶剂、保湿剂
	甘油	4.0	溶剂、保湿剂
	海藻糖	1.0	保湿剂
	EDTA-2Na	0.05	金属离子螯合剂
B	库拉索芦荟（*ALOE BARBADENSIS*）叶汁/麦芽糊精	0.3	保湿剂
	水/银耳提取物	3.0	保湿剂
	水/水解燕麦蛋白	3.0	保湿剂、营养剂
	透明质酸钠	5.0	保湿剂
	水/甘油/海藻糖/麦冬（*OPHIOPOGON JAPONICUS*）根提取物/扭刺仙人掌（*OPUNTIA STREPTACANTHA*）茎提取物/苦参（*SOPHORA FLAVESCENS*）根提取物	1.0	抗敏止痒剂
	水/甘油/海藻糖/木薯淀粉/扭刺仙人掌（*OPUNTIA STREPTACANTHA*）茎提取物	1.5	刺激抑制因子
C	甲基异噻唑啉酮/碘丙炔醇丁基氨甲酸酯	0.15	防腐剂
	（日用）香精	适量	香精

面膜液制备工艺：用称重过的烧杯将 B 相中芦荟粉及去离子水称取后搅拌均匀，再依次称取 B 相剩余原料加热搅拌 5～10min，搅拌溶解至透明待用；用另一称重过的烧杯依次称取丁二醇、甘油，然后称取透明汉生胶分散于丁二醇甘油混合物中，然后加入水搅拌均匀后加入 A 相其余原料加热搅拌至 80℃，保温 30min 后降温；降温至 45℃，加入 B 相待用溶液，搅拌混合均匀后加入 C 相原料，搅拌混合均匀；搅拌降至室温后称量，添加去离子水补足质量，搅拌均匀；将固定质量的面膜液倒入已经折好的面膜袋中，封口即可。

面膜生产工艺：成型面膜液各组分→混匀→静置→过滤→片状面膜，片材→压型→灌装备用→浸渍涂布→包装。

表 9-6 保湿面膜液配方

组分	质量分数/%	作用
水	加至 100	溶剂
卡波姆	0.10	增稠剂
汉生胶	0.03	增稠剂
EDTA-2Na	0.02	螯合剂
甘油	6.00	保湿剂
1,3-丁二醇	4.00	保湿剂
甜菜碱	1.00	表面活性剂
聚乙二醇-32	1.00	保湿剂
β-葡聚糖	1.00	功效物质
银耳多糖	1.00	保湿剂
三乙醇胺	0.10	酸度调节剂
PEG-40 氢化蓖麻油	0.30	增溶剂
香精	适量	香精

三、粉状面膜

粉状面膜由基质粉料（如高岭土、钛白粉、氧化锌、滑石粉等）（骨架结构）、胶凝剂（如淀粉、硅胶粉、海藻酸钠）（形成软膜）、功能添加剂以及防腐剂组成。典型的配方见表 9-7 和表 9-8。

表 9-7 配方 1 基础面膜

组分	质量/g	作用
胶态高岭土	20.0	粉料
结晶纤维素	10.0	粉料
膨润土	5.0	粉料
硅酸铝镁	5.0	粉料
磷脂	2.0	油脂
固体山梨醇	7.0	保湿剂
防腐剂	适量	防腐剂
香精	适量	香精

表 9-8 配方 2 粉状保湿面膜

组分	质量分数/%	作用
海藻酸钠	10.0	保湿剂
氧化锌	15.0	粉料

续表

组分	质量分数/%	作用
高岭土	50.0	粉料
结晶纤维素	20.0	粉料
甘油	5.0	保湿剂
香精	适量	香精
防腐剂	适量	防腐剂

制备工艺：将粉类原料研细、混合，将脂类物质喷洒其中，搅拌均匀后过筛即得产品。

四、揭剥式面膜

1．配方组成

① 成膜剂　使面膜在皮肤上形成薄膜，常用聚乙烯醇、羧甲基纤维素、聚乙烯吡咯烷酮、果胶、明胶、黄原胶等。成膜剂的选择在面膜配制过程中至关重要。成膜后，成膜的厚薄、成膜速度、成膜软硬度、剥离性的好坏与成膜剂的用量有关，因此必须加以选择。例如，使用聚乙烯醇和辅助成膜剂高分子聚合乳化体，由于聚合度不同，特性也各异。

② 粉剂　在软膏状面膜中作为粉体，对皮肤的污垢和油脂有吸收作用。常用高岭土、膨润土、二氧化钛、氧化锌或某些湖泊、河流或海域淤泥。

③ 保湿剂　对皮肤起到保湿作用。常用甘油、丙二醇、山梨醇、聚乙二醇等。

④ 油脂　补充皮肤所失油分。常用橄榄油、蓖麻油、角鲨烷、霍霍巴油等多种油脂。

⑤ 醇类　调整蒸发速度，使皮肤具有凉快感。常用乙醇、异丙醇等。

⑥ 增塑剂　增加膜的塑性。常用聚乙二醇、甘油、丙二醇、水溶性羊毛脂等。

⑦ 防腐剂　抑制微生物生长。常用尼泊金酯类。

⑧ 表面活性剂　起增溶作用。常用 POE 油醇醚、POE 失水山梨醇单月桂酸酯等。

⑨ 其他添加剂　根据产品的功能需要，添加各种有特殊功能的添加剂。

a．抑菌剂：二氯苯氧氯酚、十一烯酸及其衍生物、季铵化合物等；

b．愈合剂：尿囊素等；

c．抗炎剂：甘草次酸、硫黄、鱼石脂；

d．收敛剂：炉甘石、羟基氯化铝等；

e．营养调节剂：氨基酸、叶绿素、奶油、蛋白酶、动植物提取物、透明质酸钠等；

f. 促进皮肤代谢剂：维生素A、α-羟基酸、水果汁、糜蛋白酶等。

2．典型配方实例

软膏状剥离面膜典型配方见表9-9。

表9-9　软膏状剥离面膜

组分	质量分数/%	作用
聚乙烯	15.0	保湿剂
聚乙烯吡咯烷酮	5.0	成膜剂
山梨醇	6.0	保湿剂
甘油	4.0	保湿剂
橄榄油	3.0	液体油脂
角鲨烷	2.0	液体油脂
POE失水山梨醇单月桂酸酯	1.0	表面活性剂
二氧化钛	5.0	粉料
滑石粉	10.0	粉料
乙醇	8.0	溶剂
香精	适量	香精
防腐剂	适量	防腐剂
去离子水	加至100.0	溶剂

软膏状剥离面膜的生产工艺流程（见图9-1）：

① 将粉末二氧化钛和滑石粉在混合罐1的去离子水中溶解，混合均匀，将甘油、山梨醇加入其中，加热至70～80℃搅拌均匀，制成水相。

② 将乙醇、香精、防腐剂、POE失水山梨醇单月桂酸酯和油分在混合罐2中混合、溶解加热至40℃，至完全溶解，制成醇相。

③ 分别将水相和醇相加入真空乳化罐，混合、搅拌、均质、脱气后，将混合物在板框式压滤机中进行过滤。过滤后在储罐中储存，待包装。

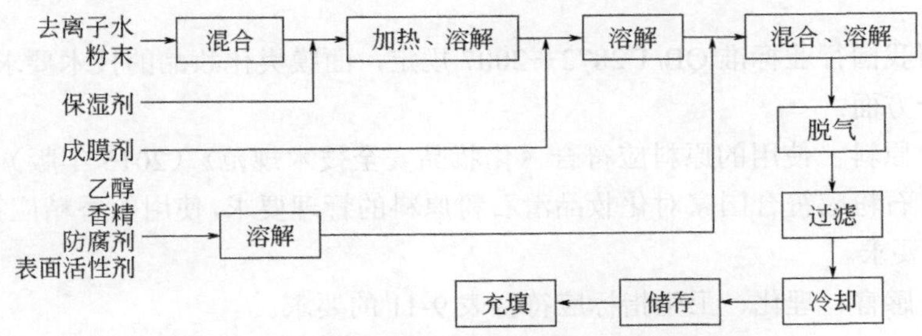

图9-1　软膏状剥离面膜生产工艺流程

透明凝胶剥离面膜典型配方见表 9-10。

表 9-10 透明凝胶剥离面膜

组分	质量分数/%	作用
聚乙烯醇（PVA）	16.0	成膜剂
羟甲基纤维素（CMC）	5.0	保湿剂
甘油	4.0	保湿剂
乙醇	11.0	溶剂
尼泊金乙酯	适量	防腐剂
香精	适量	香精
去离子水	加至 100.0	溶剂

制备工艺：在混合罐 1 中将 PVA 和 CMC 在乙醇中溶解均匀。在混合罐 2 中将甘油、去离子水混合均匀。将混合罐 1 中混合物加入混合罐 2 中，加热溶解（70～80℃），搅拌均匀，冷却至 45℃时加入用乙醇溶解的香精、防腐剂。

将上述混合物经板框式压滤机过滤后，得透明澄清溶液，在储罐中储存，待包装。此类产品的工艺流程可以表示为图 9-2。

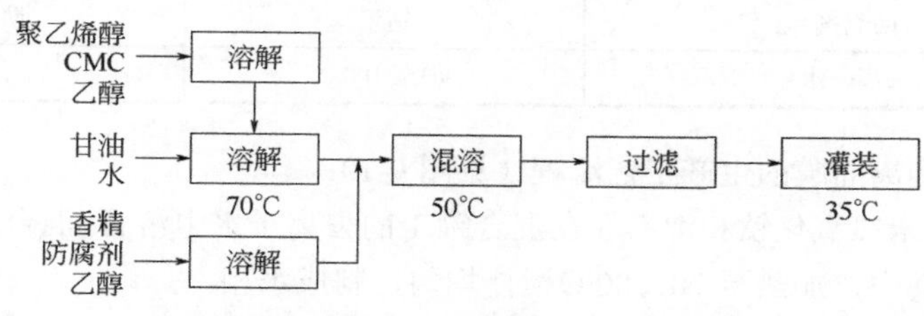

图 9-2 透明凝胶剥离面膜工艺流程图

第三节 面膜类化妆品的质量控制

按照我国行业标准 QB/T 2872—2007 规定，面膜类化妆品的技术要求主要包括以下几个方面：

（1）原料 使用的原料应符合《化妆品安全技术规范》(2015 年版）的规定，使用的滑石粉应符合国家对化妆品滑石粉原料的管理要求，使用的香精应符合 GB/T 22731 的要求。

（2）感官、理化、卫生指标应符合表 9-11 的要求。

表 9-11　面膜类化妆品的质量控制要求

项目		要求			
		膏(乳)状面膜	啫喱面膜	面贴膜	粉状面膜
感官指标	外观	均匀膏体或乳液	透明或半透明凝胶状	湿润的纤维贴膜或胶状成形贴膜	均匀粉末
	香气	符合规定香气			
理化指标	pH 值（25℃）	3.8～5.8			5.0～10.0
	耐热	(40+1)℃保持 24h 恢复至室温后与试验前无明显变化		—	—
	耐寒	−5℃保持 24h 恢复至室温后与试验前无明显变化		—	—
卫生指标	菌落总数/(CFU/g)	≤1000，眼、唇部、儿童用产品≤500			
	霉曲和酵母菌总数/(CFU/g)	≤100			
	耐热大肠杆菌/g	不应检出			
	金黄色葡萄球菌/g	不应检出			
	铜绿假单胞菌/g	不应检出			
	铅/(mg/kg)	≤10			
	汞/(mg/kg)	≤1			
	砷/(mg/kg)	≤2			
	镉/(mg/kg)	≤5			
	甲醇/(mg/kg)	—	≤2000（乙醇，异丙醇含量之和≥10%时需测甲醇）		

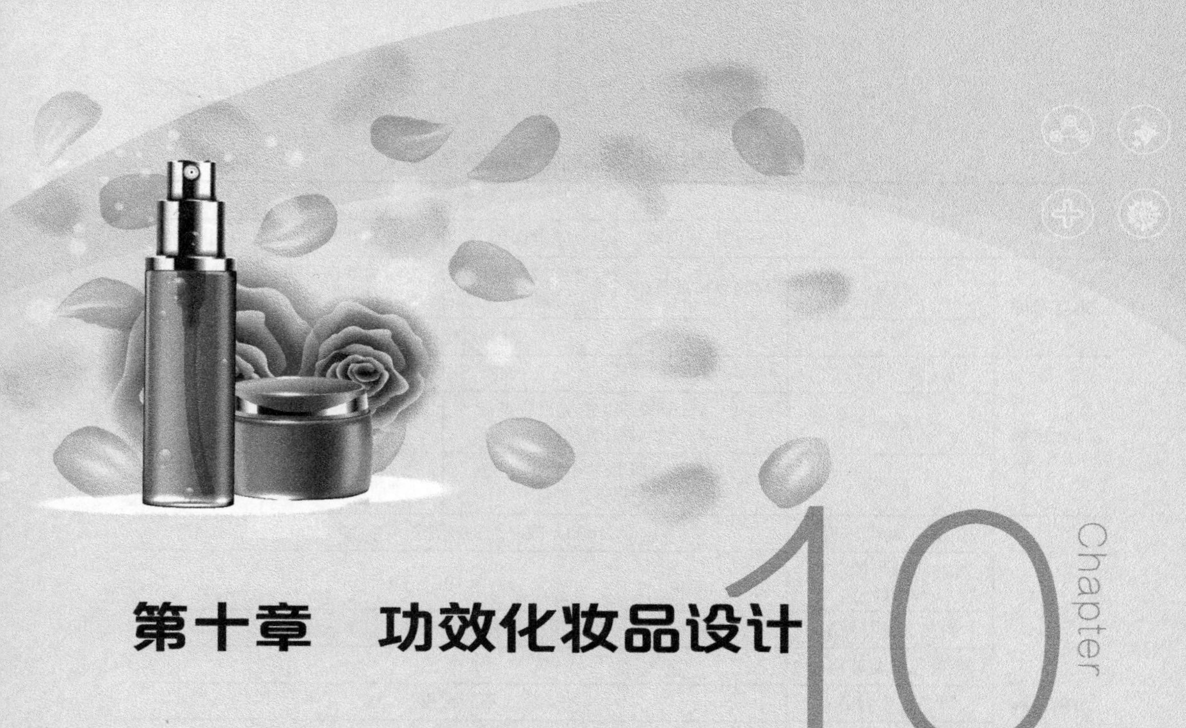

第十章 功效化妆品设计

第一节 保湿化妆品设计与评价

保湿化妆品，就是含有保湿功效成分的化妆品。它是以保持皮肤，特别是皮肤最外层中适度水分为目的而使用的化妆品。它不仅能保持皮肤水分的平衡，还能补充重要的油性成分、亲水性保湿成分和水分，并且这些成分作为活性成分和药剂的载体，易被皮肤所吸收，达到调理和营养皮肤的目的，使皮肤滋润、健康。

临床测试正常皮肤含水量为全身水分的 18%～20%。角质层缺水会直接引起皮肤干燥粗糙，并且常随之产生皮肤变厚、脱屑、瘙痒炎症等临床症状。但是不能简单地将皮肤干燥归因于角质层水分缺乏，因为皮肤的干燥并非简单的皮肤缺乏水分，而是皮肤屏障功能紊乱造成的一系列周期性循环的症状。干燥皮肤常见的粗糙脱屑、易受刺激等现象，都是表皮轻度脱水的后果。

一、皮肤缺水所引起的问题

1. 失水干燥

真皮和表皮内的水分大量逸出，水分丢失，此谓经表皮失水（transepidermal waterloss，TEWL）。皮肤丢失水分后就会出现干燥、缺水、潮红、龟裂、鳞屑等症状，严重者发生开裂、出血。

2．屏障功能受损

表皮角质形成细胞的细胞间质在角质层砖墙结构中起黏合作用。一旦表皮屏障功能受损，细胞间质遭到破坏、丢失，黏合力消失，角质形成细胞就会脱落。真皮内和表皮水分丢失，皮肤干燥，表皮细胞更换时间就会缩短（缩短到8～10天）。脱落下来的角质形成细胞是“粗制滥造”的角化过度或角化不全细胞。大量角质细胞堆积，不断地脱落，这就成了银屑病。

当表皮屏障功能丧失，大量水分丢失。表皮丧失了保湿功能，皮肤干燥、鳞屑、龟裂，形成皮肤干燥症。为什么现在家庭主妇手的发病率那么高，就是因为广泛、频繁地接触各种清洁剂、清洗剂、去污剂、消毒剂等，皮肤的屏障功能在不知不觉中被破坏了。

3．皮肤衰老

表皮、真皮水分大量丢失，表皮细胞层次变薄，真皮内胶原纤维减少，排列紊乱，皮肤含水量减少。皮肤缺少水的滋润，干燥，萎瘪，出现皮肤老化，缺乏弹性，形成皱纹；进而导致皮肤灰暗、色素沉着和产生各种老年斑。

4．皮肤敏感性增加

因为皮肤屏障功能受损，细胞间隙加大，皮肤完整性被破坏，从而对外界环境中各种物理、化学、微生物的刺激敏感性增加。由此引发各种皮肤病，如皮肤干燥症、皮肤炎痒症、湿疹、异位性皮炎、银屑病等，这些疾病可以归结为干燥性皮肤病（dry skin disorders）。

二、皮肤保湿的机理与途径

1．皮肤保湿的生理基础

（1）砖墙结构　角质层由5～15层细胞核和细胞器消失的薄饼样角质细胞和薄层脂质组成，有学者形象地将角质层比喻为用砖砌成的墙,角质形成细胞构成砖块，间隔堆砌于连续的由特定脂质组成的基质（即灰泥）中，形成特殊的“砖墙结构”。维持和保证“砖”和“灰浆”两个组分以及它们功能的正常才能确保皮肤的完整性、正常的水合作用和老化角质形成细胞的脱落。角质层是皮肤屏障和功能的部位所在，与皮肤保湿关系最密切。

（2）角质形成细胞　角质形成细胞在从基底层向上移动到角质层的过程中，细胞膜间发生广泛的交联形成不溶性的坚韧外膜——角质化细胞套膜，包括蛋白包膜和脂质包膜。

① 蛋白包膜　由一些特殊的角化包膜结构蛋白交联而成，因此具有生物机械特性。角质细胞的有序排列是表皮抵御外界机械刺激的重要因素。这些角化包膜含量

最多的是兜甲蛋白、内被蛋白等，但与保湿最相关的是中间丝相关蛋白。中间丝相关蛋白在角质层中上层迅速地被水解成游离氨基酸，包括组氨酸、谷氨酸、精氨酸，其最终产物（如尿刊酸、吡咯酮羧酸、鸟氨酸、瓜氨酸）是天然保湿因子的主要来源。

② 脂质包膜 它不仅为细胞提供一个包膜，而且还与周围的板层脂质呈犬齿交错状紧密连接，其作用是限制细胞内水及水溶性氨基酸的丢失及细胞外水的摄入，组成水通透性屏障。

（3）脂质 角质层的脂质主要指结构脂质，主要成分是神经鞘磷脂、葡糖神经酰胺、磷脂和胆固醇等，并且神经酰胺、胆固醇、游离脂肪酸一起形成了角质层的复层板层膜结构。复层板层膜是物质进出表皮时所必经的通透性和机械性屏障，不仅防止体内水分和电解质的流失，还能阻止有害物质的入侵，有助于机体内稳态的维持。另外，神经酰胺、胆固醇和游离脂肪酸组成的“三明治”结构在角质层的保湿、保护方面起到了很重要的作用。其中，神经酰胺与皮肤的保湿也是密切相关的。神经酰胺具有很强的缔合水分子能力，它通过在角质层中形成网状结构维持皮肤水分，因此，神经酰胺具有防止皮肤水分丢失的作用。

（4）角化桥粒 角化桥粒是大分子的糖蛋白复合物，这些糖蛋白复合物跨度角质化胞膜间脂质丰富的细胞间隙，镶嵌到角质细胞膜中，提供了相邻细胞间的黏附作用。正常角化桥粒随着角化细胞向角质层上部移动而进行降解，角质细胞脱落。角化桥粒降解需通过许多酶来调节，如角质层胰凝乳蛋白酶（SCCE）、角质层胰蛋白酶和三种组蛋白酶。酶活性还依赖于酶微环境中的水分，当角质层缺水时，角质形成细胞在从基底层向角质层移动的过程中，桥粒降解酶活性降低，导致桥粒不能正常降解，从而角质细胞会在皮肤表面黏着，不能正常脱落，在皮肤表面堆积，最终对皮肤的屏障功能造成影响，使皮肤变得粗糙，甚至出现皮肤疾病。

（5）水通道蛋白 水通道蛋白（aquaporin，AQP）是一类在细胞膜上与水分子通透性有关的转运蛋白，为一组小分子疏水性跨膜蛋白。AQP 可增加细胞膜的水通透性，在机体水平衡和内环境维持中发挥重要作用。皮肤中主要表达 AQP3。AQP3 在皮肤中主要定位于表皮基底层和棘层，在角质层中完全消失，这种空间分布和皮肤含水量有关，基底层和棘层含水量为 75%，而角质层为 10%～15%。AQP3 除了参与皮肤水合、皮肤屏障功能外，还可调节角质形成细胞增殖、迁移及早期分化，在多种皮肤病的发病机制中发挥重要作用。

（6）透明质酸（HA） HA 分子中含有的大量羧基和羟基使其在水溶液中可形成分子内和分子间氢键。HA 在空间上呈刚性的螺旋柱构型，柱的内侧由于存在大量的羟基而产生强烈的亲水性。HA 在组织中的保水作用是其最重要的生理功能之一，它被称为天然保湿因子。在结缔组织中，HA 与蛋白质结合成分子量更大的蛋白多糖分子，亲水性强，是保持疏松结缔组织中水分的重要成分，分布在结缔组织（包括软骨）中的蛋白多糖，通过其氨基多糖与水结合，不仅保留了水分，也占据了水分相应的空间位置。HA-蛋白质-水形成凝胶将细胞黏合在一起，发挥正常的细胞代谢作用及组织保水作用。

（7）胶原蛋白　胶原蛋白具有良好的保湿和护肤功效，具体表现在以下几个方面：①胶原蛋白含亲水性的天然保湿因子，而且三螺旋结构能强劲锁住水分，让皮肤时刻保持湿润、水嫩的状态；②活性胶原蛋白对皮肤的渗透性强，可透过角质层与皮肤上皮细胞结合，参与和改善皮肤细胞的代谢，使皮肤中的胶原蛋白活性加强，它能保持角质层水分及纤维结构的完整性，改善皮肤细胞生存环境和促进皮肤组织的新陈代谢，增强血液循环，达到滋润皮肤的目的；③胶原蛋白良好的保水能力使皮肤水润亮泽，散发健康的光彩；④胶原蛋白填充在皮肤真皮之间，增加皮肤紧密度，产生皮肤张力，缩小毛孔，使皮肤紧绷而富有弹性。

2．化妆品保湿功效体系设计

要设计出更为合理的保湿体系化妆品配方，就必须充分了解皮肤的保湿机理。皮肤的水分代谢机理见图 10-1。

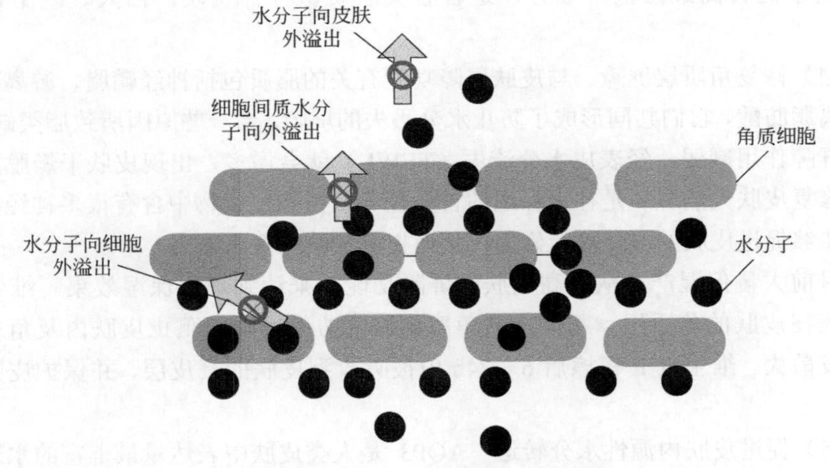

图 10-1　皮肤的水分代谢机理图

（1）防止水分蒸发　矿脂，俗称凡士林，不会被皮肤吸收，会在皮肤上形成保湿屏障，使皮肤的水分不易蒸发散失，也保护皮肤不受外物入侵。由于它极不溶于水，可长久附着在皮肤上，因此有较好的保湿效果。其缺点是过于油腻，只适合极干的皮肤或在极干燥的冬天使用。对于偏油性皮肤的年轻人则不适合，因为它会阻塞毛孔而引起粉刺和痤疮等。除了矿脂之外，还有高黏度白蜡油，各种三酸甘油酯及各种酯类油脂。含有抗蒸发保湿剂的护肤品，基本都含有这些成分，如适合极干性皮肤在晚间使用的晚霜和营养霜。

一些植物提取物由于含有丰富的多糖、蛋白质和氨基酸等成分，其结构含有大量的羟基，能够以氢键的形式与水结合，同时具有良好的成膜性，能够在皮肤的表面形成“锁水膜”防止皮肤水分的流失，达到持久保湿效果。

（2）吸取外界水分的吸湿保湿　这类保湿品最典型的就是多元醇类，使用历史最久的就是甘油、山梨醇、丙二醇、聚乙二醇等。这类物质具有自周围环境吸取水分的功能，因此在相对湿度高的条件下，对皮肤的保湿效果很好。但是在相对湿度很低，寒冷干燥、多风的气候，不但对皮肤没有好处，反而会从皮肤内层吸取水分，而使皮肤更干燥，影响皮肤的正常功能。很多护肤保养品如化妆水、乳液、面霜等护肤品中都或多或少含有这类成分，可以帮助产品保持水分，使其水分不至于快速散失。含这类成分的保湿护肤品，适合在相对湿度高的夏季、春末、秋初季节以及南方地区使用，尤其不适合在北方的秋冬季使用。

（3）结合水分作用的水分保湿　这类保湿品不是油溶性，也不是水溶性，属于亲水性的，是与水相溶的物质。它会形成一个网状结构，将自由自在的游离水结合在它的网内，使自由水变成结合水而不易蒸发散失，达到保湿效果。它不会从空气或周围环境吸取水分，也不会阻塞毛孔，亲水而不油腻，使用起来很清爽，这是属于比较高级的保湿成分，适合各类肤质、各种气候，白天、晚上都可以使用。

（4）修复角质层屏障　与皮肤屏障功能有关的脂质包括神经鞘脂、游离胆固醇和游离脂肪酸，它们共同形成了防止水分丢失的屏障。当一些原因所致脂类缺乏时，其水屏障作用减弱，经表皮水分流失（TEWL）就会增多，出现皮肤干燥脱屑。因此，修复皮肤天然屏障是补水保湿的首要任务，植物提取物中含有很多神经酰胺成分，能够促进皮肤的屏障功能修复，从而提高皮肤的保水能力。

目前大量保湿产品从提高皮肤的屏障功能，来达到理想保湿效果。维生素 E 可聚集在皮肤的角质层，帮助皮肤角质层修复防水屏障，阻止皮肤内及角质层水分蒸发散失。维生素 E 在擦后 6～24h 内被吸收到皮肤的真皮层，并保护皮肤的细胞膜。

（5）促进皮肤内源性水分转运　AQP3 是人类皮肤中表达量最丰富的水通道蛋白亚型，除了对水分子通透外还对甘油等溶质具有通透性。动物实验研究表明，水通道蛋白 AQP3 基因敲除后皮肤保湿功能和弹性均降低，创伤愈合延缓。因此，水通道蛋白 AQP3 在皮肤补水保湿上扮演着非常重要的角色。

三、保湿化妆品配方设计

1．保湿原料

根据保湿机理可将保湿功效成分分为三类：封闭剂、吸湿剂和仿生剂。常见保湿剂原料见表 10-1。

① 封闭剂类　封闭剂主要是一些油脂类，它们通过在皮肤上形成封闭的油膜，

防止皮肤水分散失，从而达到保湿效果，常见的有凡士林、白油、羊毛脂、脂肪醇、硬脂酸酯、牛油树脂、卵磷脂等。

② 吸湿剂类　吸湿剂主要是一些多元醇类，主要有甘油、丁二醇、丙二醇、山梨醇。它们从空气中吸收水分，同时也可以阻止皮肤水分的散失，从而达到保湿效果。

③ 仿生剂类　仿生剂是指被皮肤吸收后，能与体内的某种物质或结构发生关系，而达到皮肤保湿效果的保湿剂，如透明质酸、维生素类、神经酰胺等。

表 10-1　常见保湿剂原料

<table>
<tr><th>分类</th><th>原料名称</th><th>INCI 名称</th><th>作用及性质</th></tr>
<tr><td rowspan="7">封闭剂类</td><td>C_{16}～C_{18}醇</td><td>鲸蜡硬脂醇</td><td rowspan="7">在皮肤表面形成一层油膜，阻止皮肤水分的散失</td></tr>
<tr><td>二甲基硅油</td><td>二甲基硅氧烷</td></tr>
<tr><td>GTCC</td><td>辛酸/癸酸甘油三酸酯</td></tr>
<tr><td>乳木果油</td><td>牛油树脂</td></tr>
<tr><td>单甘酯</td><td>单硬脂酸甘油酯</td></tr>
<tr><td>C_{24}</td><td>棕榈酸乙基己酯</td></tr>
<tr></tr>
<tr><td rowspan="3">吸湿剂类</td><td>甘油</td><td>甘油</td><td rowspan="3">吸收空气中的水分，防止水分蒸发，从而达到保湿效果</td></tr>
<tr><td>丙二醇</td><td>丙二醇</td></tr>
<tr><td>丁二醇</td><td>1,3-丁二醇</td></tr>
<tr><td rowspan="4">仿生剂类</td><td>神经酰胺</td><td>神经酰胺</td><td>1．调节皮肤屏障功能和防止皮肤的水分损失
2．增强细胞黏合和皮肤对外界的适应能力</td></tr>
<tr><td>透明质酸</td><td>透明质酸</td><td>1．维持真皮结缔组织中的水分，使结缔组织处于疏松状态，防止胶原蛋白由溶解状态变为不溶解状态从而令肌肤饱满光滑，柔软细润。所以，HA 在真皮中主要起到组织保水作用及由此而产生的一系列维持皮肤正常生理的功能
2．与其他保湿剂相比，周围环境对其保湿性影响较小
3．透明质酸还具有营养、抗衰老、稳定乳化、抗菌消炎、促进伤口愈合及药物载体等特殊功能</td></tr>
<tr><td>吡咯酮羧酸钠</td><td>PCA</td><td>是天然保湿因子中起主要作用的天然保湿成分，具有良好的吸湿和保湿效能</td></tr>
<tr><td>燕麦 β-葡聚糖</td><td>燕麦 β-葡聚糖</td><td>1．β-葡聚糖具有激活免疫和生物调节器的作用，增强皮肤自身的免疫保护功能，高效修护皮肤，减少皱纹的产生，延缓皮肤衰老
2．可提高角质层的更新能力，保持皮肤水分，减少由于使用去污剂而导致的表皮水分损失
3．具有成膜性，因此有助于提供细胞许多生化活性</td></tr>
</table>

续表

分类	原料名称	INCI 名称	作用及性质
仿生剂类	乳酸	乳酸	1. 在 NMF 中占 12%，具有良好的保湿性，有修复表皮屏障功能 2. 易溶于水，不会形成结晶，与其他成分配伍性好
	尿囊素	尿囊素	1. 可增强肌肤及毛发最外层的吸水能力，改善角质蛋白分子的亲水能力，使遭受损害的角质层得以修复，恢复其天然的吸水能力 2. 还能在皮肤表面形成一层润滑膜，封闭水分
	海藻糖	海藻糖	容易溶解，具有保湿和保护蛋白的作用，还能延长产品的货架寿命
	fungus-TFP（α-甘露聚糖）	银耳提取物	1. fungus-TFP 分子中富含大量羟基、羧基等极性基团，可与水分子形成氢键，从而结合大量的水分 2. 其分子间相互交织形成网状，与水分子中的氢结合，具有极强的锁水保湿性能，发挥高效保湿护肤功能 3. 小分子量的α-甘露聚糖具有良好的吸水性能，大分子量的α-甘露聚糖具有极好的成膜性，赋予肌肤水润丝滑的感觉
	羟乙基碳酰胺	羟乙基碳酰胺	1. 能够深入扩散到皮肤角质层，增加皮肤弹性 2. 同其他保湿剂有较好的协同作用

2．保湿化妆品配方

本节主要从保湿乳液、保湿膏霜、爽肤水及保湿凝胶、保湿面膜和保湿洗面奶等方面介绍保湿化妆品配方。

① 保湿乳液　设计保湿乳液配方时，三类保湿剂都可以选，在选择封闭剂时，可以少选一些固体油脂，以免乳液太稠；同时由于乳液的设计理念是比较清爽，所以在选择油脂方面，也要尽可能少地选择封闭性油脂，如白油、凡士林等，多选择一些清爽性的油脂，如合成角鲨烷、GTCC、IPM 等。保湿乳液的功效体系及化妆品配方见表 10-2、表 10-3。

表 10-2　保湿乳液的功效体系

保湿剂种类	原料名称	INCI 名称	质量分数/%
封闭剂	合成角鲨烷	氢化聚异丁烯	5.0
	GTCC	辛酸/癸酸甘油三酯	3.0
	EHP	棕榈酸乙基己酯	4.0
	二甲基硅油	二甲基硅氧烷	2.0
吸湿剂	甘油	甘油	3.0
	丙二醇	丙二醇	3.0
仿生剂	透明质酸	透明质酸	1.0
	维生素 E	生育酚	0.5
	海藻糖	海藻糖	3.0

表 10-3 保湿乳液配方

组相	原料名称	INCI 名称	质量分数/%
A 相	Eumulgin S2	鲸蜡硬脂醇醚-2	1.2
	Eumulgin S21	鲸蜡硬脂醇醚-21	1.5
	合成角鲨烷	氢化聚异丁烯	5.0
	GTCC	辛酸/癸酸甘油三酯	3.0
	EHP	棕榈酸乙基己酯	4.0
	DM100	聚二甲基硅氧烷	2.0
	VE	生育酚	0.5
	尼泊金甲酯/尼泊金乙酯	尼泊金甲酯/尼泊金乙酯	0.2/0.1
B 相	卡波姆 940	卡波姆	0.1
	甘油	甘油	5.0
	海藻糖	海藻糖	3.0
	丙二醇	丙二醇	3.0
	去离子水	去离子水	加至 100
C 相	三乙醇胺	三乙醇胺	0.1
	透明质酸	透明质酸	0.1

② 保湿膏霜　设计膏霜产品时，封闭剂可以多选择一些熔点高的油脂，例如 C_{16}～C_{18} 醇、单甘酯、二十二碳醇等；同时在设计膏霜时可以把整个体系设计得滋润一些，这样我们就要相应地把油脂的量提高一些及可以选择一些封闭性的油脂。其他的保湿剂基本和乳液一致，见表 10-4、表 10-5。

表 10-4 保湿膏霜保湿体系的设计

保湿剂种类	原料名称	INCI 名称	质量分数/%
封闭剂	白油	液体石蜡	3.0
	凡士林	凡士林	2.0
	GTCC	辛酸/癸酸甘油三酯	4.0
	DM100	聚二甲基硅氧烷	2.0
	2EHP	棕榈酸乙基己酯	3.0
	IPM	十四酸异丙酯	3.0
	C_{16}～C_{18} 醇	鲸蜡硬脂醇	2.0
	单甘酯	单硬脂酸甘油酯	1.0
吸湿剂	甘油	甘油	4.0
	丙二醇	丙二醇	3.0
仿生剂	透明质酸	透明质酸	0.1
	α-甘露聚糖	银耳提取物	3.0
	海藻糖	海藻糖	3.0

表 10-5 保湿膏霜配方

组相	原料名称	INCI 名称	质量分数/%
A 相	Eumulgin S2	鲸蜡硬脂醇醚-2	1.5
	Eumulgin S21	鲸蜡硬脂醇醚-21	2.0
	白油	液体石蜡	3.0
	凡士林	凡士林	2.0
	混醇	鲸蜡硬脂醇	2.0
	单甘酯	单硬脂酸甘油酯	1.0
	GTCC	辛酸/癸酸甘油三酯	4.0
	EHP	棕榈酸乙基己酯	3.0
	DM100	聚二甲基硅氧烷	2.0
	IPM	十四酸异丙酯	3.0
	尼泊金甲酯/尼泊金乙酯	尼泊金甲酯/尼泊金乙酯	0.2/0.1
B 相	卡波姆 940	卡波姆	0.2
	甘油	甘油	4.0
	海藻糖	海藻糖	3.0
	α-甘露聚糖	银耳提取物	3.0
	丙二醇	丙二醇	3.0
	去离子水	去离子水	加至 100
C 相	三乙醇胺	三乙醇胺	0.2
	透明质酸	透明质酸	0.05

③ 爽肤水　设计爽肤水产品时，在保湿剂的选择上尽量不要选择封闭剂类的保湿剂，因为这些油脂一般都不溶于水。但可以选用一些经过改性的油脂，比如水溶性霍霍巴油、PEG-7 橄榄油脂等，这种经改性的油脂不仅可以在皮肤表面形成封闭的油膜，阻止水分散失；而且，由于其结构含有很多羟基，还可以吸收水分，达到保湿的目的。其他两类保湿剂都可以选用，见表 10-6、表 10-7。

表 10-6 保湿水保湿体系的设计

保湿剂种类	原料名称	INCI 名称	质量分数/%
封闭剂	水溶性霍霍巴油	PEG-20 霍霍巴油	0.2
吸湿剂	甘油	甘油	5.0
	丙二醇	丙二醇	3.0
仿生剂	燕麦 β-葡聚糖	燕麦 β-葡聚糖	3.0
	海藻糖	海藻糖	3.0
	α-甘露聚糖	水、银耳提取物	3.0

表 10-7 保湿水配方

组相	原料名称	INCI 名称	质量分数/%
A 相	甘油	甘油	5.0
	丙二醇	丙二醇	3.0
	燕麦 β-葡聚糖	燕麦 β-葡聚糖	3.0
	α-甘露聚糖	水、银耳提取物	3.0
	海藻糖	海藻糖	3.0
	泛醇	D-泛醇	0.3
	水溶性霍霍巴油	PEG-20 霍霍巴油	0.2
	去离子水	去离子水	加至 100
B 相	杰马Ⅱ	重氮咪唑烷基脲	0.2

④ 保湿凝胶 设计啫喱保湿功效体系时，可以和爽肤水保湿功效体系一致以外，还可添加在水剂产品中不易悬浮的保湿包埋彩色粒子，增加产品功能和视觉，更能促进消费者购买欲。值得注意的是在做凝胶产品时，需要考虑保湿剂与增稠剂之间的配伍性。比如选择的保湿剂离子含量很高，则不建议用卡波姆 940 作为增稠剂。体系设计见表 10-8、表 10-9。

表 10-8 保湿凝胶保湿体系的设计

保湿剂种类	原料名称	INCI 名称	质量分数/%
吸湿剂	甘油	甘油	5.0
	丙二醇	丙二醇	4.0
	泛醇	D-泛醇	0.3
仿生剂	保湿包埋彩色粒子		0.05
	燕麦 β-葡聚糖	燕麦 β-葡聚糖	3.0
	透明质酸	透明质酸	0.05
	海藻糖	海藻糖	3.0

表 10-9 保湿凝胶配方

组相	原料名称	INCI 名称	质量分数/%
A 相	甘油	甘油	5.0
	丙二醇	丙二醇	4.0
	卡波 U20	丙烯酸酯/C_{10}～C_{30} 烷基丙烯酸酯交链共聚物	0.6
	海藻糖	海藻糖	3.0
	燕麦 β-葡聚糖	水、甘油、燕麦 β-葡聚糖	3.0
	去离子水	去离子水	加至 100
B 相	杰马Ⅱ	重氮咪唑烷基脲	0.2
	TEA	三乙醇胺	0.6
	透明质酸	透明质酸	0.05

⑤ 保湿面膜　面膜的种类比较多，这里就列举几种来说明。

a. 现在市场上比较流行的一种透明的啫喱状睡眠面膜，在设计这种面膜时可以参照保湿凝胶的体系设计。

b. 无纺布的面膜，这种面膜体系的种类比较多，有凝胶体系的、稀乳液体系的、水剂的等，在设计这类面膜时可以参照相应的保湿凝胶、保湿乳液、保湿水的体系进行设计。

⑥ 保湿洗面奶　在设计保湿洗面奶时，通常是在洗面奶的体系中添加一些油脂，达到赋脂的目的，减少因表面活性剂过度脱脂引起的干燥。保湿洗面奶的配方见表 10-10。

表 10-10　保湿洗面奶的配方

组相	原料名称	INCI 名称	质量分数/%
A 相	单甘酯	单硬脂酸甘油酯	2.0
	DC200	聚二甲基硅氧烷	1.0
	IPM	十四酸异丙酯	4.0
	C_{16}～C_{18}醇	鲸蜡硬脂醇	7.0
	A165	单硬脂甘油酯	0.3
B 相	卡波姆 940	卡波姆	0.3
	甘油	甘油	4.0
	K12	烷基硫酸钠	0.4
	AES	烷基醚硫酸钠	3.0
	去离子水	去离子水	加至 100
C 相	TEA	三乙醇胺	0.3
	Neolone MXP	甲基异噻唑啉酮/苯氧基乙醇/尼泊金甲酯/尼泊金丙酯	0.4

保湿化妆品配方举例见表 10-11～表 10-18。

表 10-11　保湿晚霜

组分	质量分数/%	组分	质量分数/%
甘油	2.0	肉豆蔻酸异丙酯	3.0
羟乙基十六烷纤维素	0.75	丙二醇硬脂酸酯	4.0
鳄梨油	4.0	氢氧化钠（5%）	1.0
异硬脂酸盐	4.0	防腐剂	适量
硬脂酸辛酯	3.0	去离子水	加至 100.0

表 10-12 保湿霜

组分	质量分数/%	组分	质量分数/%
聚乙烯吡咯烷酮	2.0	十六醇	1.0
丙二醇	4.0	肉豆蔻酸异丙酯	15.0
尼泊金甲酯	0.2	尼泊金丙酯	0.1
三乙醇胺（99%）	1.8	聚二甲基硅氧烷（BASF）	1.0
聚氨基葡糖	4.0	香精	适量
甘油硬脂酸酯	6.0	去离子水	加至 100.0
硬脂酸	6.0		

表 10-13 保湿护肤霜

组分	质量分数/%	组分	质量分数/%
丙二醇	6.0	硬脂酸	6.0
橄榄油	8.0	羊毛脂	4.0
鲜人参提取液	0.2	防腐剂	0.1
貂油	1.5	精制水	加至 100
肉豆蔻酸异丙酯	1.5		

表 10-14 保湿晚霜

组分	质量分数/%	组分	质量分数/%
白油	15.0	甘油	3.0
十六醇	10.0	透明质酸钠	2.0
聚氧乙烯羊毛脂	3.0	去离子水	加至 100.0
氢化羊毛脂	2.0	香精	适量
凯松	0.1		

该配方对皮肤具有良好的亲和性、软化性和保湿性。

表 10-15 保湿平衡霜

组分	质量分数/%	组分	质量分数/%
乙酰化羊毛脂	5.0	丝氨基酸	3.0
棕榈酸异丙酯	4.0	丝肽	5.0
二甲基硅油	6.0	丝素	2.0
卵磷脂	2.0	防腐剂	适量
硬脂酸乳酸酯	2.0	香精	适量
乳酸钠	2.0	去离子水	加至 100.0
甘油	5.0		

表 10-16　深层保湿霜

组分	质量分数/%	组分	质量分数/%
十六醇	3.0	辛基十二醇	1.2
橄榄油	5.0	透明质酸	0.04
白油	8.0	Glucam E-20	2.8
C_8/C_{10} 甘油三酸酯	2.7	尿囊素	0.1
Glucam P-20	1.0	防腐剂	适量
小麦胚芽油	0.5	香精	适量
D-泛醇	0.2	去离子水	加至 100.0

表 10-16 选用了 Glucam P-20（甲基葡萄糖苷聚丙二醇-20 醚二硬脂酸酯，Amerchol 公司），它是一种可以降低经表皮水分损失的半天然组分。其保湿机理是在皮肤表面可形成不完全封闭的障碍层，可选择性使水分通过障碍系统，以达到最佳的水分保留，使肤感润湿而不黏腻，既滋润又柔滑。

表 10-17　润白保湿滋养霜产品配方

组分	质量分数/%	组分	质量分数/%
混醇	2.00	尼泊金丙酯	0.15
白油 15#	25.00	BHT	0.01
单甘酯	1.50	甘油	3.00
凡士林	10.00	EDTA-2Na	0.05
DC345	5.00	QM	0.30
GTCC	2.00	去离子水	48.43
HR-S1	2.00	TEA	0.30
司盘-60	0.20	海韵香精	0.01
尼泊金甲酯	0.05		

3．保湿体系的优化

① 保湿剂用量的优化　在添加保湿剂时也不是添加得越多保湿效果越好，在很多情况下保湿剂加多了，会影响产品的肤感。例如甘油添加多了不仅肤感黏腻，而且由于甘油强的吸水性，添加多了会吸收大量真皮中的水分，使真皮缺水。

② 增效复配的优化　根据各个保湿剂的保湿机理进行复配，选择不同作用机理的保湿剂进行复配，比如在设计一款膏霜时，封闭剂、吸湿剂、仿生剂这三类保湿剂都要选。

③ 成本优化　在选择复配保湿剂的同时要综合考虑其价格，选择性价比最高的原料。优化保湿体系见表 10-18。

表 10-18　优化保湿剂复配比例

种类	原料名称	INCI 名称	质量分数/%
封闭剂	白油	液体石蜡	4.0
	GTCC	辛酸/癸酸甘油三酸酯	5.0
	C_{16}～C_{18} 醇	鲸蜡硬脂醇	2.0
	单甘酯	单硬脂酸甘油酯	1.5
	EHP	棕榈酸乙基己酯	3.5
	DM100	聚二甲基硅氧烷	2.0
吸湿剂	甘油	甘油	3.0
	丙二醇	丙二醇	3.0
仿生剂	透明质酸	透明质酸	0.5
	燕麦多肽	水、甘油、燕麦提取物	3.0
	燕麦 β-葡聚糖	水、甘油、燕麦 β-葡聚糖	3.0

4．其他体系的优化

在设计保湿产品时，所设计的保湿体系要考虑是否能和其他体系相配伍，如乳化体系、增稠体系、防腐体系、抗氧化体系、感官修饰体系。

5．保湿产品工艺的优化

由于某些功效添加剂对工艺的特殊要求，还需要对产品生产工艺进行优化。比如影响工艺调整优化的因素有：①保湿剂的溶解性问题，油溶性的还是水溶性的；②有的保湿剂不能耐高温，需要降温后添加；③有的保湿剂既不油溶又不水溶，我们要通过某种手段将其分散在体系中。

四、保湿化妆品人体功效评价

1．皮肤角质层水分含量的测定方法

测试仪器为 Corneometer CM825 PC（由德国 Courage+Khakaza 公司生产），如图 10-2 所示。

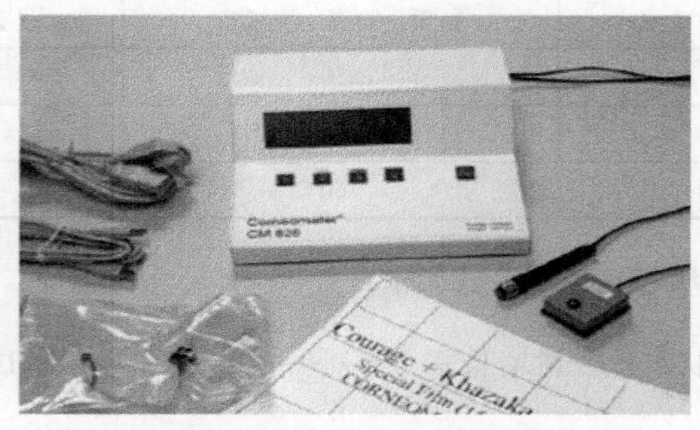

图 10-2　皮肤水分测试仪 CM825

① 测定原理　水分测试采用的是世界公认的 CORNEOMETER-电容法。它的原理是基于水和其他物质的介电常数变化相当大，按照含水量的不同，适当形状的测量用电容器会随着皮肤电容量的变化而变化，而皮肤的电容量又是在测量的范围内，这样就可以测量出皮肤的水分含量。其结果通过设定的湿度测量值（moisture measurement value，MMV）来表示，MMV 为 0～150 的数值。电容量的测量方法比其他方法更优越，由于被测试皮肤和测试探头没有不自然的接触，几乎没有电流通过被测试皮肤，因此测试结果实际上不受极化效应和离子电导率的影响。仪器探头和皮肤中水分建立平衡过程中没有惯性，可以实现快速测量，同时也消除了活性皮肤对测量结果的影响。

② 实验方法及举例　测试时只需将水分测试探头垂直地压在被测皮肤表面（见图 10-3、图 10-4），探头顶部被压回一段距离，探头内部有一弹簧，使探头顶部保持 0.16N 的压力压在皮肤表面，一秒钟内主机上就显示出结果，并给出提示声音。

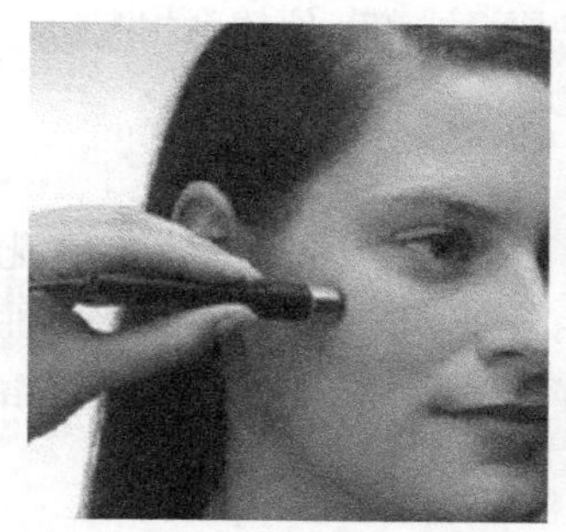

图 10-3　皮肤水分测试示意图一

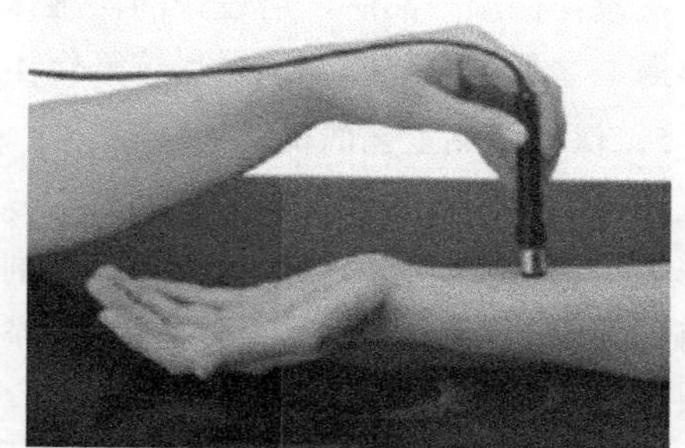

图 10-4　皮肤水分测试示意图二

在该测试模式下的经验数据见表 10-19，表中数据是在正常室温条件下（温度为 20°C，相对湿度为 40%～60%）所得到的数据，仅供参考。

表 10-19　MMV 参考值

皮肤症状	前额，脸部，颈部等	手臂、手、腿部等
皮肤较干燥	<50	<35
皮肤干燥	50～60	35～50
皮肤水分充分	>60	>50

皮肤水分含量增长率计算公式如下：

$$\text{皮肤水分含量增长率（\%）} = \frac{MMV_t - MMV_0}{MMV_0} \times 100\%$$

式中，MMV_0 为涂抹前皮肤 MMV；MMV_t 为涂抹后 t 时段皮肤 MMV。

应用举例：将葡聚糖、燕麦肽、芦荟粉、透明质酸（HA）、神经酰胺、海藻糖分别添加到化妆品基质中，使用 Corneometer CM 825 测试各保湿组分 2h 内使皮肤 MMV 的变化。结果见表 10-20。

表 10-20 保湿组分使皮肤 MMV 变化情况

时间/min	芦荟粉	海藻糖	神经酰胺	葡聚糖	透明质酸	燕麦肽
15	46.83%	20.00%	66.49%	44.88%	37.80%	27.96%
30	48.09%	24.47%	59.26%	41.39%	38.58%	32.14%
60	51.60%	59.38%	51.86%	36.85%	52.26%	43.89%
90	48.42%	56.63%	50.01%	37.87%	47.95%	45.45%
120	54.60%	59.42%	54.16%	32.27%	52.01%	46.48%

选择 5 种市售保湿霜，测试其 4h 内使皮肤 MMV 的变化，结果见图 10-5。

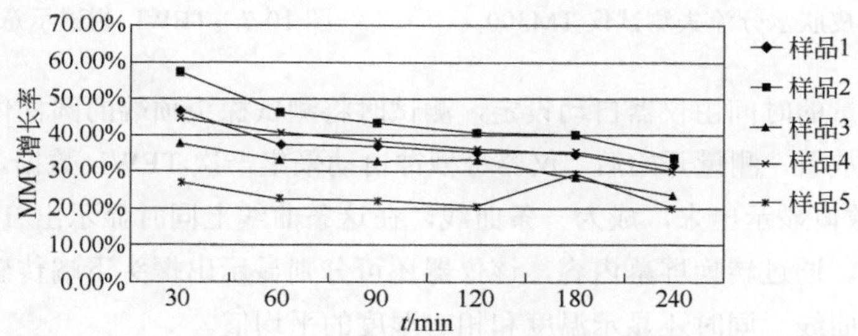

图 10-5 样品在 4h 内使皮肤 MMV 增长率的变化

由图 10-5 可知，5 种市售保湿霜使皮肤的 MMV 变化呈现出相同的趋势，即随时间增加逐渐降低，除样品 5 在 180min 时达到最高增加率外，其他 4 种样品均在涂抹后达到最佳保湿效果并持续降低。测试期间 5 种样品使皮肤的 MMV 增长率均大于 0，说明保湿效果好，且具有较强的持久保湿能力。其中，样品 2 效果最好，最高时增长率达到 57.26%。

2．水分经皮肤散失的测定方法

测试仪器为 Tewameter TM300，如图 10-6 所示。

① 测试原理　该仪器的测试原理来源于菲克（Fick）扩散定律：

$$\frac{\mathrm{d}m}{\mathrm{d}t} = -DA\frac{\mathrm{d}p}{\mathrm{d}x}$$

式中　A——面积，m^2；

m——水分的扩散量，g；

t——时间，h；

D——扩散常数，0.0877g/(m·h·mmHg)，1mmHg=133.322Pa；

P——蒸汽压力，mmHg；

x——皮肤表面测量点的距离，m。

皮肤水分流失（TEML）的测量方法分为标准测量法和连续测量法两种，推荐使用标准测量法，如图 10-7 所示。

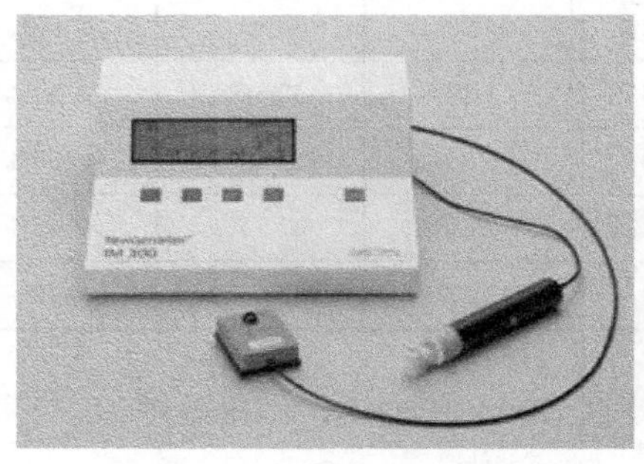

图 10-6　皮肤水分流失测试仪 TM300

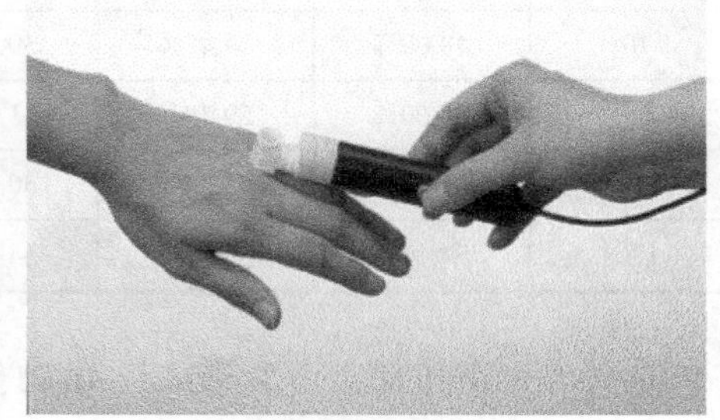

图 10-7　TEWL 测试示意图

标准测量的时间由仪器自动设定，测试时将测试探头顶端的圆柱体垂直于被测的皮肤表面放置，测量开始后，仪器每秒钟自动采集一次 TEWL 数据，显示屏将这些 TEWL 数值显示出来，成为一条曲线，在这条曲线上同时显示出 TEWL 的平均值和偏差值。通过转换屏幕内容，该仪器还可分别显示出探头下端传感器处的温度和相对湿度曲线，同时还显示温度和相对湿度的平均值。

② 应用举例　将葡聚糖、燕麦肽、芦荟粉、透明质酸（HA）、神经酰胺、海藻糖及其添加基质的保湿霜涂抹于受试者前臂内侧，在封闭恒温恒湿室（湿度 20℃，相对湿度 40%～60%）内使用 Tewameter TM300 测试各时段受试者。

如图 10-8 所示各种保湿霜使皮肤的 TEWL 变化值变化趋势大致相同，基本是在涂抹后持续下降，并在 90min 时达到最低点，其后略有升高。

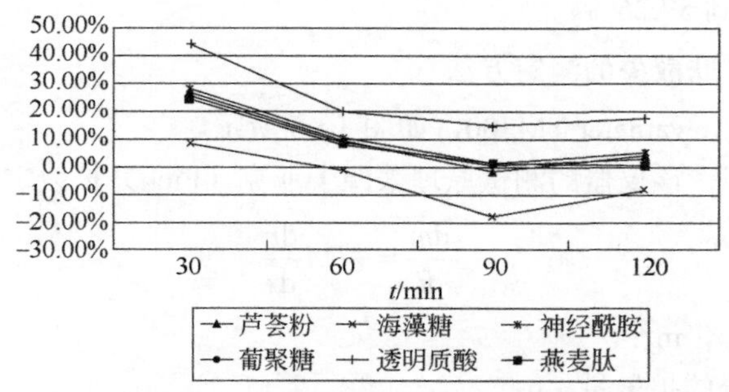

图 10-8　添加基质的保湿霜 2h 皮肤 TEWL 值变化

第二节 延缓衰老化妆品设计

衰老（aging）又称老化，是所有生物生命活动进程中的必经阶段，通常是指在正常状况下生物体发育成熟后，随年龄增长机体发生的功能性和器质性衰退的渐进过程。在生物学中“衰老”是指生物体器官、组织或主要细胞正常功能的降低。在人类身上，衰老是指皮肤、骨头、心脏、血管、肺、神经和其他器官或组织发生的一系列功能衰退的变化。

皮肤是人体最大的器官，担负着保护、感觉、调节体温、分泌、排泄和免疫等诸多方面的作用。但随着年龄的增长，皮肤也会像人体的其他器官一样逐渐老化，功能减弱或丧失，产生各种病变等。同时皮肤也是机体衰老过程中最为明显的器官之一。

皮肤的延缓衰老是通过防止皮肤因时间的推移而发生渐进性的功能和器质性的退性改变，主要表现为防止产生皱纹、干燥、起屑、粗糙、松弛和色斑。延缓衰老化妆品就是实现延缓衰老功效的化妆品，是重要的功效化妆品。

一、皮肤衰老的特征

皮肤位于体表，是机体衰老过程中最显著的部分。皮肤的衰老分为两种类型，一是自然老化，二是光老化。所谓自然老化是指由于机体内在因素的作用（主要为遗传因素）引起，见于暴露部位和非暴露部位，明显特征为皱纹的出现和皮肤的松弛。而光老化则是指皮肤衰老过程中紫外线损害的积累，是自然老化和紫外线辐射共同作用的结果，表现为皮肤暴露部位粗糙、皱纹加深加粗、结构异常、色素沉着、血管扩张、表皮角化不良等现象。

表皮细胞表现为更新减慢、屏障功能减弱，角质形成细胞活力下降，表皮受伤后修复能力减弱，其中屏障功能的减弱导致皮肤干燥、脱屑、皱纹等。表皮随年龄的增长颗粒层和棘细胞层的细胞个体及群体变小，角朊细胞增殖速度下降使表皮变薄。表皮变薄，其细胞间质中天然保湿因子的含量下降，因而造成皮肤水合性下降，皮肤干燥，失去光泽。同时郎格汉斯细胞减少，免疫能力下降，易患感染性疾病。

真皮结构的改变主要表现为成纤维细胞数量逐渐减少、合成胶原蛋白和弹性蛋白能力下降，且Ⅰ型胶原基因表达降低，Ⅰ型胶原合成减少，而Ⅲ型胶原基因表达增加，胶原纤维变粗，出现异常交联。此外，由于老化皮肤中黑色素细胞数目明显下降，暴露于阳光下易受伤，导致脂褐质明显增加，呈现出老年斑和其他局部色素性改变。除了表皮和真皮以外，皮肤附属器在皮肤衰老过程中也发生明显的变化：衰老皮肤皮脂腺与汗腺萎缩，分泌减少，出汗反应降低；皮肤表面的乳化物不足，角质层水合能力减弱，致使皮肤粗糙、干裂。

二、延缓衰老机理

关于皮肤衰老的机理研究得非常多，先后出现过三十几个学说，其中比较有代表性的有：自由基衰老学说、代谢失调学说、衰老基因学说、光老化学说、线粒体学说、免疫功能退化学说、内分泌功能减退学说、非酶糖基化衰老学说、交联学说、羰基毒化衰老学说、DNA 损伤积累学说、细胞凋亡学说、端粒学说、体细胞突变学说、基质金属蛋白酶衰老学说，等等。

1．非酶糖基化衰老学说

糖基化学说是近年衰老机制研究的重点。Dyer 发现衰老与糖基化有关。生物体内非酶糖化反应是指在无酶催化的条件下，还原性糖的醛基或酮基与蛋白质等大分子中的游离氨基反应生成可逆或不可逆结合物的高级糖基化终末产物（advanced glycation end-products，AGEs）。皮肤真皮富含的胶原容易与细胞外液的葡萄糖发生非酶糖化反应，且随着年龄的增长而增多，从而使 AGEs 进行性增加，使胶原蛋白形成分子间交联，不但降低了结缔组织的通透性，使养料及废物的扩散性能减弱、组织延展性和硬度增加，而且降低了胶原的可溶性而难以被胶原酶水解，造成皮肤弹性下降，皱纹不易平复且不断加深，从而促进皮肤的衰老过程。自由基-美拉德反应衰老学说形成了理论上的互补，从而解释了许多目前还不能解决的衰老机制方面的问题，并揭示了“羰基毒化是自由基和美拉德反应在生物老化衍变中共同的核心过程”。图 10-9 是对该理论导致的皮肤衰老的简单归纳。

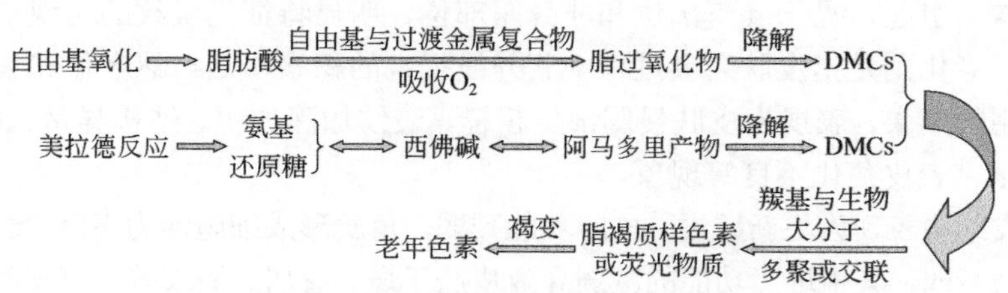

图 10-9　自由基-美拉德反应皮肤衰老机理

2．自由基衰老学说

皮肤衰老的自由基学说最早由 Denham Harman 于 1956 年提出。这种学说认为，自由基（free radical）具有极强的氧化能力，可使生物膜中不饱和脂类发生过氧化，形成过氧化脂质（lipid peroxide，LPO），其终产物丙二醛（MDA）是很强的交联剂，与蛋白质、核酸等结合成难溶性物质，使生物膜硬化导致其通透性降低，影响细胞物质交换，继而使之破裂、死亡。

体内许多物质代谢过程中都能产生过氧化的自由基，使机体内的自由基处于不平衡状态，过量的自由基会引起机体损伤，当自由基引起的损伤积累战胜了机体的修复能力，就会导致细胞分化状态的改变、甚至丧失，从而引起皮肤衰老。

生物体内常见的自由基有：氧离子自由基、羟自由基、过氧化羟基自由基、氢自由基、烷氧基自由基、有机过氧自由基、脂质自由基、氧化脂质自由基以及过氧化脂质自由基等。自由基性质活泼，极不稳定，容易与其他物质反应生成新的自由基，因而往往都有连锁反应。低浓度适量的自由基为人体生命活动所必需，它可以促进细胞增殖、刺激白细胞和吞噬细胞杀灭细菌、消除炎症、分解毒物。但过量的自由基会引起机体损伤，会引起不饱和脂肪酸氧化成超氧化物，形成脂褐素。氧自由基过多会破坏细胞膜及其他重要成分，使蛋白质和酶变性，当自由基引起的损伤积累战胜了机体的修复能力，导致细胞分化状态的改变、甚至丧失，从而加速衰老。

3．光老化学说

皮肤衰老的光老化学说综合了诸多衰老学说的理论基础，该学说认为日光中的紫外线可通过下列机制引起皮肤老化：损伤细胞核和线粒体 DNA；产生的高度反应的活性氧簇与各种细胞内结构相互作用而造成细胞和组织的损伤；直接抑制表皮郎格汉斯细胞的功能，引起光免疫抑制，使皮肤的免疫监督功能减弱；导致 MMP 活化皱纹形成；长期日光照射可直接损伤体外培养的皮肤成纤维细胞使皮肤变得粗糙、多皱。

（1）UVR 诱导的 DNA 损伤　有机分子中的共轭键能吸收较短波长的 UVR，而线性重复结构或环状结构能吸收较长波长的 UVR。DNA 上所有碱基都含有环状结构和许多共轭键，所以在细胞中主要是 DNA 吸收 UVR。UVR 将首先损伤细胞中的染色体，从而使 DNA 上的基因受到损伤，这种损伤可导致细胞内的基因发生突变。

UV 除了诱导细胞核 DNA 损伤以及线粒体 DNA 突变以外，实际上还能对 DNA 造成更多损伤，例如蛋白与 DNA 交联、碱基氧化损伤和中链断裂等。这些损伤都不同程度地影响了细胞正常的生理功能，导致细胞衰老和凋亡，从而加速了皮肤的衰老。

（2）UVR 引起的 ROS 过量导致的衰老　活性氧簇（reactive oxygen species，ROS）是一组具有一个或多个未配对电子的原子或分子，包括超氧阴离子（superoxide anion）、单线态氧（singlet oxygen）、过氧化氢（hydrogen peroxide）、羟自由基（hydroxyl radical）等。UVR 可通过多种途径使皮肤中 ROS 浓度异常升高，高浓度的 ROS 具有活泼的化学性质，可与皮肤组分发生复杂的化学反应产生多种生物学效应：①使质膜中不饱和脂肪酸形成丙二醛类，产生脂褐素，脂褐素在细胞中不断积累将影响细胞的正常功能；②ROS 异常增多可使 RNA、DNA 主链断裂，碱基被破坏降解，发生碱基突变，使热稳定改变；此外，产生的 MDA 又可与核酸交联，破坏遗传物质，影响转录复制，使蛋白质合成减少或发生差错，从而影响机体的营养和酶的活性；③ROS 可直接损害蛋白质或生成 MDA 再与之交联，使蛋白质变性生成高聚化合物，中断生化反应，产生自身免疫性损害，而结缔组织蛋白多肽的损害，则会影响血液和组织间的营养交换和能量储存，这也加速了生物体的衰老和死亡。因此，UVR 引起的 ROS 过量被视为引发光老化的一个重要因素。

（3）UVR 通过诱导抗原刺激反应的抑制途径而降低免疫应答　表皮内最主要的抗原呈递细胞（APC）是郎格汉斯细胞（LC）。LC 是树突状细胞的一种，其主要功能是捕捉、加工、处理抗原，之后移行至局部淋巴结，将抗原递呈给 T 淋巴细胞。UVR 可引起 LC 的形态结构、数量及功能发生一定程度的改变，这是皮肤免疫系统产生抑制的先决条件。在经过过量的 UVR 之后，LC 的树突状外观被破坏，超微结构显示 LC 胞浆内 Birbeck 颗粒减少，且大量重要的膜表面抗原丢失，从而造成 LC 的抗原提呈功能降低甚至丧失。研究发现 UVB 对Ⅱ类主要组织相容性抗原（MHC-Ⅱ）的表达没有影响，而是通过调节 LC 表面的主要协同刺激分子 ICAM-1 和 B_7 来降低 LC 的功能。

受紫外线照射后的小鼠郎格汉斯细胞受损，其分泌有活性的细胞因子白介素-12（interleukin-12，IL-12）的功能产生障碍，而 IL-12 是活化 Th_1 型细胞的关键性细胞因子。由于有活性的 IL-12 功能障碍，使 LC 对 Th_1 细胞的抗原呈递功能下调，抗原递呈细胞就不能有效地活化 Th_1 型细胞，只能把抗原递呈给 Th_2 型细胞，从而导致皮肤免疫功能特别是细胞免疫功能受损，免疫应答降低，最终抑制了 Th_1 介导的迟发型超敏反应（delayed-type hypersensitivity，DTH）及接触性超敏反应（contact hypersensitivity，CHS）等细胞免疫应答的发生。

（4）UVR 导致 MMP 活化的途径及其作用　基质金属蛋白酶（matrix metalloproteinase, MMP）是一类生物活性依赖于锌离子、有降解细胞外基质（extracellar matrix, ECM）能力的内肽酶家族，其中基质胶原酶（MMP-1），72 kD 明胶酶（MMP-2），基质溶解素-Ⅰ（MMP-3）和 92 kD 明胶酶（MMP-9）四种金属蛋白酶协同作用可以降解含或不含胶原成分的真皮细胞外基质。MMP-1 可以降解Ⅰ型胶原，MMP-2 和 MMP-9 降解弹性蛋白和基底膜成分中的Ⅳ型和Ⅶ型胶原，MMP-3 降解Ⅳ型胶原、蛋白聚糖、纤维粘连蛋白和板层素，因此，MMP 在光老化的组织学表现和皱纹形成中起重要作用。UVR 可通过膜受体依赖和非膜受体依赖途径诱导皮肤组织中 MMP 表达增高。前者在皮肤光老化的发生过程中起主要作用，后者在一些特定情况下产生影响（如 DNA 损伤的依赖途径）。UVR 介导的多条信号转导通路大都聚集到促分裂原激活的蛋白激酶（mitogen- activated protein kinase，MAPK）信号转导通路上，所涉及的细胞外信号调节激酶（external-signal regulated kinase，ERK）通路和应急激活的蛋白激酶（stress activated protein kinase，SAPK）通路，通过磷酸化的三级酶促级联反应，激活多种效应蛋白，调节有关基因表达，诱导皮肤组织中 MMP 表达增高。UVR 导致 ROS 增加，ROS 增加引起神经酰胺的增加，神经酰胺的增加又有助于 MAPK 活化。MAPK 途径的重要效应是激活转录因子活化蛋白

（active protein, AP-1），最终使AP-1活化且具有高度转录活性。AP-1可以调节MMP-1, 3, 9基因的表达，使其转录水平升高。AP-1使MMP表达升高的同时也作用于Ⅰ型前胶原编码的两个基因，使其表达水平下降，抑制前胶原表达。一方面MMP表达升高，导致细胞外基质特别是胶原降解；另一方面前胶原的表达受到抑制，胶原合成减少。持续的UVR最终导致光老化皮肤中胶原蛋白流失，皮肤松弛、弹性下降、细纹增多且不断加深，使皮肤呈现出衰老的迹象。

（5）UVR对人皮肤成纤维细胞生长的影响　长波紫外线UVA可直接损伤体外培养的皮肤成纤维细胞，而成纤维细胞是合成和分泌胶原蛋白和弹性蛋白的主要细胞，对皮肤皱纹的形成发挥着重要的作用。UVA可引起原代培养的真皮成纤维细胞形态发生皱缩、细胞贴附功能下降，致使悬浮细胞逐渐增加。乳酸脱氢酶（LDH）是细胞膜破坏后漏出的胞浆酶，是反映细胞损伤较灵敏的指标之一，已被广泛用于细胞毒性研究。随着UVA剂量的增加，细胞存活数显著下降，分裂增殖能力降低。UVA在3J/cm^{2}较低剂量时，细胞就有损伤，引起LDH向细胞外渗透，高剂量时更为明显。

UVA辐射可产生活性氧，包括超氧阴离子、羟自由基和单线态氧。由于细胞处于液态环境，氧自由基可造成细胞严重损伤。异常情况下过量生成的自由基对细胞的损伤机制是多方面的：①直接与生物大分子反应，引起DNA损伤，导致基因突变，使蛋白质变性，酶失活；②与生物膜共价结合，损伤膜功能；③启动膜脂质过氧化，使膜脂质疏水区羰基形成，导致亲水中心出现，膜通透性增加，造成线粒体肿胀，内质网空泡形成。

通过实验观察到UVA可使成纤维细胞内活性氧含量增加，超氧化物歧化酶（SOD）和谷胱甘肽过氧化物酶（GSH-Px）活性降低，线粒体、内质网受损，这证明了UVA辐射产生的自由基对生物膜的损伤作用，UVA诱导抗氧化酶活性抑制加重了这一作用。线粒体是细胞内合成能量的主要场所，对维持细胞正常生理功能起着重要作用。近年研究表明，线粒体不仅作为体内的“能量加工厂”，而且还与氧自由基的产生，细胞死亡进程的调控有关。目前关于线粒体在老年及一些退行性疾病中的变化的研究再次成为热点之一。线粒体膜电位和线粒体肿胀度是观察线粒体膜通透性和流动性功能，进而评价线粒体功能的敏感指标。有研究表明，线粒体膜电位下降可导致线粒体膜通透转运孔（PTP）开放，PTP开放，一方面可以破坏线粒体膜电位，使氧化磷酸化受阻，另一方面可导致凋亡诱导因子（AIF）的释放。线粒体肿胀将导致线粒体外膜破坏，使位于内外膜之间的细胞色素C和AIF大量释放，而它们在凋亡过程中起重要作用。

三、延缓衰老化妆品原料

化妆品的活性成分决定产品的功效，目前抗衰老活性物质多数是参考了现有的某个衰老学说，以及随着增龄人体内一些物质的消长情况而设计出来的，例如针对自由基衰老学说，提出使用抗氧化剂维生素 E；针对免疫衰老学说，提出应用拨慢衰老时钟的松果体分泌物褪黑素。一般认为，抗皮肤衰老活性物质的作用效果包括：清除自由基、提高细胞增殖速度、延缓细胞外基质的降解速度。

1．抗氧化类成分

抗氧化剂可以来源于生物体，包括动物、植物、微生物等，通常称为天然抗氧化剂或生物抗氧化剂；有些抗氧化剂也可以通过化学合成的方法得到，将其称为化学合成抗氧化剂。这类抗衰老活性物质开发的依据是目前受到广泛重视的自由基衰老学说，抑制自由基的致衰老作用主要可以从以下几方面着手：减少自由基的产生；清除过量的自由基；增强机体对自由基损害的防御能力。

通常生理条件下，机体皮肤内存在对抗自由基的抗氧化系统，包括酶系统和非酶系统。机体和皮肤中有三种抗氧化酶：过氧化氢酶（CAT）、超氧化物歧化酶（SOD）和谷胱甘肽过氧化酶（GSH-Px）。非酶系统的抗氧化剂主要是脂溶性的维生素 A、E、K 及水溶性的维生素 C、复合维生素 B 及 β-胡萝卜素、谷胱甘肽、辅酶 Q10。

（1）酶及肽类抗氧化剂

① 超氧化物歧化酶

超氧化物歧化酶（superoxide dismutase，SOD）是一类广泛存在于生物体内的金属酶，SOD 能够清除生物氧化过程中产生的超氧阴离子自由基，是生物体有效清除活性氧的重要酶类之一，被称为生物体抗氧化系统的第一道防线，在防辐射、抗衰老、消炎、抑制肿瘤和癌症、自身免疫治疗等方面显示出独特的功能。作为化妆品的添加剂，SOD 的作用主要是：①有明显的防晒效果，SOD 可有效防止皮肤受电离辐射的损伤；②有效防治皮肤衰老、祛斑、抗皱，起抗氧酶的作用；③有明显的抗炎作用，对防治皮肤病有一定疗效；④有一定的防治瘢痕形成的作用。但 SOD 具有分子量大，不易被皮肤吸收和不稳定等缺点，而且 SOD 具有生物活性，储存或工艺条件不当，均会导致 SOD 失活。目前正采用酶生物技术将 SOD 在分子水平上进行化学修饰，利用月桂酸等作为修饰剂，对 SOD 的酶分子表面赖氨酸进行共价修饰，经过修饰的 SOD 克服了 SOD 易失活的不足，在体内半衰期、稳定性、透皮吸收、抗衰老以及消除免疫原等方面都高于未修饰的 SOD，从而提高了 SOD 的作用效果。

② 谷胱甘肽（还原型） 还原型谷胱甘肽是一种具有重要生理功能的活性三肽，它是由谷氨酸、半胱氨酸及甘氨酸组成的，其化学名为γ-谷氨酰-L-半胱氨酰-甘氨酸。还原型谷胱甘肽的主要生物学功能是保护生物体内蛋白质的巯基，从而维护蛋白质的正常生物活性，同时它又是多种酶的辅酶和辅基。谷胱甘肽分子结构中的活性巯基具有重要的细胞生化作用，有很强的亲和力，能够与多种化学物质及人体代谢产

物结合，清除体内的许多自由基（如烷基自由基、过氧自由基、半醌自由基等），保护细胞膜的完整性，具有抗脂质氧化作用，使细胞免受其害，从而维持细胞的正常代谢。此外还原型谷胱甘肽还能抑制黑色素合成酶的活性，具有防止皮肤色素沉着，减少黑色素的形成以及改善皮肤色泽的功效。

此外，大量的研究表明，一些大豆蛋白、乳蛋白、胶原蛋白、玉米醇溶蛋白等的酶解产物，由于构成蛋白质的多肽和氨基酸能捕捉活性氧，随之发生自由基连锁反应的终止，因而具有一定的抗氧化作用。

（2）维生素及其衍生物

① 维生素E　又称生育酚，是一种脂溶性维生素，也是迄今为止发现的无毒的天然抗氧化剂之一，由α-生育酚、β-生育酚、γ-生育酚、δ-生育酚及相应的生育三烯酚等八种物质组成。其对热稳定，在碱性条件下特别容易氧化，而酸性条件下较稳定，紫外线促进其氧化分解。四种生育酚的生理活性顺序为α-生育酚＞β-生育酚＞γ-生育酚＞δ-生育酚，而抗氧化性正好相反。研究证实维生素E能促进皮肤新陈代谢、防止色素沉淀、改善皮肤弹性，对皮肤免受自由基损害有决定性作用。同时维生素E作抗氧化剂可以延长化妆品使用时间。这主要源于维生素E的生物学功能主要是抗氧化作用，保护不饱和脂肪酸尤其是亚油酸免受自动氧化。羟自由基是细胞内破坏性最强的活性氧，当机体受电离辐射时可以产生羟自由基，当金属离子与过氧化氢共同作用时也可以产生羟自由基。羟自由基可以结合在鸟嘌呤的C4、C5、C8位置形成8-羟基-7,8-二羟基鸟嘌呤，并且进一步氧化为8-羟基鸟嘌呤。研究表明，维生素E可以降低过氧化氢诱发的羟自由基的产生以及DNA碱基对的改变，抑制氧化应激诱发的染色体畸变。

② 维生素C　又称抗坏血酸，是一种水溶性维生素，它通过逐级供给电子而转变成半脱氢维生素C，以清除$O_2^-\cdot$、OH·、R·和ROO·等自由基，具有较强的抗氧化作用。但是，它不太容易进入细胞内，且大剂量服用会导致细胞内DNA的损伤。研究人员将磷酸基引入维生素C分子中，并改变其部分结构，形成“维生素C前体”，后者容易进入细胞内，并释放出维生素C，维生素C与维生素E有协同清除自由基的作用。

（3）黄酮类（酚类）化合物　黄酮类化合物是具有C_6-C_3-C_6构成的2-苯基色原酮衍生物基本骨架的酚类化合物，具有抗菌消炎、清除自由基、吸收紫外线、促进皮肤细胞生长等多种抗衰老生理功能。研究表明银杏、黄芩、陈皮、竹叶、甘草、槐花、葛根、银杏叶、沙棘等植物中含有丰富的黄酮类物质，其中大豆异黄酮、甘草提取物已经在化妆品中得到应用。茶多酚又称茶叶提取物，是含有儿茶酚类、黄酮及黄酮醇、花色素和酚酸及缩酚酸类等四大类多酚化合物的复合物，是一类氧化还原电位很低的还原剂，具有较多活泼的羟基氢,能提供氢质子与体内过量自由基结合，并能中断或终止自由基的反应。研究表明，茶多酚能提高和诱导生物体内抗氧化酶类如SOD、GSH-Px等的活性来消除体内过量自由基，抑制自由基异常反应所致的过氧化脂质生成，降低脂褐素含量。研究表明，茶多酚与柠檬酸、苹果酸、酒石酸等有较好的协同作用。

2．糖基化反应抑制剂

延缓衰老途径可以从清除羰基和抑制羰基化终产物（AGEs）的形成着手。在实验和临床研究中，氨基胍（aminoguanidine）的使用曾经是羰基清除研究领域的焦点之一。这种药物在糖尿病模型里被表明提高末梢神经的血流量，一个可能的解释是它能提高实验糖尿病患者神经的传导速率。另外氨基胍也许抑制了AGEs造成的轴突神经纤维丝的交联。尽管氨基胍存在专一性问题，但是它在临床上的价值是含氨药物，能清除羰基。氨基胍及其衍生物的临床应用范围仍需进一步确定，如在治疗各种炎症过程中的应用。除此以外，作为AGEs抑制剂的药物还有肌肽（carnosine）、替尼西坦（tenilsetam）和吡哆胺（pyridoxamine）等，见表10-21。

表10-21　几种AGEs抑制剂

原料	作用途径
氨基胍	AGEs形成的抑制剂，清除羰基
肌肽（carnosine）	延缓衰老。肌肽不仅能抗氧化和清除自由基、金属离子，还能与羰基反应，从而防止生物大分子的交联。肌肽与羰基的非酶反应表明：肌肽延缓衰老的重要药理是能够与羰基反应，抑制蛋白交联
替尼西坦（tenilsetam）	AGEs的抑制剂
吡哆胺（pyridoxamine）	AGEs的抑制剂 吡哆胺与大部分AGEs/ALEs形成的羰基中间物反应，从而抑制羰基毒素与组织蛋白的交联
褪黑素（MT）	MT不仅能直接清除丙二醛（MDA），而且能抑制MDA等毒性类羰基物质诱导的血液黏度的升高。MT具有抗氧化活性和抗羰基应激作用

最近几年，相应的关于具有抑制非酶糖基化反应活性物质的研究有很多，除了对氨基胍、肌肽、替尼西坦、褪黑素（MT）等物质的研究外，天然植物成分（如葛根素、槲皮素、水飞蓟素、芦丁、橙皮苷、阿魏酸）及天然提取物（如大黄、菝葜、西红花、姜黄、贯叶连翘、丹参、菟丝子、银杏黄酮、胡黄连、小八角莲、柴胡、地黄、茶叶、芍药、蒿、石竹花、老鹳草、棕儿茶、黄柏、桃树叶等）也含有相应的抑制非酶糖基化作用的活性成分，从而起到延缓衰老的作用。

3．防紫外线损伤

UVR是造成皮肤光老化的罪魁祸首，是产生一系列UVR损伤的最根本原因，因此减少紫外线的照射，防御紫外线损伤是抑制光老化的最根本途径。在化妆品方面目前最常用的防御紫外线方法就是使用紫外线吸收剂和散射剂，见表10-22。

表 10-22 常用的紫外线吸收剂和散射剂

原料	类型	功效
水杨酸酯类	紫外线吸收剂	能防止 280～330nm 的紫外线，吸收一定能量后发生分子重排，形成了防紫外线能力强的二苯甲酮结构从而产生较强的光稳定作用
二苯酮类衍生物	紫外线吸收剂	二苯酮类衍生物紫外线吸收剂对 UVA 和 UVB 兼能吸收，是一类广谱紫外线吸收剂
三嗪类化合物	紫外线吸收剂	可吸收波长为 280～320nm 的紫外线，与油溶性成分相容性好，可用于防晒油或油/水型防晒霜中
肉桂酸酯类	紫外线吸收剂	能防止 280～310nm 的紫外线，属于紫外线 UVB 型吸收剂
二氧化钛	紫外线散射剂	TiO_2 除对 UVB 有良好的散射功能外，对 UVA 也有一定的滤除作用
氧化锌	紫外线散射剂	折射率为 2.0
氧化铁	紫外线散射剂	折射率为 2.7～2.9
氧化钛	紫外线散射剂	折射率为 2.5～2.9

4．保护成纤维细胞，促进胶原蛋白合成

真皮中的成纤维细胞具有合成和分泌胶原蛋白和弹性蛋白的能力，而胶原蛋白和弹性蛋白对维持皮肤的弹性和紧致光滑发挥着重要的作用。因此防止 UVR 对成纤维细胞的损伤，保持和促进成纤维细胞的活性，增加胶原蛋白和弹性蛋白的合成量，对于延缓衰老具有重要的意义。

研究表明，海洋肽可以对真皮中的成纤维细胞产生刺激作用，提高其分裂及其合成和分泌胶原蛋白和弹性蛋白的能力，增加老年大鼠表皮的平均厚度。由于女性比男性皮肤薄，海洋肽在延缓女性皮肤衰老方面效果更显著。可溶性胶原蛋白中含有丰富的脯氨酸、甘氨酸、谷氨酸、丙氨酸、苏氨酸、蛋氨酸等 15 种氨基酸营养物，将其应用于化妆品中易被皮肤吸收，能促进表皮细胞的活力，增加营养，有效消除皮肤细小皱纹。另外，在化妆品中通过加入从动植物提取物中得到的衍生物，如胶原蛋白氨基酸、水解（溶）胶原蛋白、水解乳蛋白、水解麦蛋白、水解大豆蛋白等，可起改善皮肤内结缔组织的结构和生理功能的作用，用以改变皮肤的外观，达到防止皮肤衰老的目的。利用生化技术，重组蛋白质或小的 DNA 片段，以代替天然提取得到的蛋白衍生物，将这些生化活性物质应用于化妆品作用于皮肤上，能够很容易渗透到表皮的深层和真皮层，与体内完全相同的蛋白分子结合，重组细胞结构、功能，以达到抗衰老的目的，如可通过皮下注射胶原蛋白除皱技术，减少和消除皮肤的皱纹和疤痕。

5．修复皮肤免疫系统，提高防御能力

郎格汉斯细胞减少，免疫能力下降是皮肤衰老的又一特征。免疫能力下降使得皮肤防御能力降低，不能有效阻止外来物的伤害，这又加速了皮肤的衰老。因此现

在一些抗衰老化妆品已经开始把修复免疫系统、提高防御能力作为解决皮肤衰老问题的一条新途径。

四、延缓衰老化妆品配方

皮肤与其他组织一样要进行新陈代谢，需要随时补充为生存及合成新细胞所需要的一切物质。真皮中弹性蛋白纤维的减少，皮肤的疲劳程度升高，表皮中水分、电解质的损失，都将使皮肤产生衰老的迹象。因此抗衰老化妆品需要选择优良的皮肤护理剂，给皮肤补充足够的养分，达到深层营养。同时，还要减缓皮肤中水分的散失，保护皮肤。

抗衰老化妆品配方如表 10-23 和表 10-24 所示。

表 10-23 延缓衰老霜

组相	组分	质量分数/%	作用
A	鲸蜡硬脂醇/鲸蜡硬脂基葡糖苷	2.50	乳化剂
	聚二甲基硅氧烷	2.00	肤感调节剂
	硬脂酸	0.50	助乳化剂
	澳洲坚果（*MACADAMIA TERNIFOLIA*）籽油	2.00	润肤油脂
	辛酸/癸酸甘油三酯	5.00	润肤油脂
	鲸蜡硬脂醇	2.50	润肤油脂
	牛油果树（*BUTYROSPERMUMPARK* Ⅱ）果脂提取物	2.00	润肤油脂
	氢化聚异丁烯	2.00	润肤油脂
	肉豆蔻酸异丙酯	2.00	润肤油脂
	氢化卵磷脂	0.50	皮肤营养剂
B	神经酰胺 3/氢化卵磷脂/甘油	0.20	皮肤营养剂
	黄原胶	0.20	增稠剂
	甘油	4.00	保湿剂
	丁二醇	3.00	保湿剂
	EDTA-2Na	0.03	螯合剂
	水	加至 100	溶剂
C	水/银耳（*TREMELLAFUCIFORMIS*）提取物	5.00	皮肤营养剂
	水/甘油/β-葡聚糖	2.00	皮肤营养剂
	水/甘油/海藻糖/麦冬（*OPHIOPOGON JAPONICUS*）根提取物/扭刺仙人掌（*OPUNTIA STREPTACANTHA*）茎提取物/苦参（*SOPHORA FLAVESCENS*）根提取物	1.00	皮肤营养剂
D	甲基异噻唑啉酮/碘丙炔醇丁基氨甲酸酯	适量	防腐剂
	苯氧乙醇/乙基己基甘油	适量	防腐剂
	香精	适量	赋香剂

制备工艺：

① 混合A组原料，升温搅拌至80～85℃，原料溶解均匀；

② 将 B 组原料中的甘油与黄原胶胶混合分散后，加水及其余原料，升温搅拌至80～85℃，原料溶解均匀；

③ 保温搅拌半小时，将A组原料加入B组原料中，搅拌、均质（2500～3000r/min）10～15min；

④ 搅拌降温，当温度降至70℃左右，加入D相原料，均质（4000r/min）3min；

⑤ 搅拌降温至50℃，加入C组原料搅拌均匀；

⑥ 降温至40℃，加入E组原料搅拌均匀；

⑦ 降温至35℃；

⑧ 出料、陈化；

⑨ 检测合格后灌装。

表 10-24 延缓衰老精华

组相	组分	质量分数/%	作用
A	U30	0.5	增稠剂
	甘油	4.5	保湿剂
	丁二醇	1.5	保湿剂
	EDTA-2Na	0.03	螯合剂
	尿囊素	0.15	皮肤营养剂
	甜菜碱	1	皮肤调理剂
	水	加至100	溶剂
B	氢氧化钠	0.125	pH值调节剂
C	水/银耳（*TREMELLA FUCIFORMIS*）提取物	3	皮肤营养剂
	水/甘油/燕麦（*AVENA SATIVA*）肽	3	皮肤营养剂
	水/甘油/海藻糖/麦冬（*OPHIOPOGON JAPONICUS*）根提取物/扭刺仙人掌（*OPUNTIA STREPTACANTHA*）茎提取物/苦参（*SOPHORA FLAVESCENS*）根提取物	1	皮肤营养剂
	透明质酸钠	0.02	皮肤营养剂
D	甲基异噻唑啉酮/碘丙炔醇丁基氨甲酸酯	适量	防腐剂
	香精	香精	赋香剂

制备工艺：将U30加入水中搅拌至溶解；依次称取A相原料加入水中，分散均匀后升温至80～85℃，开始降温；当温度降到50℃以下，加入B相，搅拌均匀；当温度降到45℃以下，加入C相、D相原料，搅拌均匀；当温度降到38℃以下，取样检测，检测合格后出料。检测合格后灌装。

五、延缓衰老化妆品功效评价

皮肤衰老外观上以色素失调、表面粗糙、皱纹形成和皮肤松弛为特征，可表现为皮肤色度、湿度、酸碱度、光泽度、粗糙度、油脂分泌量、含水量、弹性、皮肤和皮脂厚度，皱纹数量、长短及深浅等多种理化指标和综合指标的变化，因此通过比较抗衰老化妆品使用前后对皮肤衰老各方面的特征的影响，可以比较客观地评价抗衰老化妆品的功效。

1．皮肤弹性测试

皮肤弹性随皮肤衰老而降低，因此皮肤弹性是判断皮肤衰老的重要标志之一，是皮肤衰老检测必不可少的项目，下面以德国 Courage+Khazaka（CK）公司生产的皮肤弹性测试仪 MPA580 为例进行介绍。

（1）测试原理　基于吸力和拉伸原理，在被测试的皮肤表面产生一个负压将皮肤吸进一个特定的测试探头内，皮肤被吸进测试探头内的深度是通过一个非接触式的光学测试系统测得的。测试探头内包括光的发射器和接收器，发射光和接收光的比率同被吸入皮肤的深度成正比，这样就得到了一条皮肤被拉伸的长度和时间的关系曲线，通过此曲线可以确定皮肤的弹性性能。

（2）测试过程　仪器使用前应将测试探头、数据传输线和电源线接好。开机后检查计算机软件自动检测仪器工作是否正常，如果有问题，将给出相应的提示。开始测试前请通过软件设置好测试模式和响应的参数，测试时只需将探头轻轻压在被测皮肤表面，探头内部的弹簧可以使探头对被测皮肤的压力保持恒定。计算机控制测试过程开始，数据曲线同时显示在计算机的屏幕上，通过计算可得到皮肤的弹性结果。测试完成后可将结果进行保存和打印输出。

关于参数设定：负压范围 20～500mbar（1mbar=100Pa），推荐使用 450mbar，恒定负压的时间、取消负压的时间、连续测量中的重复次数等参数都可以根据需要自己设定。

（3）结果解释　R_2 值：无负压时皮肤的回弹量与有负压时的最大拉伸量之比。R_2 值变化反映在测试周期内为实验区域皮肤弹性随时间的变化规律。比值越近于 1，说明弹性越好。

图 10-10 中为两次连续测试的曲线及数据。其中 0～1s 为恒定负压作用结果，1～2s 为取消负压，皮肤进行恢复，2～4s 为第二次测试曲线图。

恒定负压作用时，U_f 为皮肤最大拉伸量；U_e 是施加负压 0.1s 时的拉伸量，为弹性部分拉伸量；$U_V=U_f-U_e$，U_V 为皮肤的黏弹性部分，或称为塑性部分拉伸量。越是年轻、弹性好的皮肤，U_e 值越高，而 U_V 值很小；反之，年老、弹性差的皮肤，U_e 值比较低，而 U_V 值较高。

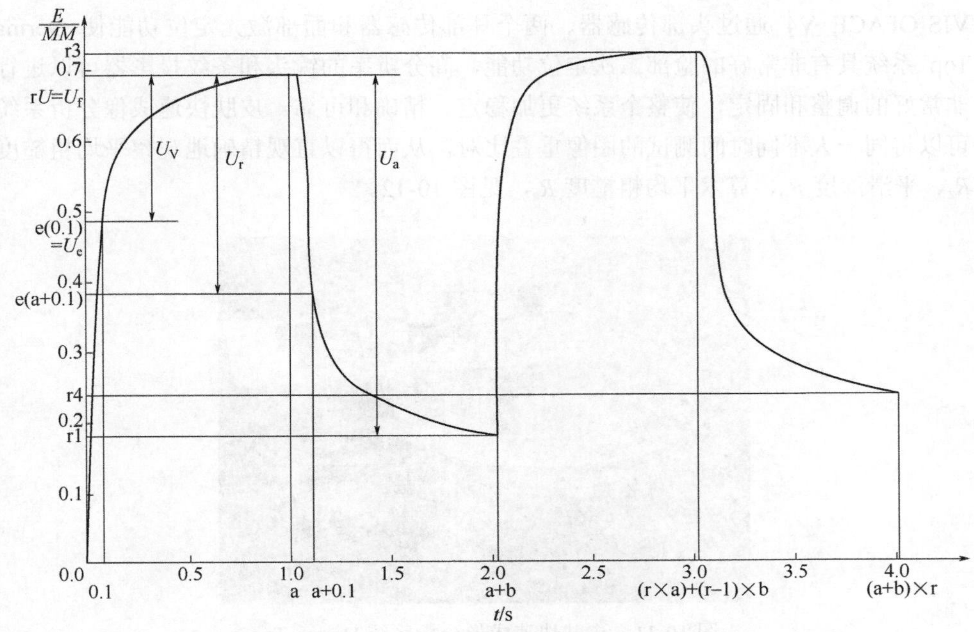

图 10-10　两次连续测试的曲线及数据

取消负压时，皮肤就会迅速恢复原状态。U_r 为取消负压 0.1s 时皮肤的恢复值，为弹性收缩量；U_a 为从取消负压到下一次施加负压时皮肤的恢复值；U_a-U_r 的差为塑性收缩量。年轻、弹性好的皮肤，收缩曲线很快到达零点，几乎是垂直变化，即 $U_r=U_f$，而年老、弹性差的皮肤的 U_r 值要比 U_f 值低得多。

$R_2=U_a/U_f$，为无负压时皮肤的回弹量与有负压时的最大拉伸量之比，R_2 越接近 1，说明皮肤弹性越好。

$R_5=U_r/U_e$，为在皮肤测试的第一次循环中，皮肤恢复过程的弹性部分与加负压过程的弹性部分之比，R_5 越接近 1，说明皮肤弹性越好。

$R_7=U_r/U_f$，为在皮肤测试的第一次循环中，皮肤恢复过程的弹性部分与这次循环过程中皮肤的最大拉伸量之比，R_7 越接近 1，说明皮肤弹性越好。

2．皮肤纹理度测试

皱纹形成是皮肤衰老的最重要特征，受遗传、内分泌等诸多内源性因素变化的影响,同时外源性因素如紫外线、吸烟等可明显加速、加重皱纹的形成。皮肤纹理度值测试可以直观评测皮肤粗糙或者是光滑度、细腻度，客观反映皮肤的衰老度。

（1）测试仪器　皮肤快速成像分析系统（Derma Top，法国生产），见图 10-11。

（2）测试原理　Derma Top 采用了先进的条纹投影测量技术。它是一种非接触的快速测量方法，能进行三维皮肤快速成像，采用蓝色光源，一秒钟内完成测量。设备包括 3 个补充镜头，在扫描局部皮肤后，经软件处理形成 3D 数字模型。

VISIOFACE V4 通过头部传感器、两个耳部传感器和面部激光定位功能使 Derma Top 系统具有非常好的脸部二次定位功能，高分辨率的镜头和条纹投影器可以进行非常好的调整和固定，使整个系统更加稳定、精确和可靠。皮肤快速成像分析系统可以将同一人不同时间测试的图像重叠比对，从而得以直观精确地观察平均粗糙度 R_z、平滑深度 R_p、算术平均粗糙度 R_a，见图 10-12。

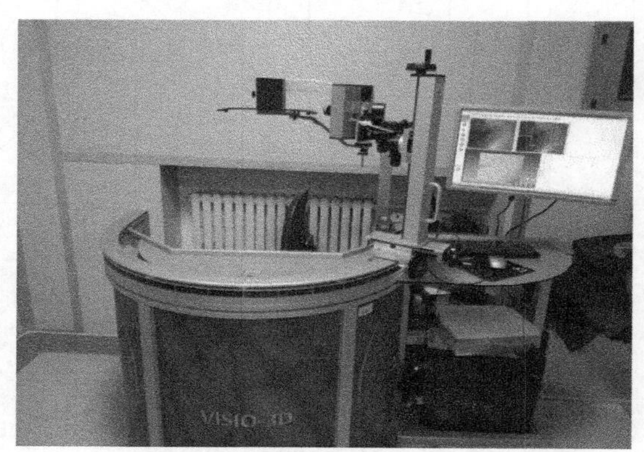

图 10-11　皮肤快速成像分析系统 Derma Top

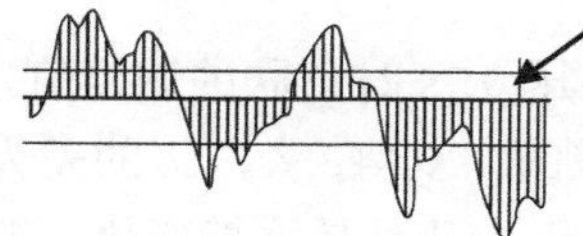

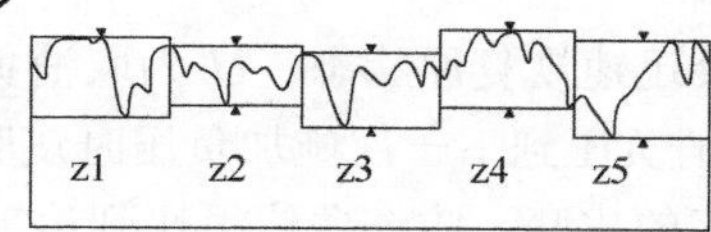

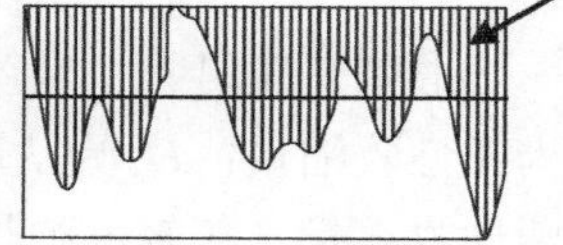

图 10-12　算术平均粗糙度 R_a、平均粗糙度 R_z、平滑深度 R_p

平均粗糙度 R_z：5 个测量段皮肤粗糙度的平均值。

平滑深度 R_p：通过皮肤的表面轮廓作一中线，将轮廓分成两部分，使中线两侧轮廓线与中线之间所包含的面积相等。平滑深度是峰值与中线之间的高度。

算术平均粗糙度 R_a：皮肤轮廓上各点至中线距离绝对值的算术平均值。

（3）测试方法　受试者在受试前清洁面部，在相对温度、湿度稳定的实验环境下静待 20min，以适应实验环境及保持情绪相对平静。之后对其进行测试。

连接电源，打开电脑及仪器开关。打开软件“Derma Top v3”，进入软件主界面。点击“login”，输入“expert”进入专家模式；点击“project”建立受试者档案，选择镜头及拍照类型。调整受试者位置，进行固定。点击“acquisition”，输入拍照基本信息。选择合适的拍照角度，根据实时显示屏调节相机下方云台。将镜头对准拍照区域，点击“OK”。聚焦使显示屏上分界线刚好经过十字交叉点。对焦完毕，点击“OK”。听到提示音后，拍照结束，将受试者固定装置解除。图像分析得到皮肤纹理度参数。

第十一章 特殊用途化妆品设计

11 Chapter

第一节 美白化妆品

美白化妆品已纳入祛斑类特殊用途化妆品管理。2013 年 12 月 16 日，国家食品药品监督管理总局《关于调整化妆品注册备案管理有关事宜的通告（第 10 号）》（简称“10 号文”）明确提出，凡宣称有助于皮肤美白增白的化妆品，纳入祛斑类特殊用途化妆品实施严格管理，必须取得特殊用途化妆品批准证书后方可生产或进口。

那么美白化妆品在设计开发过程中应该从哪些角度考虑呢？不同人种皮肤呈现出不同的颜色，但是皮肤的颜色都是由 4 种色素组成，即氧合血红蛋白（红色）、还原血红蛋白（蓝色）、类胡萝卜素（黄色）、黑色素（黑色或褐色）。人体皮肤的颜色取决于黑色素的含量与分布,而黑素细胞的结构功能和数量直接影响皮肤中黑色素的含量。在人体皮肤中，约有 400 万个黑素细胞。皮肤中的黑素细胞产生黑色素，黑色素颗粒通过黑素细胞枝状突起向角质细胞转移，转移至角质细胞的黑色素颗粒随表皮细胞上行至角质层，从而影响皮肤的颜色或形成色斑，最终随角质层脱落。很多美白剂主要是针对影响黑色素合成途径中的关键物质如酪氨酸酶，从而减少黑色素含量来发挥作用。随着科技的发展，人们逐渐认识到黑色素对人体皮肤的保护作用，如防御紫外线损伤、皮肤光老化等。在美白的同时，如果过度干预黑色素形成，降低黑色素对皮肤的保护作用，势必会影响皮肤健康，所以健康科学美白才是美白化妆品发展的新趋势。

一、美白的途径

在皮肤代谢循环过程中，存在于黑素细胞中的酪氨酸在酪氨酸酶、多巴色素互变酶、DHICA 氧化酶作用下经多巴、多巴醌、多巴色素、二羟基吲哚等中间体逐步转化成为真黑素（图 11-1）。目前常用的美白剂主要通过抑制黑素细胞（melanocyte）增殖、抑制酪氨酸酶、加速角质层脱落等方式最终起到干预黑色素的形成与代谢来发挥美白功效。这种途径虽然能够达到一定的美白效果，但在美白的同时也存在一定的风险。在保证黑色素对皮肤的保护作用的前提下，寻找新型、安全的美白活性物质。通过改善皮肤肤色、促使色素分布均匀、促进血液循环、促进皮肤的新陈代谢、抑制炎性因子释放、改善胶原蛋白分布等多种途径达到美白的效果。既能达到肌肤美白的功效，又可以保持皮肤健康。

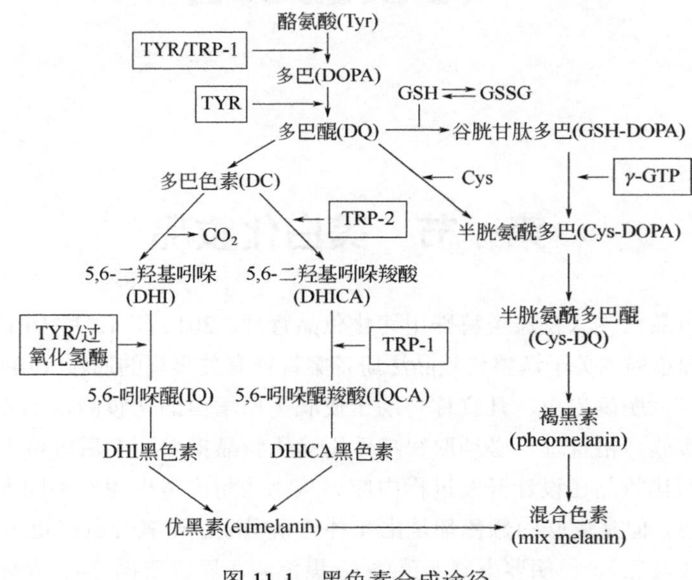

图 11-1 黑色素合成途径

二、化妆品美白原料

传统美白原料主要从抑制酪氨酸酶活性角度入手，解决肌肤美白问题。近年来由于“杜鹃醇”事件的爆发，氢醌类等对黑素细胞有一定毒性的成分逐渐被国内外化妆品法规禁止使用，寻找安全高效的化妆品原料成为国内外研究热点。从人体健康肤色的角度出发，美白类化妆品原料主要包括酪氨酸酶活性抑制剂、黑色素运输阻断剂、防晒剂、还原剂、化学剥脱剂、内皮素拮抗剂、自由基清除剂、抗炎症因子生成剂等。具体代表性原料见表 11-1。

表 11-1 主要美白原料

分类	原料名称	INCI 名称	作用及功效
酪氨酸酶活性抑制剂	熊果苷	熊果苷	在不具备黑素细胞毒性的浓度范围内抑制酪氨酸酶的活性，阻断多巴及多巴醌的合成，从而抑制黑素的生成
	曲酸	曲酸	曲酸与酪氨酸酶中的铜离子螯合，使铜离子失去作用，进而使缺少铜离子的酪氨酸酶失去催化活性，最终达到抑制黑色素生成、皮肤美白的效果
	甘草提取物	甘草提取物	抑制酪氨酸酶、多巴色素异构酶活性，阻碍5,6-二羟基吲哚聚合
	壬二酸	壬二酸	抑制酪氨酸酶活性，对黑素细胞具有抗增殖和毒性作用
	红景天提取物	红景天提取物	具有很强的抗氧化作用，能抑制酪氨酸酶活性，阻止黑色素形成
黑色素运输阻断剂	维生素 A 酸		对酪氨酸羟化酶、多巴氧化酶、二羟基吲哚氧化酶都有抑制作用，对酪氨酸酶活性和黑色素成分无影响
防晒剂	见防晒类原料介绍		
还原剂	维生素 C 及其衍生物	抗坏血酸（维生素 C）	维生素 C 不仅能还原黑色素，还能参与体内酪氨酸代谢，减少黑色素生成以及与黑色素作用，淡化、减少黑色素沉积，达到美白功效
	维生素 E 及其衍生物	生育酚（维生素 E）	抗氧自由基；还原黑色素
化学剥脱剂	果酸	熊果酸	软化角质层、促进含有黑色素的角质细胞脱落
内皮素拮抗剂	洋甘菊提取物	金黄洋甘菊提取物	阻止内皮素与黑素细胞膜受体结合，抑制黑素细胞分化、增殖；间接抑制酪氨酸酶活性，干扰黑色素形成

三、美白化妆品配方

在设计美白化妆品配方时，可以考虑加入防止黑色素生成类、促渗类、保湿类等物质，表 11-2、表 11-3 为美白化妆品配方示例。

表 11-2 美白化妆品示例（一）

组相	原料名称	INCI 名称	质量分数/%
A 相	3-乙酸乙酯基抗坏血酸	3-*O*-乙基抗坏血酸	1.5
	凡士林	甘油	5.0
	氢化羊毛脂	氢化羊毛脂	7.0
	角鲨烷	角鲨烷	34.0
	己二酸十六烷酯	—	10.0

续表

组相	原料名称	INCI 名称	质量分数/%
A 相	甘油单硬脂酸酯	单硬脂酸甘油酯	3.0
	微晶蜡	微晶蜡	11.0
	蜂蜡	蜂蜡	4.0
	吐温-80	PEG-80 失水山梨醇油酸酯	1.0
B 相	丙二醇	1,3-丙二醇	2.5
	抗氧化剂、杀菌剂	—	适量
	去离子水	水	20.5
C 相	香精		适量

表 11-3　美白化妆品示例（二）

组相	原料名称	INCI 名称	质量分数/%
A 相	蜂蜡	蜂蜡	4.0
	十六醇	鲸蜡醇	5.0
	氢化羊毛脂	氢化羊毛脂	8.0
	角鲨烷	角鲨烷	37.5
	甘油脂肪酸酯		4.0
B 相	亲水甘油单硬脂酸酯	单硬脂酸甘油酯	2.0
	吐温-20	PEG-20 失水山梨醇月桂酸酯	2.0
	半胱氨酸	半胱氨酸	0.25
	丙二醇	1,3-丙二醇	5
	烟酰胺	烟酰胺	5
	维生素 C 乙基醚	抗坏血酸乙基醚	1
	乳酸	乳酸	0.01
	乳酸钠	乳酸钠	0.1
	去离子水	水	加至 100
C 相	香精		适量
	防腐剂、抗氧化剂		适量

制备工艺：称取 A 相原料，搅拌加热至 80℃；称取 B 相原料，搅拌加热至 80℃，溶解均匀后将 A 相加入 B 相中，均质 5min；搅拌降温至 45℃加入 C 相，搅拌均匀。

四、美白化妆品功效评价

1．酪氨酸酶抑制实验

测定离体培养的黑素细胞中酪氨酸酶的活性可以评价美白化妆品的功效。通过测定美白化妆品中有效成分抑制酪氨酸酶的能力评测美白效果，抑制率越高，美白效果越好。酪氨酸酶可以从蘑菇中得到，也可以从 B16 黑色瘤细胞或动物皮肤中得到。L-酪氨酸酶与其底物 L-酪氨酸可以发生催化反应。当在实验体系中添加了有L-酪氨酸酶活性抑制作用的试剂后，对催化反应可以产生抑制作用，通过测定添加试剂前后于 475nm 处的吸光度，来评价试剂对 L-酪氨酸酶活性的抑制率。

2．人体评价方法

可以通过三色分析法的 Lab 色度分析，考察样品对肤色的整体改变。三色分析法是通过检测皮肤表层结构上的紫外可见反射光，采用三维颜色空间分量的定量，来模拟并还原描述人肉眼所看到的物体的颜色，经过计算皮肤亮度的评价指标 ITA 值，来综合评价皮肤的色度，皮肤色素沉着越严重，测量计算得到的 ITA 值越小，详细介绍见祛斑化妆品功效评价方法。

皮肤黑红色素测试仪 MexameterMX18/MPA-9，基于光谱吸收的原理（RGB），通过测定特定波长的光照在人体皮肤上后的反射量来确定皮肤中黑色素和血红素的含量。人体皮肤的颜色主要取决于皮肤中黑色素和血红素（红色素）的含量，经皮肤黑红色素测试仪测试，可提供客观严谨的皮肤黑色素和血红素的含量数据，判断皮肤颜色变化。

第二节　防晒化妆品

防晒化妆品属于特殊用途化妆品管理范畴。

日光是地球表面生物赖以生存的基本元素，然而，辐射到地球表面的日光除了可见光外，还有红外线和紫外线。紫外线可造成皮肤光老化、色素过度沉着、炎症及干燥脱屑等一系列生物损伤，直接影响人们的容颜美白，甚至威胁人体皮肤健康，因此人们越来越关注防晒。

一、皮肤的光生物损伤

紫外线的波长范围为 100～400nm，根据生物学效应，将其分为三个波段，即长波紫外线（ultraviolet A，UVA），波长 320～400nm；中波紫外线（ultraviolet B，UVB），波长 290～320nm；短波紫外线（ultraviolet C，UVC），波长 100～290nm。阳光穿透大气到达地球表面，UVC 和大部分 UVB 被大气臭氧层吸收，UVB 透射能力较弱，到达皮肤表皮层，少量透过真皮，但对皮肤的损伤作用强；UVA 辐射强度大，其辐射到皮肤表面的能量高达紫外线总能量的 98%，绝大部分透过真皮，少量透过皮下组织，长期积累照射，易对皮肤造成严重的损伤。

1．日晒红斑

晒红又称皮肤日光灼伤，是由紫外线照射而引起的一种急性光毒性反应，表现为皮肤出现红色斑疹，甚至出现水肿、水疱和褪皮反应，同时伴有灼热、灼痛等不适症状。根据紫外线照射后出现反应的时间分为即时性红斑和延迟性红斑，即时性红斑是由于大剂量紫外线照射引起的，一般在照射几分钟内出现微弱的红斑反应，数小时内很快消退。延迟性红斑是紫外线照射引起的主要生物学损伤，通常在照射4～6h后，皮肤出现红斑反应，并逐渐增强，通常红斑可持续数日，然后逐渐消退，继而引发脱屑和色素沉着。

从病理学角度讲，日光灼伤是由紫外线照射而引起的一种炎症，主要是由于紫外线照射皮肤后，使皮肤各层组织发生生理及病理变化，表皮基底层出现液化变性，棘细胞层部分细胞胞浆均匀一致，核皱缩；真皮乳头层毛细血管局限性或全身性扩张，数量增多，产生局部的或全身性的红色斑疹，引起红斑效应。血液内细胞成分增加，血管通透性增强，白细胞游出，液体渗出，最终导致毛细血管内皮损伤，血管周围出现淋巴细胞及多形核细胞浸润等炎症反应。不同波长紫外线的红斑效应不同，其中，UVB引起的日光灼伤最强，因此，UVB波段通常被称为红斑光谱或红斑区。

2．日晒黑化

曾经一段时间，人们对日光对皮肤的影响有一种错误的认识，认为日光灼伤即晒红对皮肤有伤害作用，而晒黑是对皮肤有好处的，甚至认为皮肤越黑越健康，然而，随着皮肤科学和分子生物学的发展，认识到晒黑不仅使皮肤失去了白皙靓丽，而且给皮肤细胞带来一系列生理损伤，甚至诱发皮肤癌，因而，防晒黑也成为防晒化妆品的重要功效指标。

皮肤晒黑是指紫外线照射后引起的黑化现象，通常于照射后几分钟、几小时或数天后在照射部位出现弥漫性灰黑色色素沉着，色素可持续数小时、数天甚至数月。晒黑反应的三个阶段见表11-4。

表11-4　晒黑反应的三个阶段

阶段	照射剂量	反应机理	临床表现
即刻晒黑反应（IPD）	UVA低剂量 1～5J/cm^2	已经存在的黑色素被UVA产生的活性氧基团等氧化，变为了颜色更深的氧化型黑色素，或是发生了重新分布造成的，在此过程中黑素细胞并没有合成新的黑色素	日晒后皮肤立即出现灰褐色色素沉着
持久性晒黑反应（PPD）	UVA较大剂量 ＞10J/cm^2	同IPDa	日晒后立即出现灰褐色，持续2h以后色素沉变为棕黑色，可持续24h
迟发性晒黑反应（DT）		UVB诱导新黑色素生成	紫外线照射后3～4天皮肤出现黑变，然后逐渐消退

总之，紫外线辐射诱导和刺激黑素细胞变化而导致色素沉着，引起皮肤黑化，在此过程中，UVA是主要诱发因素，因而，UVA波段通常被称为黑化光谱或晒黑区。

3．光老化

皮肤光老化是指由于长期的日光照射导致的皮肤衰老现象，是由反复日晒而致的累积性损伤。临床表现为皮肤粗糙肥厚，皮沟加深，斑驳状色素沉着等症状。

光老化与自然老化不同，见表 11-5。

表 11-5 自然老化与光老化的比较

项目	自然老化	光老化
与年龄关系	可以不平行	平行
与紫外线照射关系	−	+++
皮肤干燥	+	++
皮肤变薄	++	可以没有甚至变厚
皮肤失去弹性	+	++
皮肤颜色	变化不明显	颜色不均，有色素沉着
毛细血管扩张	−	+++
皱纹	细小皱纹为主	粗大皱纹为主，皮革样
并发肿瘤	+	+++
发生机制	皮肤各层萎缩	炎性介导的增生反应
组织学特点	表真皮萎缩，附属器减少	表皮不规则增厚，真皮弹力纤维变性，Ⅰ型胶原减少，皮脂腺增生
是否可以预防	否	是

注：“+”表示相关，“+”号越多表示相关程度越高；“−”表示不相关。

4．光敏感性皮肤病

许多皮肤病可造成皮肤对紫外线照射的敏感性增强，其特点是在光感物质的介导下，皮肤对紫外线的耐受性降低或感受性增加，从而引起皮肤光毒反应或光变态反应。光毒反应主要是由于化学物质吸收紫外线光能量而释放能量，从而造成细胞损伤所致，导致了皮肤的红斑、水肿的发生。临床表现为红肿，伴有灼烧感。光变态反应则是经过 UVA、UVB 照射后发生某些化学变化产生半抗原，半抗原与蛋白质结合产生抗原后刺激细胞启动免疫应答过程，引起变态反应，从而产生细胞免疫，增强体液免疫。临床症状主要表现出红斑、丘疹或风团、水泡等症状。紫外线对皮肤的伤害除了以上几方面外，对人体的其他器官和系统也有较深的影响，如对眼睛有直接的损伤作用，对免疫系统的生物学功能也有一系列的影响。此外，紫外辐射还影响细胞分裂，破坏 DNA、RNA 和蛋白质结构，从而诱发皮肤癌。

二、皮肤对紫外线损伤的防护机制

1．对紫外线的反射

所谓反射是指光线从一种介质投射到另一种介质表面时，光线一部分返回到原来介质中的现象。一切光线的反射均遵守反射定律，即光线投射到物体上时，入射角等于反射角，入射线和反射线在一个平面上。反射出来的光能量与投射到该介质上的光能量之比为反射系数，对一个光滑的平面来讲，影响反射系数的因素有两个：一是光线的波长，二是投射面的性质。波长越短，反射系数越小；波长越长，反射系数越大。就人体皮肤而言，对于波长为220～300nm的中、短波紫外线，平均反射约为5%～8%，对于400mn的长波紫外线，反射约为20%。

除了波长以外，人类皮肤的色泽也影响紫外线的反射。如白种人皮肤对320～400nm的紫外线反射可高达30%～40%，而黑种人皮肤只有16%左右。但白种人皮肤反射的也大多是长波紫外线，对中、短波紫外线，由于皮肤表层能强烈吸收，因此肤色对这部分光线的反射影响不大。

2．对紫外线的散射

散射是指光线通过不均匀媒介时，一部分光线向各个方向发射的现象。散射主要由直径小于光波波长1/10的颗粒物质引起，根据分子散射定律，散射强度与波长的四次方成反比，因此波长越短，散射就越显著，波长越长，散射越微弱。人的皮肤由多层组织细胞构成，从外向内依次为扁平的角质层，透明层，颗粒层，然后是多角形细胞组成的棘细胞层，最后是间杂有黑素细胞的基底细胞层。上述组织细胞中含有大量颗粒如黑素颗粒、透明角质颗粒、张力丝、聚纤素等，也含有丰富的脱氧核糖核酸分子，这些成分均按分子散射定律将紫外线散射。散射的存在，一方面影响了光线的进入程度，另一方面也明显减弱了光线对皮肤的伤害作用。

3．对紫外线的吸收

在皮肤角质层，吸收紫外线的主要成分有角蛋白、尿苷酸等，覆盖皮肤表面的脂质和汗液（脂化膜）对紫外线也有一定的吸收作用；在表皮的棘细胞层和基底细胞层，吸收紫外线的物质主要是大量的核酸分子和核蛋白，大小和密度各不相同的黑色素颗粒，芳香族氨基酸如色氨酸、酪氨酸等以及小分子肽、胆固醇和磷脂等；在皮肤的真皮层仍然有上述核酸、蛋白和氨基酸成分，除此以外，结缔组织中的弹力纤维、胶原纤维，血管中的血红素，组织中的胆红素，脂肪中的胡萝卜素等也能吸收紫外线。

短波和中波紫外线绝大部分被角质层和棘细胞层吸收，这是由于这两层含有丰富的核酸和蛋白质的结果，前者对紫外线的最大吸收波长为250～270nm，后者为270～300nm，因此，紫外线经过这两层时就被其中的物质基本吸收。长波紫外线可到达真皮层。根据格罗塞斯-德雷柏定律，光线只有被吸收才能引起各种效应，由于紫外线主要在表皮和真皮浅层被吸收，所以其光化学及光生物效应也主要在这些浅层组织中发生。核酸和蛋白质是构成生命的最基本、最重要的物质，而两者对光的吸收峰值恰好位于UVC和UVB的辐射波段，这种现象隐含了紫外辐射对生物起源、进化以及人类健康生存的复杂影响，其中包括有利的一面，也包括有害的一面。

三、防晒剂的使用

目前，我国化妆品准用防晒剂共 27 种，见表 11-6，主要可分为具有紫外屏蔽作用的物理性防晒剂及具有紫外吸收作用的化学性防晒剂。此外，近年来大量文献报道一些植物源化学成分具有一定的辅助增效作用，常在配方中作为晒后修复及防晒增效成分而应用。

表 11-6 化妆品准用防晒剂(按 INCI 名称英文字母顺序排列)

序号	物质名称			化妆品使用时的最大允许含量	其他限制和要求	标签上必须标印的使用条件和注意事项
	中文名称	英文名称	INCI 名称			
1	3-亚苄基樟脑	3-benzylidene camphor	3-benzylidene camphor	2%		
2	4-甲基苄亚基樟脑	3-(4′-methylbenzylidene)-*dl*-camphor	4-methylbenzylidene camphor	4%		
3	二苯酮-3	oxybenzone (INN)	benzophenone-3	10%		含二苯酮-3
4	二苯酮-4 二苯酮-5	2-hydroxy-4-methoxybenzophenone-5-sulfonic acid and its sodium salt	benzophenone-4 benzophenone-5	总量 5%（以酸计）		
5	亚苄基樟脑磺酸及其盐类	alpha-(2-oxoborn-3-ylidene)-toluene-4-sulfonic acid and its salts		总量 6%（以酸计）		
6	双乙基己氧苯酚甲氧苯基三嗪	2,2′-[6-(4-methoxyphenyl)-1,3,5-triazine-2,4-diyl]bis{5-[(2-ethylhexyl)oxy]phenol}	bis-ethylhexyloxyphenol methoxyphenyl triazine	10%		
7	丁基甲氧基二苯甲酰基甲烷	1-(4-tert-butylphenyl)-3-(4-methoxyphenyl)propane-1,3-dione	butyl methoxydibenzoylmethane	5%		
8	樟脑苯扎铵甲基硫酸盐	*N,N,N*-trimethyl-4-(2-oxoborn-3-ylidenemethyl)anilinium methyl sulfate	camphor benzalkonium methosulfate	6%		
9	二乙氨羟苯甲酰基苯甲酸己酯	benzoic acid, 2-(4-(diethylamino)-2-hydroxybenzoyl) -,hexyl ester	diethylamino hydroxybenzoyl hexyl benzoate	10%		
10	二乙基己基丁酰胺基三嗪酮	benzoic acid, 4,4′-((6-(((((1,1-dimethylethyl)amino) carbonyl)phenyl)amino) 1,3,5-triazine-2,4-diyl)diimino)bis-, bis-(2-ethylhexyl) ester	diethylhexyl butamido triazone	10%		
11	苯基二苯并咪唑四磺酸酯二钠	disodium salt of 2,2′-bis-(1,4-phenylene)1*H*-benzimidazole-4,6-disulfonic acid	disodium phenyl dibenzimidazole tetraslfonate	10%（以酸计）		
12	甲酚曲唑三硅氧烷	phenol, 2-(2H-benzotriazol-2-yl)-4-methyl-6-(2-methyl-3-(1,3,3,3-tetramethyl-1-(trimethylsilyl)oxy)-disiloxanyl)propyl	drometrizole trisiloxane	15%		

续表

序号	物质名称			化妆品使用时的最大允许含量	其他限制和要求	标签上必须标印的使用条件和注意事项
	中文名称	英文名称	INCI 名称			
13	二甲基 PABA 乙基己酯	4-dimethyl amino benzoate of ethyl-2-hexyl	ethylhexyl dimethyl PABA	8%		
14	甲氧基肉桂酸乙基己酯	2-ethylhexyl 4-methoxycinnamate	ethylhexyl methoxycinnamate	10%		
15	水杨酸乙基己酯	2-ethylhexyl salicylate	ethylhexyl salicylate	5%		
16	乙基己基三嗪酮	2,4,6-trianilino-(*p*-carbo-2′-ethylhexyl-1′-oxy)-1,3,5-triazine	ethylhexyl triazone	5%		
17	胡莫柳酯	homosalate (INN)	homosalate	10%		
18	对甲氧基肉桂酸异戊酯	isopentyl-4-methoxycinnamate	isoamyl *p*-methoxycinnamate	10%		
19	亚甲基双苯并三唑基四甲基丁基酚	2,2′-methylene-bis(6-(2*H*-benzotriazol-2-yl)-4-(1,1,3,3-tetramethyl-butyl)phenol)	methylene bis-benzotriazolyl tetramethylbutylphenol	10%		
20	奥克立林	2-cyano-3,3-diphenyl acrylic acid, 2-ethylhexyl ester	octocrylene	10%（以酸计）		
21	PEG-25 对氨基苯甲酸	ethoxylated ethyl-4-aminobenzoate	PEG-25 PABA	10%		
22	苯基苯并咪唑磺酸及其钾、钠和三乙醇胺盐	2-phenylbenzimidazole-5-sulfonic acid and its potassium, sodium, and triethanolamine salts		总量 8%（以酸计）		
23	聚丙烯酰胺甲基亚苄基樟脑	polymer of *N*-{(2 and 4)-[(2-oxoborn-3-ylidene)methyl]}benzy acrylamide	polyacrylamidomethyl benzylidene camphor	6%		
24	聚硅氧烷-15	dimethicodiethylbenzalmalonate	polysilicone-15	10%		
25	对苯二亚甲基二樟脑磺酸及其盐类	3,3′-(1,4-phenylenedimethylene)bis(7,7-dimethyl-2-oxobicyclo-[2.2.1]hept-1-yl-methanesulfonic acid) and its salts		总量 10%（以酸计）		
26	二氧化钛	titanium dioxide	titanium dioxide	25%		
27	氧化锌	zinc oxide	zinc oxide	25%		

注：在本规范中，防晒剂是利用光的吸收、反射或散射作用，以保护皮肤免受特定紫外线所带来的伤害或保护产品本身而在化妆品中加入的物质。这些防晒剂可在本规范规定的限量和使用条件下加入其他化妆品产品中。仅仅为了保护产品免受紫外线损害而加入非防晒类化妆品中的其他防晒剂可不受此表限制，但其使用量须经安全性评估证明是安全的。

1．紫外线屏蔽剂

紫外线屏蔽剂通过反射及散射紫外线对皮肤起保护作用，主要成分为无机矿物质，因此也称物理防晒剂或无机防晒剂，常见的紫外线屏蔽剂有二氧化钛、氧化锌、高岭土、滑石粉等。其中二氧化钛和氧化锌已经被美国FDA列为批准使用的第一类防晒剂，最高配方用量可高达25%。这类防晒剂安全性高、稳定性好，不易发生光毒反应或光变态反应，缺点是易产生光催化活性而刺激皮肤，容易在皮肤表面沉积成厚的白色层，影响皮脂腺和汗腺的分泌。

紫外线屏蔽剂通常是一些不溶性颗粒，颗粒的直径大小直接影响其紫外线屏蔽作用。防晒产品中常用的物理紫外屏蔽剂有二氧化钛和氧化锌防晒剂。二氧化钛（TiO_2）是抵御以UVB辐射为主的物理防晒遮蔽剂，具有安全无毒、化学性质稳定、紫外线屏蔽效率高、良好的耐受性、优异的分散性和透明性以及适宜的粒径范围等特性，在化妆品防晒配方中广泛使用。氧化锌（ZnO）是抵御以UVA辐射为主的物理防晒遮蔽剂。

2．紫外线吸收剂

紫外线吸收剂能够吸收紫外线，将吸收的能量转化为无害的热能等形式释放出去，也称化学防晒剂或有机防晒剂，常见防晒剂包括以下几种类型：

（1）水杨酸酯类　水杨酸酯类是使用较早的一类紫外线吸收剂。它本身对紫外线吸收能力很低,而且吸收的波长范围极窄（小于340nm），但在吸收一定能量后,由于发生分子重排，形成了防紫外线能力强的二苯甲酮结构，从而产生较强的光稳定作用。水杨酸酯类对皮肤相对安全，而且在产品体系中复配性好，具有稳定、润滑、不溶于水等性能，水溶性的水杨酸盐类对于皮肤的亲和性较好，对防晒品的防晒指数（SPF）具有增强作用，并可用于发品的防晒中。

（2）二苯酮类化合物　二苯酮甲酮类防晒剂对整个紫外线区域几乎都有较强的吸收作用，是一类广谱型紫外线吸收剂，但吸收率较底。这类防晒剂具有很高的热和光稳定性，但对氧化不稳定，故在配制化妆品时，配方中必须加入抗氧化剂。该类化合物有2-羟基-4-甲氧基苯酮、2,2′-二羟基-4,4′-二甲氧基苯酮等。这类化合物中使用最广泛的就是羟甲氧苯酮。

二苯酮类紫外线吸收剂在产品中的应用存在一些问题，第一，二苯酮类是芳香酮类，产生的副产物无法在体内新陈代谢；第二，二苯酮类在化妆品的添加中比较难以处理和增溶；第三，虽然二苯酮类具有吸收UVA的能力，但是较弱，特别是在不同的溶剂中表现出不同的吸收能力，在产品配伍方面要求较高。另外，二苯酮类会干扰人体内分泌，因此虽然使用安全，但不建议多使用，而且在防晒产品中，也尽可能地只是作为辅助防晒剂使用比较好。

二苯酮及其衍生物多为白色或淡黄色油溶性结晶体或粉末，溶于乙醇，不溶于水，需要完全溶解后才可以加入化妆品中，一般化妆品中使用量为5%～10%，水杨酸酯类防晒剂可以提高二苯酮类防晒剂的溶解度，因此通常配合二苯酮类防晒剂一起使用；二苯酮衍生物羟苯甲酮，使用时一般会考虑光毒性的问题，而且要在含有羟苯甲酮的产品外包装上标注提醒用语。总地来说二苯酮类及其衍生物防晒剂，由于吸收紫外线光谱宽，这类防晒剂在国内外均为常用防晒剂。

（3）甲氧基肉桂酸酯类　能吸收 280～310nm 的紫外线，且吸收率高，因此应用比较广泛。甲氧基肉桂酸辛酯（ParsolMCX）和 4-甲氧基肉桂酸-2-乙基己酯是目前世界上最常用的吸收剂。甲氧基肉桂酸辛酯不溶于水，列入美国 I 类可安全使用的防晒剂，最高用量为 10%。4-甲氧基肉桂酸-2-乙基己酯自身两分子会在紫外线照射下发生加成反应，与丁基甲氧基二苯甲酰基甲烷（BMDM）复配也会发生不可逆的环化加成反应，导致两者防护 UVA 的能力大幅减弱。

（4）甲烷衍生物　具有高效 UVA 紫外线吸收能力，适合制备高 SPF 值的防晒剂。这类防晒剂为微黄色晶粒，具有香气。主要功能为防晒黑，λ_{max} 为 357nm，紫外线吸收带为 332～385nm，防晒系数（SPF 值）与其用量有递增关系，SPF 值可达 9～10。化学防晒剂 Parsol 1789，学名为 4-甲基-4-乙氧基苯甲酰甲烷，防晒黑效果非常好，缺点是光稳定性差，紫外线照射易分解。

3．植物源防晒增效成分

植物源防晒成分具有很多优点：一是能够增强皮肤屏障的活性物，增强皮肤抵御紫外线的能力；二是能够清除或减少紫外线辐射造成的活性氧自由基的活性物，可以阻止或减少皮肤组织损伤，促进日晒后修复，是一种间接防晒作用；三是具有抗炎，抗刺激等的活性物，可以降低紫外辐射后红斑的发生率或者红斑的严重程度，从而间接地提升防晒产品的功效。目前，市面上植物源防晒增效成分主要包括黄酮类、多酚类、维生素和甾族化合物类、酶类成分等。

（1）黄酮类化合物　黄酮类化合物其结构具有共轭体系,有较强紫外吸收性能，经过紫外光谱扫描后有两个吸收带，带Ⅰ（220～280nm）是由黄酮母核苯甲酰基衍生物电子跃迁吸收光能造成的，带Ⅱ（300～400nm）是由桂皮酰基衍生物电子跃迁造成的。同时，黄酮类化合物具有的酚羟基能与氧自由基反应生成共振稳定的半醌式自由基，从而中止自由基链式反应，保护皮肤免受光损伤。据文献报道，苦荞黄酮（芦丁含量 90%左右）对二氧化钛及对甲氧基肉桂酸辛酯具有协同增效作用。某些黄酮亦可以抑制对甲氧基肉桂酸辛酯的降解，如柚皮素。

（2）多酚类化合物　植物多酚是一类广泛存在于植物体内的多元酚化合物，在紫外线光区有较强吸收功能。同时，植物多酚还有抑制酪氨酸酶和过氧化氢酶的活性，具有维护胶原的合成，抑制弹性蛋白酶，保护皮肤功能。

（3）其他　天然植物中还有些植物成分能在皮肤表面形成膜的屏障，具有屏蔽紫外线的功能，这类物质主要有 γ-亚麻酸、芦荟提取物等。

四、防晒化妆品配方设计

防晒产品是近年来发展较快的化妆品，市售防晒产品有各种各样的剂型，如膏霜、乳液、微乳液、凝胶、喷雾剂、摩丝和棒型防晒产品，在功效方面，除防晒作用外，兼有抗自由基、免疫保护、防沙、防昆虫叮咬以及兼有美容作用。防晒产品配方主要由防晒剂和基质配方构成。防晒剂的选择是防晒化妆品配方的核心所在，对防晒产品的性能具有决定性的影响。近年来，防晒剂复配使用已成为配方研究的重点，包括 UVB 防晒剂与 UVA 防晒剂之间的复配，也包括有机吸收剂和无机散射剂之间的复配。

1．防晒化妆品配方设计要求

防晒制品是一种功能性很明确和专一的制品，主要是确保其防晒功能真正有效，要做到这点，需考虑各种因素，如防晒剂的选择、基本的配伍、抗水性能、光稳定性、剂型和包装等。防晒制品目标质量设计应考虑的因素如下。

（1）根据市场需要，设定产品 SPF 值　产品 SPF 值为 8～12，提供高的防晒伤作用；产品 SPF 值为 12～20，提供较高的防晒伤作用；产品 SPF 值为 20～30，提供更高的防护晒伤作用。

（2）制品的目标防护波段　制品除标识 SPF 值外（UVB 波段防护），是否标识 UVA 波段防护（如 PA+、PA++和 PA+++）。

（3）防水性能　是否要求具有防水性能。一般为抗水性能或优越抗水性能。

（4）制品目标人群　根据产品主要销售对象确定产品预计 SPF 值和 PA 类别，防晒剂类别和用量。例如一般防晒制品的 SPF 值约 12～15，海滨日光浴用的产品需要高 SPF 值（SPF 值 25～30）。皮肤易过敏的人群，避免使用可能产生致敏作用的防晒剂。

（5）产品是否是多功能产品　如含防晒剂的彩妆产品；有驱虫功效的防晒产品；含活性物、抗氧化剂、自由基猝灭剂的防晒抗衰老产品。

（6）产品剂型　乳液（O/W 或 W/O）、膏霜（O/W 或 W/O）、油、凝胶或气雾剂等。

（7）产品使用包装材料、外形等。

（8）制品目标成本　防晒剂的价格较贵，与其他组分相比，占成本比例较大，必然在最终产品的价格中反映出来，要有明确的市场定位。

（9）产品的外观　尽管防晒产品的主要功能是预防 UV 对皮肤的伤害，产品的外观不会影响其主要功效，但消费者喜欢外观良好的产品，一般外观不够细腻、肤感油腻，在皮肤上留下一层乳白包膜的产品是不受顾客欢迎的。在配方设计中应该综合考虑。

2．防晒化妆品基质配方

防晒化妆品的基质对产品的性能有着重要的影响。一般含醇基质在皮肤上所形成的膜较薄，光易透过，本身的紫外线防护作用差；乳液在皮肤上蒸发后成膜，一些残留组分会散射通过膜的光，减弱入射光的强度，从而增加了整个产品的防晒能力。由于配方的差异，其基质自身的防护作用及对防晒剂性能发挥的影响是不同的。现以乳液为例介绍配方组分的选择。

（1）油相原料　通常，油相原料会对防晒剂在皮肤上的涂展与渗透产生影响，选择铺展性好的油脂作为防晒剂的载体，可有助于防晒剂在皮肤上均匀分散，而使用渗透性强的油脂与防晒剂相溶，可以使防晒剂固定在上皮层成为可能。以上两点均有助于产品防晒能力的提高。对散射型防晒剂来说，选择适宜的基质，同样重要。无机粉体的折射率与光的散射有很大关系，因此在使用二氧化钛、氧化锌等无机散射剂的同时，考虑在配方中选用折射率小的基质原料较为合适。聚硅氧烷是一种良好的亲酯性载体，也是无机散射剂的分散助剂，其在皮肤上形成的膜牢固度高，抗水性强，可较好地提高配方的 SPF 值。

（2）乳化剂　乳化剂的选择、使用是形成稳定乳液体系的关键，对乳液的结构与性质具有重要影响，而乳液的成膜强度、均匀性、铺展性、耐水性、渗透性等性质都直接影响产品的防晒性能。在选择乳化剂时，还应考虑以下几点：①优先选择非离子型乳化剂，因为选用安全性较高的非离子型乳化剂，可提高整个防晒制品的皮肤安全性；②使用最少量的乳化剂，既可增加产品的安全性，降低成本，又可以防止在水存在下发生过乳化作用而造成防晒剂的损失；③聚氧乙烯型乳化剂在阳光和氧的存在下发生自氧化作用，产生对皮肤有害的自由基，所以配方中应少用此类型的乳化剂；④减少高 HLB 值乳化剂，以提高产品的抗水性。

（3）成膜剂　为了获得较高 SPF 值，防晒制品必须沉积在皮肤表面，并形成一层均匀的、厚的耐水防晒剂层。一些成膜剂有助于达到这个目的。这类聚合物包括 PVP/二十烯共聚物、丙烯酸盐/叔辛基丙烯酰胺共聚物和亲油性的季铵化十二烷基纤维素醚等。丙烯酸盐/叔辛基丙烯酰胺共聚物等为疏水性，是有效封闭剂，可减少水分透过皮肤的损失，有调理作用和定香作用，最适用于防水性防晒制品，特别适合于以 TiO_2 为基质的防晒霜。

3．防晒化妆品配方实例

为获得较高的 SPF 值，防晒制品必须沉积在皮肤上形成较厚而坚固的耐水性防晒剂层。为使产品具有抗水性，在设计配方时，可从以下几方面采取措施。

① 多采用非水溶性防晒剂。

② 使用抗水剂，如一些防水树脂、成膜剂等。

③ 增加油相在配方中的比例。

a．减少亲水性乳化剂的用量。

b．采用 W/O 型乳化体系。

不同剂型防晒化妆品配方如表 11-7～表 11-11 所示。

表 11-7 耐水防晒膏

组成	质量分数/%	组成	质量分数/%
硬脂酸	4.0	辛基十二烷基新戊酸酯	10.0
十六醇	1.0	去离子水	加至 100
DEA 十六醇磷酸酯	2.0	甘油	5.0
PVP/二十烯共聚物	3.0	Carbopol 940	0.1
二甲基硅氧烷	0.5	去离子水	0.9
对甲氧基肉桂酸辛酯	7.5	三乙醇胺	0.1
4-羟基-4-甲氧基二苯甲酮	6.0	香精、防腐剂	适量
水杨酸辛酯	5.0		

表 11-8 防晒霜（O/W 型）

组成	质量分数/%	组成	质量分数/%
SF-9033 硅凝胶	1.0	Carbopol 940	0.2
十六醇	1.0	EDTA-2Na	0.05
硬脂酸	1.0	防腐剂	适量
PEG（1540）	1.0	聚二甲基硅油	4.5
Span-60	0.5	十甲基环五硅氧烷	2.0
二甲基硅油	0.5	Uvinul T-150	2.0
肉豆蔻酸异丙酯	2.0	Uvinul MC80	4.0
卵磷脂	1.0	三乙醇胺	1.0
去离子水	加至 100		

表 11-9 防晒霜（W/O 型）

组成	质量分数/%	组成	质量分数/%
微晶蜡	1.0	Escalol 557	5.0
白油	5.0	Escalol 567	2.0
石蜡	1.0	甘油	5.0
凡士林	1.0	香精	适量
羊毛脂	1.0	防腐剂	适量
肉豆蔻酸异丙酯	10.0	去离子水	加至 100
失水山梨糖醇倍半油酸	1.5		

表 11-10　防晒乳液

组相	组分	质量分数/%	组相	组分	质量分数/%
A	硬脂酸甘油酯	6.0	B	丙二醇	6.0
	聚氧乙烯（20）硬脂酸酯	3.0		黄原胶	1.0
	乳酸十六烷酯	3.0		丁二醇	3.0
	乳酸 C_{12}～C_{15} 烷基酯	1.0		去离子水	加至 100.0
	肉豆蔻酸肉豆蔻酯	4.0	C	超细二氧化钛	5.0
	甲氧基肉桂酸辛酯	7.5		硬脂酰硬脂酸异鲸蜡醇酯	3.0
	二苯甲酮-3	3.0		马来大豆油	3.0
	水杨酸辛酯	3.0	D	尼泊金甲酯	适量
			E	香精	适量

表 11-10 配方制备工艺：将油相 A 中成分搅拌加热至 75℃，将水相 B 中成分黄原胶先预分散在丁二醇中，然后加入丙二醇和去离子水搅拌分散均匀，加热至 80℃。将 C 相中成分在胶体磨中磨细，备用。分别将油相和水相过滤后真空抽进乳化罐，搅拌，加入 C 相后，再搅拌约 10min，维持 70℃，均质，40℃时加入 D、E 相，搅拌均匀。

表 11-11　防晒凝胶

组相	组分	质量分数/%	组相	组分	质量分数/%
A	丙二醇	5.0	C	Parsol HS	2.0
	尿囊素	0.1		三乙醇胺	1.2
	D-泛醇	0.5		去离子水	15.0
	防腐剂	适量	D	Cremophor NP-14	1.2
	去离子水	加至 100		香精	适量
	Carbopol 940	1.1		色素	适量
B	三乙醇胺	2.2		乙醇	5.0
	去离子水	5.0			

称取 A 中的去离子水，在搅拌状态下加入胶凝剂 Carbopol 940，继续搅拌直至 Carbopol 940 完全分散。加入丙二醇、防腐剂、尿囊素和 D-泛醇充分溶解。将 B 中的中和剂三乙醇胺以去离子水稀释，慢慢加入 A 中中和，使其成为凝胶状。将防晒

剂 Parsol HS 在搅拌下加入 C 中的去离子水中，出现悬浮物后继续搅拌并缓慢加入三乙醇胺进行中和，直至成为清澈的溶液，并使该溶液的 pH 值调至 7.2～7.5，再加入前凝胶中。将 D 中的香精和增溶剂 Cremophor NP-14 混合，在搅拌下加入前凝胶中。最后，在搅拌下加入色素、乙醇而成为透明凝胶。

五、防晒化妆品功效评价

化妆品功效性检验目前包括防晒化妆品防晒指数（sun protection factor，SPF）测定、长波紫外线防护指数（protection factor of UVA，PFA 值）的测定以及防水性能测试。

1．防晒化妆品 SPF 值人体测定

防晒指数（SPF）也称为日光防护系数，它的定义是指用紫外线照射皮肤后，使用化妆品后的最小红斑量（minimal erythema dose，MED）与未使用化妆品的最小红斑量 MED 的比。它是防晒化妆品保护皮肤避免发生日晒红斑的一种性能指标，是最常用的 UVB 防护效果评价指标。

测试流程如下：

（1）选择光源——日光模拟器氙弧灯作为光源。

（2）选择受试者。

（3）低 SPF 值标准品的制备。

在测定防晒产品的 SPF 值时，为保证试验结果的有效性和一致性，需要同时测定防晒标准品作为对照。对于 SPF 值<20 的产品，可选择低 SPF 值标准品，其配方见表 11-12；防晒标准品为 8%胡莫柳酯制品，其 SPF 均值为 4.4，标准差为 0.2；所测定的标准品 SPF 值必须位于可接受限值范围内，即 4.4±0.4。

表 11-12　低 SPF 值标准品配方

组相	组成	质量分数/%
A	羊毛脂	5.00
	胡莫柳酯（水杨酸三甲环乙酯）	8.00
	白凡士林	2.50
	硬脂酸	4.00
	对羟基苯甲酸丙酯	0.05
B	对羟基苯甲酸甲酯	0.10
	EDTA-2Na	0.05
	1,2-丙二醇	5.00
	三乙醇胺	1.00
	纯水	74.30

制备工艺：将 A 相和 B 相分别加热至 72～82℃，分别搅拌至全部溶解，在搅拌下将 A 相加入 B 相中，保温乳化 20min 后降温，至室温时（15～30℃）停止搅拌，出料灌装。

（4）高 SPF 值标准品的制备一

① 对于 SPF 值<20 的产品，可选择高 SPF 值标准品（配方一或配方二），对于 SPF 值≥20 的产品，推荐选择高 SPF 值标准品配方一或配方二。

② 防晒标准品为 7%二甲基 PABA 乙基己酯和 3%二苯酮-3 制品，其 SPF 均值为 16.1，标准差为 1.2。

③ 所测定的标准品 SPF 值必须位于可接受限值范围内，即 16.1±2.4。

高 SPF 标准品配方一见表 11-13。

表 11-13 高 SPF 标准品配方一

组相	组成	质量分数/%
A	羊毛脂	4.50
	可可脂	2.00
	甘油硬脂酸酯	3.00
	硬脂酸	2.00
	二甲基 PABA 乙基己酯	7.00
	二苯酮-3	3.00
B	水	71.6
	山梨（糖）醇	5.00
	三乙醇胺	1.00
	羟苯甲酯	0.30
	羟苯丙酯	0.10
C	苯甲醇	0.50

制备工艺：将 A 相和 B 相分别加热至 77～82℃，使用螺旋振荡器充分混匀，在搅拌下将 A 相加入 B 相中，充分混匀、均质，保温乳化 20min 后降温，至 49～54℃时，加入 C 相并搅拌均匀，充分混匀、均质，缓慢降温到 35～41℃，避免水分蒸发，冷却到 27～32℃，出料灌装。

（5）高 SPF 值标准品的制备二

① 对于 SPF 值<20 的产品，可选择高 SPF 值标准品（配方一或配方二），对于 SPF 值≥20 的产品，推荐选择高 SPF 值标准品配方一或配方二。

② SPF 均值为 15.7，标准差为 1.0。

③ 所测定的标准品 SPF 值必须位于可接受限值范围内，即 15.7±2.0。高 SPF 标准品配方二见表 11-14。

表 11-14 高 SPF 标准品配方二

组相	组成	质量分数/%
A	硬脂酸	2.205
	PEG-40 蓖麻油	0.63
	鲸蜡硬脂醇硫酸酯钠	0.315
	癸基油酸酯	15.00
	甲氧基肉桂酸乙基己酯	3.00
	丁基甲氧基二苯甲酰基甲烷	0.50
	羟苯丙酯	0.10
B	水	53.57
	2-苯基苯并咪唑-5-磺酸	2.78
	45%氢氧化钠溶液	0.90
	羟苯甲酯	0.30
	EDTA-2Na	0.10
C	水	20.00
	卡波姆	0.30
	45%氢氧化钠溶液	0.30

制备工艺：将 A 相和 B 相分别加热至 75～80℃，连续搅拌直至各种成分全部溶解（需要时升高温度直至液体变清，然后缓慢降温至 75～80℃），C 相是将卡波姆加入水中用高剪切分散乳化机（匀浆机）均质搅拌，然后加入氢氧化钠中和。在搅拌下将 A 相加入 B 相中，仍在搅拌过程中再将 C 相加入 A 相和 B 相的混合物中，均质。用氢氧化钠调节 pH 值（7.8～8.0），降至室温时停止搅拌，出料灌装。

（6）MED 的测试

① 受试者体位：照射后背，可采取前倾位或俯卧位。

② 样品涂抹面积不小于 $30cm^2$。

③ 按 $2mg/cm^2$ 的用量称取样品。使用乳胶指套将样品均匀涂抹于试验区内，等待 15min。

④ 应在 24h 内完成，受试区选 5 点用不同剂量的紫外线照射，24h 过后观察结果，出现红斑的最低照射剂量或最短时间为正常皮肤的 MED。

⑤ 测试三种情况的 MED：未保护皮肤的 MED；防护下的 MED；标准品防护下的 MED。

（7）排除标准　均出现或均未出现的排除，或出现又消失的排除。

（8）SPF 值计算公式　$SPF=\frac{涂抹防晒品皮肤的MED}{未涂抹防晒品皮肤的MED}$

（9）数据处理　计算受试者 SPF 值的算术平均数，取其整数部分即为样品的 SPF 值。要求均数的 95%可信区间（95%CI）不超过均数的 17%，否则应增加受试人数（不超过 25），直至符合上述要求。

（10）结果与报告　包括受试样品编号、名称、生产批号、送检单位、检验起止时间、材料和方法、检验结果、结论，并有检验者、校核人和技术负责人的签字，加盖检验单位公章。

（11）防晒标准的标识

① SPF<2，不标识防晒效果。

② 2≤SPF≤50，标识 SPF 值。

③ SPF>50，且减去标准差后仍大于 50，标识为 SPF50+。

2．防晒化妆品 UVA 防护效果人体测定及表示法

《化妆品安全技术规范》（2015 年版）中 UVA 人体评价方法：

Cosmetics—Sun protection test method — In vivo determination of sunscreen UVA protection.（International standard ISO 24442 First edition，2011-12-15）。即：化妆品-防晒评价方法——防晒霜 UVA 防护效果的人体评价（国际标准 ISO 24442 第一版，2011-12-15）。

（1）选择受试验者及试验部位。

（2）受试者人数 10～20 人。

（3）标准品制备　标准品配方及制备工艺，标准品应和待测样品同时测试；标准品 PFA 均值为 4.4，标准差为 0.3；所测定的标准品 PFA 值必须位于可接受限值范围内，即 4.4±0.6。制备方法见表 11-15。

表 11-15　PFA 标准品的制备方法

组相	组分	质量分数/%
A	去离子水	加至 100
	双丙甘醇	5.0
	氢氧化钾	0.12
	EDTA-2Na	0.05
	苯氧乙醇	0.3
B	硬脂酸	3.0
	甘油硬脂酸酯 SE	3.0
	鲸蜡硬脂醇	5.0
	矿脂	3.0
	甘油三（乙基己基酸）酯	15.0
	甲氧基肉桂酸乙基己酯	3.0
	丁基甲氧基二苯甲酰基甲烷	5.0
	羟苯乙酯	0.2
	羟苯甲酯	0.2

制备工艺：将 A 相和 B 相分别加热至 70℃，搅拌至完全溶解，在搅拌下将 B 相加入 A 相中，均匀搅拌，保温乳化 20min 后降温，降至室温后停止搅拌，出料灌装。

上述方法制备的标准品，其 PFA 值为 3.75，标准差（standard deviation）为 1.01。

（4）使用样品计量　约 $2mg/cm^2$ 或 $2\mu L/cm^2$。均匀地涂抹在受试皮肤上。受试部位的皮肤应用记号笔标出边界。

（5）样品涂抹面积　约 $20cm^2$ 以上。

（6）等待时间　涂抹样品后应等待 15min 以便于样品滋润皮肤或在皮肤上干燥。

（7）紫外线光源　应使用人工光源并满足一定条件。

（8）最小辐照面积　单个光斑的最小辐照面积不应小于 $0.5cm^2$（ϕ8mm）。未加保护皮肤和样品保护皮肤的辐照面积应一致。

（9）紫外辐照计量递增　进行多点递增紫外辐照时，增幅最大不超过 25%。增幅越小，所测的 PFA 值越准确。

（10）读取最小持续色素黑化量（minimal persistant pigment darkening dose，MPPD）。

（11）PFA 值（protection faction of UVA）计算方法

$$PFA=\frac{\text{涂抹防晒品皮肤的MPPD}}{\text{未涂抹防晒品皮肤的MPPD}}$$

测定样品的 PFA 值是所有受试者个体 PFA 值的算术平均数，所有个体 PFA 值有效结果的标准误差（standard error）应小于 PFA 均值的 10%。否则应增加受试者的例数（不超过 25）直至符合上述统计学要求。

（12）UVA 防护效果的标识方法　UVA 防护产品的表示是根据所测 PFA 值的大小在产品标签上标识 UVA 防护等级 PA（protection of UVA）。PA 等级应和产品的 SPF 值一起标识。PFA 值只取整数部分，按下列对应关系换算成 PA 等级：

表 11-16　PA 等级换算

PFA 值	PA 等级	PFA 值	PA 等级
小于 2	不得标识 UVA 防护效果	8～15	PA+++
2～3	PA+	大于等于 16	PA++++
4～7	PA++		

3．抗水性测定

由于防晒化妆品尤其是高 SPF 值产品通常在夏季户外运动中使用，季节和使用环境的特点是要求防晒产品具有抗水抗汗性能，即在汗水的浸洗下或游泳情况下仍能保持一定的防晒效果。具有防水效果的产品通常在标签上标识“防水防汗”“适合游泳等户外活动”等。因此测试防晒产品的抗水性具有重要意义。抗水性测试设备要求：池内水池，旋转或水流浴缸均可，水温维持在 23～32℃，水质应新鲜。记录水温、室温以及相对湿度。抗水性能测试流程：

（1）一般抗水性的测试　如产品宣称具有抗水性，则所标识的 SPF 值应当是该产品经过下列40min的抗水性试验后测定的SPF值：

① 在皮肤受试部位涂抹化妆品，按标签所示等待样品干燥。

② 受试者在水中中等量活动20min。

③ 出水休息20min（勿用毛巾擦试验部位）。

④ 入水在水中中等量活动20min。

⑤ 结束水中活动，等待皮肤干燥（勿用毛巾擦试验部位）。

⑥ 按中国化妆品安全技术规范的SPF测定方法进行紫外照射和测定。

（2）对防晒品强抗水性的测试

① 在皮肤受试部位涂抹化妆品，按标签所示等待样品干燥。

② 受试者在水中中等量活动20min。

③ 出水休息20min（勿用毛巾擦试验部位）。

④ 入水在水中中等量活动20min。

⑤ 出水休息20min（勿用毛巾擦试验部位）。

⑥ 入水在水中中等量活动20min。

⑦ 出水休息20min（勿用毛巾擦试验部位）。

⑧ 入水在水中中等量活动20min。

⑨ 结束水中活动，等待皮肤干燥。

⑩ 按中国化妆品安全技术规范的SPF测定方法进行紫外照射和测定。

六、防晒化妆品的发展趋势

1．高SPF值产品增加

随着对阳光中紫外线辐射对人体伤害作用的了解加深，普遍认为对紫外线辐射应进行全面的防护，因此，各类防晒制品迅速发展起来，其主要表现在：高SPF值防晒制品增加（如SPF＞30的产品）。

2．由单一的对UVB的防护到对UVB和UVA的同时防护

过去，由于人们对紫外线对皮肤的伤害存在错误认识，认为只有晒红是有害的，晒黑无害，越黑越健康，因而，过去的防晒产品只针对UVB进行防护，随着人们对UVA晒黑作用的深入了解，认识到UVA晒黑作用不仅影响皮肤美白，而且更容易引起皮肤的衰老和肿瘤发生，因而，对UVA进行防护成为广大消费者的共同需求。防晒制品采用多种防晒剂复配，强调UVA/UVB的全面防护。

3．配方新技术应用

产品的防水防汗性能增强；利用一些新的、对皮肤亲和性好的成膜剂，开发新的光稳定防晒剂和防晒剂的光稳定剂；一些新技术制备的防晒剂也不断出现，如微囊化技术应用大大提高防晒制品的功效。

4．日常紫外线防护增加

现今社会，人们开始注意日常紫外线辐射的防护，一些非海滨日光浴使用的防晒制品开始流行，防晒不再作为产品的唯一功能，而是和其他功效如保湿、营养、抗老化等结合在一起使产品具有多重效果。所以防晒化妆品中经常添加皮肤营养物质，如维生素 E 等抗氧化剂，增强皮肤弹性和张力的生物添加剂、保湿剂，改善皮肤血液微循环的植物提取物等，还出现了一些具有防晒效果或标识有 SPF 值的粉底类、口红唇膏类彩妆品，标识紫外线阻挡效果的化妆水、爽肤水，甚至宣称具有防晒作用的洗发香波、洗面奶等。从另一个角度看，防晒化妆品作为一种独立产品或许正在消失，逐渐演变成防晒功能融合在不同类型的化妆品中。

5．晒后护理产品增加

晒后皮肤的护理和晒伤治疗制品逐渐受到重视，一些专用的防晒制品，如滑雪、游泳、户外运动和职业劳动保护防紫外线辐射的制品的品种日益增加，多年来，光生物学家致力于研究日光浴引起的皮肤红斑，近年已开始注意到光保护不只是预防红斑，而应包括由老化至黑色素生成的免疫响应。现今，光保护已变为光免疫保护（PIP），它在设计防晒产品配方和促进人类健康方面起着重要作用。

许多植物提取物虽然对紫外线没有直接的吸收或屏蔽作用，但加入产品后可通过抗氧化或抗自由基作用，减轻紫外线对皮肤造成的辐射损害，从而间接加强产品的防晒性能，如芦荟、红景天、葡萄籽和燕麦提取物，富含维生素 E、维生素 C 的植物萃取液等。这样的物质现在作为防晒增效成分已经在化妆品中开始应用，随着人们回归自然、排斥化学合成物质的心理需求增加，这种应用趋势必然更加流行。

第三节　染发化妆品设计

使用染发制品的主要目的是保持头发天然青春的色彩，现代人不管年龄大小、头发天然是何种颜色、灰发多少，都希望头发颜色与她的衣服、妆容和首饰一样最大程度地增加个人魅力，典型例子是淡金黄色头发、充满活力的棕色和红色色调、老妇诱人均匀的灰发。根据历史记载，古代的波斯人、希伯来人、希腊人、罗马人、中国人和印度人已经开始利用染发剂，约 4000 年前，埃及第三代王朝就利用指甲花染发，古代人主要利用天然植物或矿物原料染发，由指甲花和乙酸铅制成的染发剂已有超过 100 年的历史，古埃及人利用指甲花的热水提取物使头发染成橙红色调，罗马人使用乙酸铅掩盖灰发，利用浸酸、酒或醋的铅梳子梳头，乙酸铅染发剂是沿用时间较长的染发剂，能产生棕色至棕黑色色调。

18 世纪中期，有机化学的发展提供了可在短时间染色和较安全、更可靠的染料，1874 年，Schrotter 利用过氧化氢使头发颜色变浅，接着在 1883 年，Monet 证实利用过氧化氢和对苯二胺混合物可染黑头发，为现代染发剂工业铺平道路，现今，支配染发剂市场的永久性氧化染料的产品仍然是以早期这种化学原料为基础。

现今，市售染发剂各种各样，主要包括同时利用漂白和染色作用的氧化型永久性染发剂、利用染料使头发着色的直接染发剂和除去头发天然色泽的漂白剂。在市场份额中，永久性染发剂占有80%的份额，在国外染发市场中，少数几个大公司的产品控制整个染发剂市场，过去20多年，一些知名化妆品公司申请染发剂的专利数量不断增加，每年达到约70～80份。在我国，随着人口老龄化，年轻人向往时尚和潮流的趋向日益增长，染发剂市场稳定增长。

近20多年来，随着对染发化学过程、头发天然颜色的结构和形成机理的进一步了解，这些研究成果已转移到染发剂工业，使染发剂获得更多的改进，产品更有效，另外，由于研究者对染发剂的染料、染料中间体和偶合剂等毒理学性质的较深入研究和消费者对染发剂安全性的日益关注，一些国家化妆品法规已将染发剂允许使用的原料列出清单，我国《化妆品安全技术规范》（2015 年版）列出化妆品组分中暂时允许使用的染发剂清单（75 种）。

理想染发剂应具备的特性主要包括：

① 安全性　安全性是染发剂必须具备的最重要的特性，安全性包括不会伤害发干、不会损伤头发的天然组织结构，使头发不会过度地失去光泽，不应引起急性皮肤刺激作用和致敏作用，即不应是诱发皮炎的制剂，与皮肤接触时，不应该具有毒性，不应对人体健康造成伤害（包括致突变性、致癌性和致畸变性等）。染发剂所有的颜料、染料中间体和偶合剂等都应在各国化妆品法规允许使用的清单内。在我国只能使用《化妆品安全技术规范》中化妆品组分中暂时允许使用的染发剂表内列出的染发剂组分，并遵从所列出的化妆品中最大允许使用浓度、限制和要求。

② 稳定性　在头发上有足够的物理和化学稳定性，染在头发上的颜色应对空气、阳光、摩擦（擦洗、梳理）和出汗等作用稳定，不会变色或很快褪色。染发剂在有效期内不会变质失效，即有较长的货架寿命，一般为一年以上。

③ 配伍性　与其他染发剂配伍，不受其他发类化妆品的影响，如不会因发油、头发定型剂、烫发水、香波的影响（暂时性和半永久染发剂除外）而变色。

④ 色调美观　使头发能染上各种自然美观的色调，而又不会在头皮上染上颜色，根据不同的要求，色调具有不同的持续时间。

⑤ 使用方便　着染所需的时间短，使用方便，易于分散涂布于头发上，控制剂量方便，不会滴流沾污其他部分和衣物。

⑥ 成本价格　染料和中间体来源稳定，容易购得，成本价格满足经济核算的要求。

上述要求很难全部达到，只能根据情况尽可能做得较好，但随着原料的不断发展和工艺的改进，目前，染发剂的性能已经获得较大的发展。

一、染发剂的分类和作用机理

根据染发后头发颜色可能经受洗发的次数（即耐久性），可将染发剂分为 3 类：暂时性染发剂、半永久性染发剂和永久性染发剂。近年来，出现了准永久性染发剂，头发漂白剂（或称淡化剂）也属染发制品。按照剂型染发剂可分为：乳膏型、凝胶型、摩丝、粉剂、染发条、喷雾剂、染发香波或润丝等。

1．染发剂的分类

（1）暂时性染发剂　目的是稍微改变头发天然色泽，或改善头发色泽，它是一种只需用普通香波洗涤一次就可以除去的在头发上着色的染发剂。如果不洗涤可持续几小时或几天。用这种方法，改善或校正现有头发色调的深浅，添加些微色调或使天然色调更亮泽。

（2）半永久性染发剂　一般只能耐受 6～12 次香波洗涤（有的制造商定为 4～6 次洗涤）逐渐褪色，并且不需要过氧化氢作为显色氧化剂的染发剂。半永久性染发剂涂于头发上，停留 20～30min 后用水冲洗，可使头发染色。其作用机理是分子量较小的染料分子渗透进入头发表皮，部分进入皮质，使得它比暂时性染发剂更耐香波的清洗，半永久性染发剂用于覆盖初生白发，赋予天然色调，使灰发更诱人。

（3）永久性染发剂　目的是使头发天然色泽发生真正的改变，例如覆盖白头发，使头发变浅或变深，或首先漂白、然后染色。永久性染发剂对普通香波洗涤是稳定的，但由于头发每月约生长 1cm，染发一段时间后，发根部分新长出的头发仍然是原有的颜色。

2．染发剂机理

（1）暂时性染发剂染发机理　染发时，色素或色素中间体只能以物理作用沉积于毛小皮表面的染发剂称为暂时性染发剂。暂时性染发剂的牢固度较差，不耐洗涤，这种染发剂常用分子量较大的染料，只能以黏附或沉淀形式附着在头发表面而不会渗透到头发内部，经一次洗涤即可全部除去。机理如图 11-2 所示。

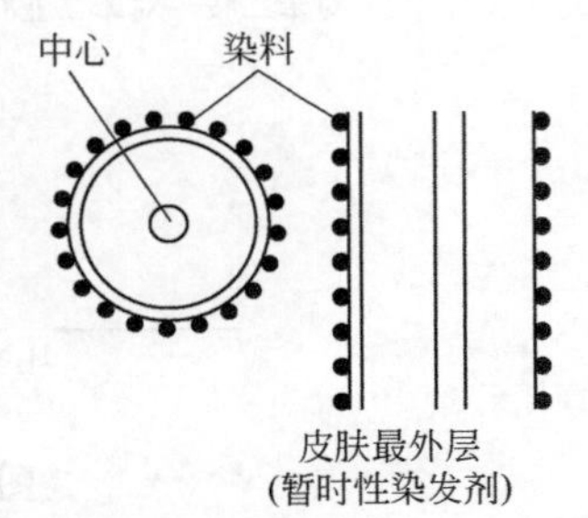

图 11-2　暂时性染发剂作用机理

（2）半永久性染发剂染发机理　染发时，色素或色素中间体通过渗透作用穿过毛小皮，而后能进入毛皮质中的粗原纤维或细原纤维的染发剂称为半永久性染发剂。半永久性染发剂作用机理是分子量较小的染料分子渗透进入头发表皮，部分进入皮质，使得它比暂时性染发剂更耐香波的清洗。机理如图 11-3 所示。

（3）永久性染发剂染发机理　永久性染发剂含有染料中间体和偶合剂或改性剂，这些中间体可以渗入头发内部毛髓中，通过氧化反应、偶合和缩合反应，形成稳定的较大的染料分子，被封闭在头发纤维内，从而起到持久的染发作用。由于染料中间体和偶合剂的种类不同，含量比例也有差别，故产生色调不同的反应产物，各种色调产物合成不同的色调，使头发染上不同的颜色。由于染料大分子是在头发纤维内通过毛发纤维的孔径被冲洗除去，所以头发的色调有较长的持久性。机理如图 11-4 所示。

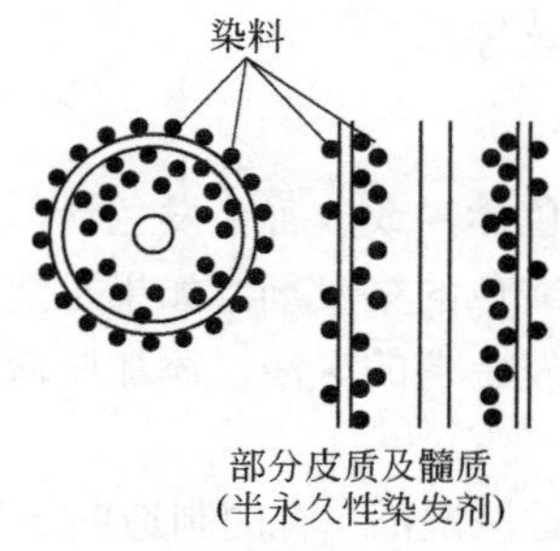

图 11-3　半永久性染发剂作用机理

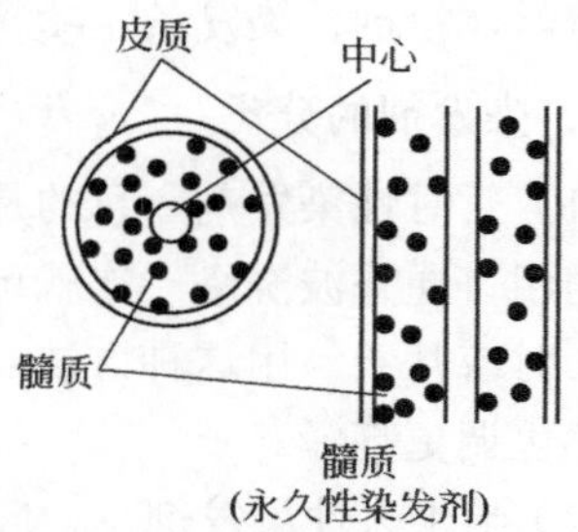

图 11-4　永久性染发剂作用机理

影响染发过程的因素很多，例如 pH 值对反应速率的影响、头发角蛋白的存在对反应定位的影响、反应混合物的复杂性、中间产物可能发生水解等。

头发色调的形成是通过一系列氧化作用和偶合反应完成的。色调形成的机理可分为三个阶段：二亚胺或醌亚胺的形成、二苯胺的形成、颜色的形成。其过程见图 11-5。

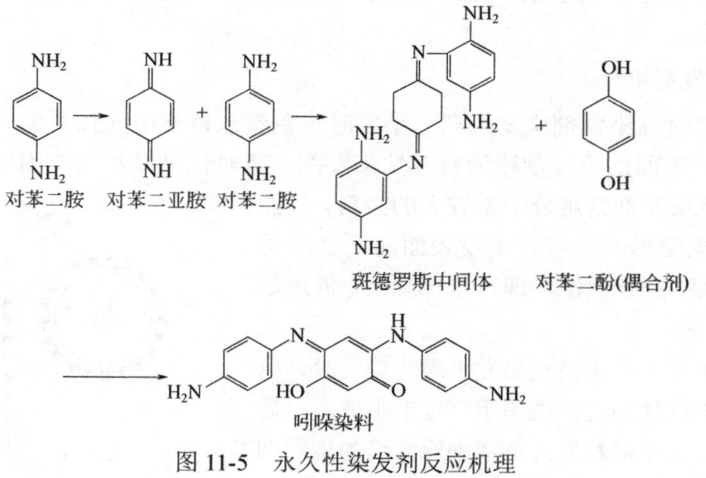

图 11-5　永久性染发剂反应机理

上述机理可简述为：小分子染料显色剂→渗入发质内部→经氧化剂氧化→与偶合剂进行缩合反应生成大分子染料→锁紧在发质内部→形成持久染色。

上述化学反应过程较缓慢，约需 10～15min，故可将显色剂、偶合剂及氧化剂在染发前混合好再使用，并在渗入发质内部后才进行反应。氧化型染发制品一般都为二剂型，以显色剂和偶合剂为主构成的染发Ⅰ剂和以氧化剂构成的Ⅱ剂组成。生产配制时二剂要分开进行，使用时，将二剂混合，再涂布渗入头发进行染色。

依据染发剂的机理，可以得出结论：不同类型染发剂作用时间不同主要原因为为原料在头发上的作用部位和时间不同。归纳总结为：

① 上表皮表面　当染发时，颜料或染料定位在上表皮的表面，可利用一些不同的方法完成这功能，包括利用油和油脂的黏着性（如着色棒）、水溶性聚合物黏着性（如着色凝胶）和聚合物树脂胶黏作用（如着色喷雾和着色摩丝），暂时性染发剂在头发上着色就是以这个机理为基础的。

② 部分表皮和皮质内　在这种情况下，酸性染料渗透至部分表皮和皮质内，通过离子键结合，头发吸收着色剂，利用如苄醇等溶剂的载体效应可使分子量较大的着色剂的渗透变得容易，可持续约一个月的半永久性染发剂染发是以这种机理为基础的。

③ 皮质内　在这种情况下，单体的氧化染料（胺类和酚类）渗透进入头发，同时使用氧化剂（通常为过氧化氢）发生氧化聚合，形成聚合物着色剂沉着在皮质内，由于着色剂的聚合物特性，在皮质内形成的聚合物着色剂被永久固定在头发内，永久性染发剂染发是以这种机理为基础的。

二、染发化妆品配方设计

1．染发原料

（1）暂时性染发剂原料　这种染发剂常用分子量较大的染料，常采用有机合成颜料（碱性染料如偶氮类、酸性染料如蒽醌类、分散性染料如三苯甲烷类等）；使用的天然植物染料有苏木红（苏木精）、甘菊兰、散沫花色素高粱红色素、何首乌提取物、生姜提取物、薄荷提取物、鼠尾草提取物、番红花苷、槟榔色素、桃叶珊瑚苷、黄连（黄檗）提取物、姜黄素、儿茶素（茶单宁）、日柏醇、槐米提取物、甜辣椒色素、栀子提取物、可可色素等。将其制成液体、棒状或喷雾单组分剂型染发产品。染后，色素附着在头发表面，其染发功效只维持 7～10 天，着色牢固度差，清洗 1 次就可除去。因其只暂时黏附在头发表面，对头发的损伤小，产品较安全。暂时性染发剂的染料来自大自然，因此是一种高安全性染发剂。

（2）半永久性染发剂原料　所用的染料多数是直接染料，主要原料有金属盐染料、酸性染料、碱性染料等。例如，乙酸铅、酸性紫 43 号（CI 60730）、碱性橙 31 号、碱性红 51 号、碱性红 76 号（CI 12245）、碱性黄 87 号等。为了增加染料往头发皮质里的渗透，可添加一些增效剂。增效剂主要包括一些溶剂和溶剂的混合物，例如聚氧乙烯酚醚类、*N*-取代甲酰、苯氧基乙醇、乙二醇乙酸酯、*N,N*-二甲基酰胺 C_5～C_9 单羧酸酯、*N,N,N',N'*-四甲基酰胺 C_9～C_{19} 二羧酸酯、二聚油酸、烷基乙二醇醚、苄醇和低碳羧酸酯或环己醇、尿素和苄醇及 *N*-烷基吡咯烷酮等。将其制成液体、凝胶、膏霜单组分剂型染发产品。染后，色素依靠渗透剂的作用浸入发质，其染发功效可维持 15~30 天。

（3）永久性染发剂原料　持久性染发化妆品所使用的染发剂可分为天然植物、金属盐类和合成氧化型染料三类。这其中又以合成氧化型染料最为重要，以它为原料配制的染发制品染色效果好、色调变化宽广、持续时间长。虽然苯胺类物质存在一定毒性和致敏作用，但自 20 世纪末直至今日，苯胺类的氧化染料在染发化妆品中一直占有重要地位。对苯二胺与适量的酚类、胺类、醚类偶合剂复配使用，则可氧化染色成金、黄、绿、红、红棕、蓝、黑等所需颜色。生产中常用的氧化剂有过氧化氢、过硼酸钠、过氧化尿素、过碳酸钠等。将氧化染料、碱剂、氧化剂等制成二剂型粉状、液状、膏霜染发产品。染发剂原料分类见表 11-17。

表 11-17　染发剂原料分类

分类	原料类别		原料举例
暂时性染发剂	有机合成颜料		碱性染料如偶氮类
			酸性染料如蒽醌类
			分散性染料如三苯甲烷类
	微细颜料		炭黑
			铜粉
			电化铝粉
			云母
			珠光粉
			氧化铁
	天然植物染料		生姜
			散沫花
			甘菊兰
			何首乌
			苏木精
半永久性染发剂	直接染料	金属盐染料	乙酸铅
		酸性染料	酸性紫 43 号(CI 60730)
		碱性染料	碱性橙 31 号、碱性红 51 号
	增效剂		聚氧乙烯酚醚类
			N-取代甲酰
			苯氧基乙醇
			乙二醇乙酸酯
			N,*N*-二甲基酰胺 C_5～C_9 单羧酸酯
			N,*N*,*N'*,*N'*-四甲基酰胺 C_9～C_{19} 二羧酸酯
			二聚油酸
			烷基乙二醇醚
			苄醇和低碳羧酸酯或环己醇
			尿素和苄醇及 *N*-烷基吡咯烷酮

续表

<table>
<tr><th>分类</th><th colspan="2">原料类别</th><th>原料举例</th></tr>
<tr><td rowspan="15">永久性染发剂</td><td rowspan="11">显色剂和偶合剂</td><td rowspan="5">对苯二胺类</td><td>对苯二胺</td></tr>
<tr><td>2-氯对苯二胺</td></tr>
<tr><td>2-甲基对苯二胺</td></tr>
<tr><td>2-甲氧基对苯二胺</td></tr>
<tr><td>二甲基对苯二胺</td></tr>
<tr><td rowspan="6">邻氨基酚类</td><td>邻氨基酚</td></tr>
<tr><td>4-氯邻氨基酚</td></tr>
<tr><td>4-硝基邻氨基酚</td></tr>
<tr><td>5-硝基邻氨基酚</td></tr>
<tr><td>对氨基酚</td></tr>
<tr><td>2,4-二氨基酚</td></tr>
<tr><td colspan="2" rowspan="4">氧化剂</td><td>过氧化氢</td></tr>
<tr><td>过硼酸钠</td></tr>
<tr><td>过氧化尿素</td></tr>
<tr><td>过碳酸钠</td></tr>
</table>

2．染发化妆品配方

（1）暂时性染发剂　是一种只需要香波洗涤一次就可除去在头发上着色的染发剂。暂时性染发剂一般使用高分子量的酸性染料或分散染料，这些染料对头发亲和力低，易溶于染发基质，它与阳离子聚合物或阳离子表面活性剂络合，降低溶解度，增加对头发的亲和性，表面活性剂使生成细小的颗粒分散于染发剂基质中，这些颗粒较大不能透过表皮进入发干的皮质内，结果，这些染料络合物趁机在头发的表面上形成着色覆盖层。被吸附的染料络合物与头发的相互作用不强，较容易被香波洗去。选择染料、聚合物和表面活性剂时需要考虑附着作用和可清洗性之间的平衡，较长的储存稳定性也是必需的。此外，当梳理或用毛巾擦头发，染料络合物不会剥落，有一定牢固度，在遇到下雨或出汗时，不易渗开，较能耐摩擦，避免沾污衣服和枕头，耐光性也较好。暂时性染发剂有各种不同的剂型，包括染发润丝、染发喷剂、染发摩丝、染发凝胶、染发膏和染发条等。

① 染发润丝　染发润丝是较普遍的一种暂时性染发剂。利用水溶性酸性染料，使灰发染上不同颜色，如紫、蓝、紫红等颜色，在黑发或深色头发上是染不上较浅的颜色的。一般将染料配入润丝的基质，染料的质量分数为0.05%～0.1%，用柠檬酸调节pH值至3.0～4.0时，效果最好。也可将染料配入定型摩丝的基质，同时起着定型和染发的作用。染发摩丝有两类，一类不需冲洗，另一类需要冲洗，后者可称为染发润丝摩丝。配方举例见表11-18。

表 11-18　染发润丝染发配方

原料名称	INCI 名	质量分数/%
对氮蒽蓝（C.I.Acid Blue 20）	对氮蒽蓝	1.81
辛基十二烷基吡啶溴化物	辛基十二烷基吡啶溴化物	1.18
乙氧基化环烷烃表面活性剂	乙氧基化环烷烃表面活性剂	4.30
乳酸	乳酸	2.50
去离子水		加至 100

② 染发凝胶　染发凝胶是将水溶性染料或水不溶的分散性颜料配入凝胶基质中，利用凝胶基质中水溶性或水分散的聚合物使颜色染在头发上。通常，将一些很微细的颜料，如铜粉、电化铝粉、云母、珠光粉、炭黑和氧化铁等混入凝胶基质，梳在头发上，起到定型和染发的作用。配方举例见表 11-19。

表 11-19　染发凝胶染发配方

组相	原料名称	INCI 名	质量分数/%
A	去离子水		加至 100
	Carbopol 940	卡波姆	1.0
B	乙醇（95%）	乙醇	35.0
	三乙醇胺（99%）	三乙醇胺	1.9
	PPG-12-PEG-50 羊毛脂	PPG-12-PEG-50 羊毛脂	1.5
	月桂醇醚-23	月桂醇醚-23	0.75
	PVP/VA 64	PVP/VA 64	4.0
	二甲基硅氧烷/聚醚	二甲基硅氧烷/聚醚	0.10
C	去离子水		10.0
	水解角蛋白乙酯（Crotein ASK）	水解角蛋白乙酯	1.2
	季铵化水解动物蛋白（Croquat HYA）	季铵化水解动物蛋白	0.5
	水解动物蛋白	水解动物蛋白	0.5
	透明质酸	透明质酸	0.05
D	氧化铁	氧化铁	2.0
	二氧化钛	二氧化钛	7.0
	云母	云母	0.2

③ 染发喷剂　染发喷剂是将颜料（如乳化石墨、炭黑或氧化铁等）配入喷发胶基质中，在其容器内置小球，使用时摇动均匀，利用特制阀门，可得细小的喷雾，这类染发喷剂，主要用于整发定型后的局部白发或灰发染色。配方举例见表 11-20。此染发喷剂中气溶胶原液含量为 70%，抛射剂为液化石油气，占比 30%。

（2）半永久性染发剂　包括染发香波、染发液、染发摩丝、染发凝胶、染发润丝、护发素、染发膏和焗油膏等。基质配方原料组成见表 11-21，半永久性染发液配方见表 11-22。

表 11-20 染发喷剂气溶胶原液配方

原料名称	质量分数/%	作用
丙烯酸树脂烷醇胺（50%液）	6.0	匀染剂
聚二甲基硅氧烷	1.0	调理剂
乙醇	91.0	溶剂
颜料	2.0	调色剂
香精	适量	调香剂

表 11-21 半永久性染发剂基质原料

组成	组分	作用及性质	质量分数/%
着色剂	分散染料、硝基苯二胺类	功能着色	0.1～3.0
表面活性剂	椰油基酰胺 DEA，月桂基酰胺 DEA	增加渗透	0.5～5.0
溶剂	乙醇、二甘醇一乙醚、丁氧基乙醇	作载体溶剂	1.0～6.0
增稠剂	羟乙基纤维素	增加体系黏度	0.1～2.0
缓冲剂	油酸、柠檬酸	建立缓冲体系	适量
碱化剂	二乙醇胺、氨基甲基丙醇、甲基氨基乙醇	控制体系至碱性	控制 pH 8.5～10.0
匀染剂	非离子表面活性剂，如油醇醚-20	保证色泽均匀	适量

表 11-22 半永久性染发液配方

组相	原料名称	INCI 名称	质量分数/%
A	对硝基苯二胺	对硝基苯二胺	0.2
	邻硝基苯二胺	邻硝基苯二胺	0.3
	月桂基酰胺 DEA	月桂基酰胺 DEA	7.0
B	羟乙基纤维素	羟乙基纤维素	0.3
	柠檬酸	柠檬酸	适量
	氨基甲基丙醇	氨基甲基丙醇	至 pH 8.5～10.0
	油醇醚-20	油醇醚-20	3.0
	乙醇	乙醇	加至 100

（3）永久性染发剂 有乳液、膏体、凝胶、香波、粉末和气雾剂型等。永久性染发剂一般为双剂型，一种为氧化性染料基，另一种为氧化剂。氧化性染料基可以为膏体、凝胶、香波、粉末或气雾剂。氧化剂基质可以是溶液、膏体或粉末。

① 氧化性染料基质配方设计见表 11-23。

② 氧化剂基质配方设计 其主要功能成分是过氧化氢。它可配制成水溶液，也可配制成膏状基质。单剂型永久性染发剂则采用一水合过硼酸钠作为氧化剂。这类基质配方见表 11-24。

表 11-23 永久性染发化妆品染料基质

组成	原料举例	作用及性质	质量分数/%
染料中间体和偶合剂	对苯二胺、邻氨基酚	显色剂	0.4～4.0
胶凝剂和增稠剂	油醇、乙氧基化脂肪醇、镁蒙脱土和羟乙基纤维素	形成凝胶或形成有一定黏度的膏体，起增稠、加溶和稳泡的作用	0.5～5.0
表面活性剂	月桂醇硫酸酯钠盐、烷基醇酰胺、乙氧基化脂肪胺、乙氧基化脂肪胺油酸盐等阴离子、阳离子或非离子表面活性剂，以及它们的复配组合物	起到分散、渗透、偶合、发泡及调理的作用，若是染发香波剂型，则表面活性剂还将作为清洁剂	2.0～10.0
脂肪酸	油酸、油酸铵	它们用作染料中间体、偶合剂和基质组分中其他原料的溶剂和分散剂，以及基质的缓冲剂	2.0～5.0
碱化剂	氨水、氨甲基丙醇、三乙醇胺	pH 值调节剂	1.0～5.0
溶剂	乙醇、异丙醇、乙二醇、乙二醇醚、甘油、丙二醇、山梨醇和二甘醇一乙醚等	使染料中间体和染料基质中与水不混溶的其他组分加溶，匀染剂	2.0～10.0
调理剂	羊毛脂及其衍生物、硅油及其衍生物、水解角蛋白和聚乙烯吡咯烷酮等，还添加成膜剂，如 PVP、PVP/VA、丙烯酸树脂等	减少头发的损伤，加强对头发的保护作用	4.0～10.0
抗氧剂及抑制剂	亚硫酸钠、BHA、BHT、维生素 C 衍生物等	阻止抗氧剂作用是阻滞染料的自身氧化；抑制剂的作用是防止氧化作用太快	0.1～0.5
匀染剂	丙二醇	使染料均匀分散在毛发上，并被均匀吸收	1.0～5.0
助渗剂	氮酮	帮助和促进染料等成分渗透进入皮肤的物质	0.5～2.0
氧化延迟剂	多羟基酚	控制氧化反应过程，抗氧化剂、氧化延迟剂和颜色改进剂的作用	微量
金属螯合剂	EDTA	增加基质稳定	0.1～0.5
防腐剂	凯松	防止体系细菌污染	0.05～0.1
香精	耐碱香精	赋香	适量
溶剂	去离子水	溶剂	加至 100

表 11-24 永久性染发剂氧化剂基质组成

结构成分	主要功能	代表性原料	质量分数/%
氧化剂	氧化作用	H_2O_2(质量分数 30%) 或一水合过硼酸钠	13～20 9～12
赋形剂	基质	十六～十八醇、十六醇	2～8
乳化剂	乳化作用	十六～十八醇醚-6 十六～十八醇醚-25	3～6

续表

结构成分	主要功能	代表性原料	质量分数/%
稳定剂	稳定作用	8-羟基喹啉硫酸盐	0.1～0.3
酸度调节剂	调节 pH 值	磷酸	pH 3.6±0.1
螯合剂	螯合金属离子	EDTA 盐	0.1～0.3
去离子水	溶剂	去离子水	加至 100

以上述两相设计为基础，再对永久性染发剂进行设计。

③ 永久性染发乳液及染发膏配方实例 永久性染发乳液配方见表 11-25，永久性染发膏配方举例见表 11-26。

表 11-25 永久性染发乳液配方

Ⅰ剂			
组相	原料名称	INCI 名称	质量分数/%
A	对苯二胺	对苯二胺	2.0
	2,4-二氨基苯甲醚	2,4-二氨基苯甲醚	1.0
	间苯二酚	间苯二酚	0.2
	丙二醇	丙二醇	6.0
	棕榈酸异丙酯	棕榈酸异丙酯	4.0
	环状硅油	环状硅油	2.5
	硅油	聚二甲基硅氧烷	2.5
	十六醇	鲸蜡醇	0.5
	羊毛脂	羊毛脂	0.5
	单硬脂酸甘油酯	单硬脂酸甘油酯	1.0
	Span-60	失水山梨醇单硬脂酸酯	0.8
B	三乙醇胺	三乙醇胺	0.5
	甘油	甘油	3.0
	亚硫酸钠	亚硫酸钠	0.2
	JR-125		0.2
	去离子水		72.1
C	防腐剂		适量
	香精		适量
	氨水（调 pH 值至 9~11）		适量
Ⅱ剂			
组相	原料名称	INCI 名称	质量分数/%
A	十六醇	鲸蜡醇	2.5
	聚氧乙烯硬脂酸酯	聚氧乙烯硬脂酸酯	2.5
B	过氧化氢（28%）	过氧化氢	17.0
	磷酸（调 pH 值至 3~4）	磷酸	适量
	稳定剂		适量
	去离子水		78.0

表 11-26　永久性染发膏配方

Ⅰ剂			
组相	原料名称	INCI 名称	质量分数/%
A	对苯二胺	对苯二胺	4.0
	2,4-二氨基苯甲醚	2,4-二氨基苯甲醚	1.25
	1,5-二羟基萘	1,5-二羟基萘	0.1
	对氨基二苯基胺	对氨基二苯基胺	0.07
	4-硝基邻苯二胺	4-硝基邻苯二胺	0.1
	油酸	油酸	20.0
	氮酮	氮酮	1.0
B	吐温 80	聚氧乙烯失水山梨醇单油酸酯	10.0
	丙二醇	丙二醇	8.0
	十六醇	鲸蜡醇	2.0
	异丙醇	异丙醇	10.0
	水溶性硅油	水溶性硅油	4.0
	氨水	氨水	10.0
	亚硫酸钠	亚硫酸钠	适量
	EDTA-4Na	EDTA-4Na	适量
	去离子水		29.48
Ⅱ剂			
组相	原料名称	INCI 名称	质量分数/%
A	过氧化氢（28%）	过氧化氢	17.0
	十六醇	鲸蜡醇	10.0
	甘油	甘油	0.3
	聚氧乙烯硬脂酸酯	聚氧乙烯硬脂酸酯	2.5
	磷酸（调 pH 值至 3.5~4.0）	磷酸	适量
	去离子水		70.2

3．染发化妆品配方体系优化

（1）染发功效体系的优化

① 染发剂种类的优化　在选择染发剂时，首先要考虑该染发剂的功效性；同时要考虑原料的安全性，不使用禁用成分等。

② 染发剂量的优化　染发剂的用量要严格控制，并不是大添加量的染发效果就好，染发剂添加过量会产生刺激皮肤等许多不良的影响，同时较少的添加量也不能达到效果。

③ 染发剂的配伍性优化　在染发制品中，染发剂的品种较多，选择时要注意原

料之间的配伍性，避免原料之间发生反应，同时还要注意这些染发原料添加到基质中后是否会影响基质的稳定性等。

④ 染发剂成本的优化　以选择高性价比的添加剂为准则。

（2）染发剂与配方中其他体系配伍性的优化　在设计产品配方时，必须添加适量的抗氧化剂，如亚硫酸钠等，以防止其氧化。第二剂中显色主剂为过氧化氢。过氧化氢是一种极易氧化的过氧化物，且只有在微酸性介质中才呈现出相对的稳定性。过氧化氢在O/W型乳化体系中或高温条件下更容易分解放氧（产气胀管无法保存），造成染发效果不佳或白发无法染黑等一系列产品质量问题。因此在第二剂配方设计时必须添加适量的抗氧化剂，如乙酰苯胺等，防止其被氧化，使其保持相对的稳定性。

二剂型永久性染发霜产品除含有一定量的油脂和大量水分外，往往还添加维生素原 B_5、丝蛋白、角蛋白、貂油、海藻、首乌提取物和灵芝提取物等多种毛发营养剂。在配方设计时必须添加适量的高效低毒防腐剂。

（3）染发化妆品工艺的优化　应该注意的是，永久性染发剂多为两剂型，灌装和包装时，应特别注意对应关系，以免装错。

4．染发剂的安全性

自从1975年Ames等人使用生物评估法发现一些染发制品的原料对细菌有致突变作用后，引起人们对一些染料与 DNA 相互作用和可能引起致突变或致癌作用的关注，皮肤学家和毒理学家开始对染发剂对皮肤的渗透和染发剂所用染料的毒理学进行广泛的研究。染发剂所用染料的毒性有两种类型：第一种毒性一般是明显可见的，包括头发损伤、刺激头皮、荨麻疹和滞后皮肤过敏，这些效应在短期内使用时就会出现，可能会引起消费者的投诉；第二种毒性（隐蔽性毒性）是较长时间使用以后不知不觉出现的，使用者和医生可能会忽略甚至不认为与使用染发剂有关。这类毒性包括致突变、致畸变和致癌等系统毒性。染发剂对人体健康的影响可能是多方面的，包括染发剂本身含有潜在危害性化学成分，也包括由于消费者使用不当所引起的急慢性健康危害，引起社会普遍关注的染发剂安全性危害主要是染发剂接触部位或全身急性过敏反应和远期致癌效应。

（1）染发剂引起的急性中毒　染发剂及其原料具有中度或低度急性毒性，其引起人类急性中毒事件极其罕见，而且多为误食或有意经口摄入引起。文献报道过31名儿童因摄入Henna染料和对苯二胺混合物而中毒，其中5名儿童出现急性肾功能衰竭，13名儿童均在24h内死亡。另据报道，一名6岁儿童因误食染发剂中的对苯二胺，就诊8h后由于出现不可逆心室肌纤维颤动而不治死亡。

（2）染发剂与过敏反应　永久性和半永久性染发剂中含有的苯二胺（PPD）、对氨基苯酚（PAP）、对甲基苯二胺（PTD）等芳香族化合物和过氧化物、氨水、过硫酸铵等，均具有致敏性，可引起某些敏感个体的急性过敏反应如皮肤炎症、哮喘、荨麻疹等，严重时会引起发热、畏寒、呼吸困难，若不及时治疗可导致死亡。尽管体外及体内实验证实，PPD 是强的变应（过敏）原，但氧化型染发剂引起过敏反应的频度是较低的，反应也较温和。较低的过敏反应症频度是由于在实际染发过程中，氧化反应进行较快，大大降低了 PPD 的浓度。氧化性染发剂过敏反应的症状是头皮外围、耳边有分散性皮炎、头皮发痒，有时面部发疹，特别是眼睑周围。这种过敏反应经常是由于使用盐溶液和含皮质激素类的油膏及乳液型氧化剂与残留的对二苯胺的氧化反应引起。一般染发润丝很少引起这类症状，有关半永久性染发剂的过敏反应报道也很少。

有关皮肤对染发剂所用染料、染料中间体和偶合剂的反应包括：

① 过敏性接触皮炎　现今，染发剂引起的过敏性接触皮炎的概率远比十年前低，这主要是因为近年来染料偶合剂的纯度提高，染料中间体与氧化剂及偶合剂反应时间较短。

② 即时超敏反应（荨麻疹）　一些患者做滞后过敏性试验时，会出现灼烧感的疼痛。若除去敷贴物，有时会出现风疹块，几天后接着出现湿疹，常常会出现眼睑水肿，这种水肿有时可能是急性过敏性的结果。研究结果表明，从事染发的美容师较普遍地出现周期性荨麻疹，由于 PPD 的刺激在他们背部正常皮肤出现荨麻疹。头发漂白剂中的过硫酸铵会引起荨麻疹综合征。

③ 经皮肤吸收　全面评价染料、染料中间体和偶合剂的可能毒性，需要测定在使用条件下渗透入头皮的染料量和了解这些组成及基质的急性和慢性毒性。水溶液的渗透性最强、染发基次之、染发基与过氧化氢混合物渗透性最小，至于这种水平的渗透性所引起的毒性反应，有待进一步研究。

第四节　烫发化妆品设计

烫发化妆品是可将天然直发或卷曲的头发改变为所期望发型的化妆品，卷发是美化头发的一种重要的化妆艺术。烫发的历史可以追溯到古代埃及，根据文献资料记载，约公元前 3000 年，埃及妇女将湿泥土涂于头发上，经太阳晒干后做人工卷曲，此后经过希腊、罗马文化一直发展到今天。

约在 1910 年以前，烫发的方法仍为热烫，通过电热或烙铁使头发卷曲。使用药品烫发是在 1906 年 Nessle 等三人首先发明的，Nessle 利用硼砂溶液润湿已卷好固定的头发，然后用热管罩焗发，后来发展成为用电烫发。这种方法手续麻烦，对头发有损伤，使头发变脆，暗淡无光泽。到 1941 年，在 McDonough 提出了巯基冷烫剂的专利后，以巯基甘油和巯基乙酸为原料的两种冷烫剂开始问世。自从冷烫剂问世以来，除了使用不同种类的含巯基化合物外，从总体来看，其基本组成变化不大，各国家根据民族特点、习惯和法规不同而有所选择。

一、头发基本结构

头发大部分是由不溶性角蛋白组成，角蛋白占85%以上，此外还含有一部分可溶性物质，如戊糖、酚类、尿酸、糖原、谷氨酸、缬氨酸和亮氨酸。角蛋白由氨基酸组成。通过一个氨基酸的羧基与另一个氨基酸的氨基形成氨基连接，从而形成大的缩聚的聚合结构——多肽。

对于有相同结构的一个蛋白质分子来说，多肽链必定是很长的，并且必须有另外的键固定在相关的位置上，将多肽链与另一个多肽链保持在一起。头发内纵向排列，众多肽链之间存在 5 种类型作用力：盐键（成盐结合）、共价键的多肽键、二硫键、氢键、范德华力。

（1）盐键　角蛋白结构中铵离子的正电荷与羧基离子负电荷之间的相互作用，形成盐键。这是在基质内一种强的键，然而，强酸或强碱可影响这种键。

（2）多肽键　在蛋白质链和相邻链之间一般可发现多肽键，它是交联结合的共价键。这些键是十分强的键，但酸和碱可破坏这种键。

（3）二硫键　由于二硫键是相邻大分子形成的键，所以它是十分强的键，它使头发有牢固的结构。当两条多肽链的半胱氨酸单元由两个硫原子连接时，形成二硫键，这时形成二聚氨基酸。当头发发育时，发生这种反应，并且成为角质化过程的基础，二硫键的连接是头发可抗酶和化学袭击的主要原因。然而，二硫键对一些外界因素引起的断裂和破坏是十分敏感的，例如紫外线、氧化剂、还原剂、强酸、强碱、长时间（60s）暴露于沸水和蒸汽中。

（4）氢键　氢键是在相邻酰胺的氢原子和羧基的氧原子之间形成的，已证实干的纤维比湿纤维较难伸长，这些键是十分弱的，在水中存在时，使多肽链不耐拉伸。

（5）范德华力　是一种由每个分子内振荡偶极子引起的相邻分子之间的吸引作用。

在这些化学键中，二硫键是最耐化学作用的，所以在永久性冷烫过程中，使二硫键断裂是主要的问题。

二、烫发过程中二硫键破坏和转移的化学反应

在烫发过程中二硫键的破坏和转移经历着一系列化学反应，主要包括与碱和还原剂的反应。

1．二硫键与碱的反应

二硫键的破坏一般都是在碱性介质中进行。用碱处理羊毛时，水解产物中分离出羊毛硫氨酸，因此有人提出双分子亲核取代历程来说明二硫键的破坏过程。反应还包括碱的 OH^- 作用于二硫键 β 位置碳原子上的氢原子，导致脱氢丙氨酸中间产物的生成，脱氢丙氨酸中间产物进一步与胱氨酸、硫醇、赖氨酸和氨反应生

成一系列产物。

2．二硫键与还原剂的反应

用于烫发剂可还原二硫键的还原剂，包括巯基乙酸及其衍生物、亚硫酸盐。亚硫酸盐由于功效低，现已很少使用。

$$K—S—S—K + RS^- \rightleftharpoons K—S—S—R + KS^-$$

$$K—S—S—R + RS^- \rightleftharpoons R—S—S—R + KS^-$$

（K 表示角蛋白，RS^-表示硫醇盐离子）

烫发过程一般分两步进行，当施加形变时，首先使头发结构塑化，然后在形变松开前，必须除去塑化的因素。水或加热可用作塑化剂，使头发暂时弯曲变形。当头发被润湿，或由卷发烙铁加热时，将头发绕在卷发夹上，热或水使头发蛋白质结构移动，在新的构型内形成盐键和氢键，这些键的形成使移除水或加热后，形变稳定，该作用称为黏聚定型。当黏聚定型时，能量储存在皮质内蛋白质二硫键的网格内，当头发由卷发夹松开时，这能量使定型头发伸展开，并重新恢复到头发原有的构型。在高湿度时，黏聚定型失效，如果头发直接接触水，失效会十分快。为了获得永久定型，必须破坏二硫键，并重新形成新的构型，使形变稳定。在永久烫发时，首先用还原剂将二硫键破坏，使结构移位，然后通过温和氧化作用使二硫键在新的位置形成。利用加热活化巯基-二硫化物相互交换作用，可减少巯基化合物用量，达到较好的烫发效果（图 11-6）。

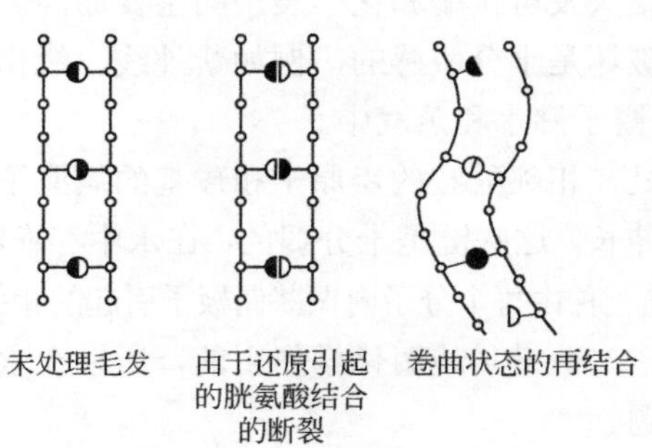

图 11-6　烫发的作用机理

3．中和过程的氧化反应

二硫键破坏的过程是使头发软化，化学张力松弛的过程，在卷曲处理后，用水将过剩的还原剂冲洗掉，然后涂上氧化剂（或称中和剂），使半胱氨酸基团重新结合，在新的位置上形成二硫键，这样就使卷曲后的发型固定下来，该过程称为定型过程。

反应式如下：

$$2K—SH + H_2O_2 \longrightarrow K—S—S—K + 2H_2O$$

其基本化学过程较简单，角蛋白半胱氨酸重新被氧化成角蛋白胱氨酸，形成交换的纤维，恢复头发的弹性。在巯基乙酸盐或巯基乙酸衍生物作用下，一般人头发内约有20%二硫键被劈开，随后按照下列方程进行的定型过程中，约有90%被破坏的二硫键又重新形成（见图11-7）。

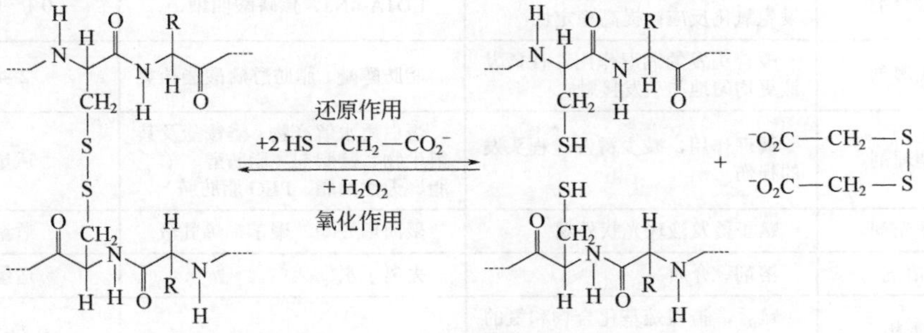

$$\text{—Cys—}CH_2\text{—S—S—}CH_2\text{—Cys—} \underset{\text{氧化作用}\ +H_2O_2}{\overset{\text{还原作用}\ +2HS-CH_2-CO_2^-}{\rightleftharpoons}} \text{—Cys—}CH_2\text{—SH} + HS\text{—}CH_2\text{—Cys—} + {}^-O_2C-CH_2-S-S-CH_2-CO_2^-$$

图11-7 二硫键的氧化-还原反应过程

烫发过程头发经历着与碱作用和还原作用，以及后来的氧化作用，在这些过程中，头发的物理性质发生改变，如径向溶胀、纵向收缩和化学应力松弛等，若在烫发过程中处理不当容易对头发造成损伤。

三、烫发化妆品配方设计

现今，市售的烫发剂为两剂型，包括碱性卷发剂和酸性中和剂。按照烫发温度可分为温热烫发剂和冷烫剂。

1．烫发原料

第一剂是碱性的卷发剂，通过还原反应破坏头发中的二硫键，常用的还原剂为巯基乙酸、巯基乙酸盐、亚硫酸盐、巯基乙酸单甘油酯、单巯基甘油和半胱氨酸。常用的碱化剂为氢氧化铵、三乙醇胺、单乙醇胺和碳酸盐。常用原料见表11-27。第二剂是酸性的中和剂，通过氧化反应重建二硫键。常用的氧化剂为过氧化氢、溴化钠、溴酸钾和过硼酸钠。为了使氧化剂保持稳定，保持较长的货架寿命，需要添加一定量的稳定剂，如六偏磷酸钠、锡酸钠。重点烫发原料见表11-28。

表11-27 第一剂（还原剂）常用原料

结构成分	主要功能	代表性原料	质量分数/%
还原剂	破坏头发中胱氨酸的二硫键	巯基乙酸盐	2～11
		亚硫酸盐	1.5～7.0
		巯基乙酸单甘油酯	1.0～5.0
		单巯基甘油	1.0～5.0
		半胱氨酸	1.5～7.5
碱化剂	保持pH值	氢氧化铵、三乙醇胺 单乙醇胺、碳酸铵、碳酸钠和碳酸钾	pH值约为9.0

续表

结构成分	主要功能	代表性原料	质量分数/%
螯合剂	螯合重金属离子；防止还原剂发生氧化反应；提高稳定性	EDTA-4Na、焦磷酸四钠	0.1～0.5
润湿剂	改善头发的润湿作用，使烫发液更均匀地与头发接触	脂肪醇醚、脂肪醇硫酸酯盐类	2~4
调理剂	调理作用，减少烫发过程头发的损伤	蛋白质水解产物、季铵盐及其衍生物、赋脂剂（脂肪醇、羊毛脂、天然油脂、PEG 脂肪胺）	适量
珠光剂	赋予烫发液珠光状外观	聚丙烯酸酯、聚苯二烯乳液	适量
溶剂	溶剂、介质	去离子水	适量
香精	赋香，掩盖巯基化合物和氨的气味		0.2~0.5

表 11-28　第二剂（氧化剂）常用原料

结构成分	主要功能	代表性原料	质量分数/%
氧化剂	使被破坏的二硫键重新形成	过氧化氢（按 100%计） 溴酸钠	＜2.5 氧化活性＞3.5
酸/缓冲剂	保持 pH 值	柠檬酸、乙酸、乳酸、酒石酸、磷酸	pH 2.5~4.5
稳定剂	防止过氧化氢分解	六偏磷酸钠、锡酸钠	适量
润湿剂	使中和剂充分润湿头发	脂肪醇醚、吐温系列、月桂醇硫酸酯铵盐	1~4
调理剂	调理作用，提供润湿配位性	水解蛋白、脂肪醇、季铵化合物、保湿剂	适量
珠光剂	赋予中和剂珠光外观	聚丙烯酸酯、聚苯乙烯乳液	适量
溶剂	溶解作用，介质	去离子水	适量
螯合剂	螯合重金属离子，提高稳定性	EDTA-4Na	0.1~0.5

2．烫发剂的配方

烫发剂第一剂和第二剂的配方举例见表 11-29 和表 11-30。

表 11-29　第一剂（还原剂）配方

组相	组分	质量分数/%
A	巯基乙酸铵（50%）	27.00
	氢氧化铵（调节 pH 9.5）	1.70
	香精	0.20
	聚氧乙烯壬基酚醚	0.80
	去离子水	70.30

续表

组相	组分	质量分数/%
B	三甲基十六烷基氯化铵	1.00
	椰油基甜菜碱	1.00
	马来酸	4.00
	聚氧乙烯壬基酚醚	0.80
	香精	0.20
	去离子水	93.00

表 11-30　第二剂（氧化剂，或称中和剂）配方

组分	质量分数/%	组分	质量分数/%
过氧化氢	4.80	聚丙烯酸酯-1 交联共聚物	1.00
EDTA-4Na	0.20	磷酸 pH 调至 3	适量
焦磷酸四钠	0.40	精制水	加至 100
水杨酸钠	0.04		

3．注意事项

烫发产品的配方设计时，一定要添加螯合剂和稳定剂，螯合剂一般选用 EDTA；稳定剂一般选用六偏磷酸钠或锡酸钠等，以保证产品的质量。此外，烫发化妆品生产时，要特别注意金属离子，由于金属离子对产品质量影响比较大，因此，生产时，一定不能使用铁制工具和容器，要用不锈钢或塑料材质的工具和容器。

此外，烫发产品的使用效果受到使用方法及使用过程的影响，如其主要受到 pH 值、温度、头发对于配方的渗透速度，以及中和剂使用方法的影响等。

四、烫发剂化妆品的质量控制

烫发剂在我国列为特殊用途的化妆品，需要申请特殊用途化妆品批准文号，方可出售。

中华人民共和国国家标准《烫发剂》（GB/T 29678—2013）规定：烫发剂由烫卷剂（烫直剂）和定型剂两部分组成。烫卷剂（烫直剂）理化指标应符合表 11-31 规定。

表 11-31　烫发剂化妆品的质量控制要求

项目		要求			
		受损发质(敏感发质)		其他发质	
		一般用	专业用	一般用	专业用
烫卷剂（烫直剂）	外观	水剂型（水溶液型）：均一无杂质液体（允许微有沉淀） 乳（膏）剂型：乳状或膏状体（允许乳液或膏状体表面轻微析水） 啫喱型：透明或半透明凝胶状			
	气味	符合规定气味			
	pH 值（25℃）	7.0～9.5			
	巯基乙酸含量/%	2～8		4～8	4～11

续表

<table>
<tr><th colspan="3" rowspan="3">项目</th><th colspan="4">要求</th></tr>
<tr><th colspan="2">受损发质(敏感发质)</th><th colspan="2">其他发质</th></tr>
<tr><th>一般用</th><th>专业用</th><th>一般用</th><th>专业用</th></tr>
<tr><td rowspan="3">定型剂</td><td rowspan="3">过氧化氢型</td><td>外观</td><td colspan="4">水剂型（水溶液型）：均一无杂质液体（允许微有沉淀）
乳（膏）剂型：乳状或膏状体（允许乳液或膏状体表面轻微析水）
啫喱型：透明或半透明凝胶状</td></tr>
<tr><td>过氧化氢含量/%</td><td colspan="4">1.0～4.0（使用含量）</td></tr>
<tr><td>pH 值</td><td colspan="4">1.5～4.0</td></tr>
<tr><td rowspan="3" colspan="2">溴酸钠</td><td>外观</td><td colspan="4">水剂型（水溶液型）：均一无杂质液体（允许微有沉淀）
乳（膏）剂型：乳状或膏状体（允许乳液或膏状体表面轻微析水）
啫喱型：透明或半透明凝胶状</td></tr>
<tr><td>溴酸钠含量/%</td><td colspan="4">≥6</td></tr>
<tr><td>pH 值</td><td colspan="4">4.0～8.0</td></tr>
</table>

参 考 文 献

[1] 董银卯, 李丽, 孟宏, 邱显荣. 化妆品配方设计 7 步[M]. 北京：化学工业出版社, 2016.

[2] 董银卯. 化妆品配方与工艺手册[M]. 北京：化学工业出版社，2005.

[3] 唐冬雁, 董银卯. 化妆品: 原料类型・配方组成・制备工艺（第二版）[M]. 北京：化学工业出版社, 2017.

[4] 裘炳毅, 高志红. 现代化妆品科学与技术（上中下册）[M]. 北京：中国轻工业出版社, 2016.

[5] 中华人民共和国卫生与计划生育委员会. 化妆品安全技术规范[S]. 2015 版.

[6] MHLW. Japanese Pharmaceuticals Affairs Law[C]. Japan Ministry of Health, Labour and Welfare, 2001.

[7] US FDA. Prohibited ingredients and related safety issues, office of cosmetics and colors fact sheet[C]. CFSAN, FDA, 2003.

[8] 施昌松. 天然活性化妆品的现状与发展趋势[J]. 日用化学品科学, 2012, 35 (2) :1-5

[9] 刘洋, 董树芬. 我国化妆品行业现状、监管体系及发展趋势[J]. 日用化学品科学, 2007, 30 (8): 34-39.

[10] 张姝飞, 陈培根, 周克萍, 等. 国外化妆品法规和技术性贸易措施研究[J]. 合作经济与科技, 2014 (4): 54-55.

[11] 何蕊, 李超英, 车燚, 等. 化妆品行业的现状与趋势分析[J]. 日用化学品科学, 2015 , 38(3): 9-11.